视频教学

步步图解

电动机维修技能

养护、拆修、绕线嵌线，面面俱到

分解图 直观学 易懂易查
看视频 跟着做 快速上手

双色印刷

韩雪涛 主编
吴 瑛 韩广兴 副主编

U0178339

机械工业出版社
CHINA MACHINE PRESS

本书全面系统地讲解了电动机的种类、结构、原理、使用和维修的专业知识和实操技能。为了确保图书的品质和特色，本书对目前多个行业领域的电动机系统维修技能进行了细致的调研，将电动机实用维修技术按照岗位特色进行了细致的整理，并将国家职业资格标准和行业培训规范融入到了图书的知识体系中。具体内容包括：认识直流电动机、认识交流电动机、电动机控制电路、电动机安装检修的工具和仪表、拆卸电动机、检修电动机、电动机安装与保养维护、电动机绕组的拆除与绕制、电动机绕组的嵌线、电动机绕组的嵌线工艺与接线方式。

本书可作为专业技能认证的培训教材，也可作为职业技术院校的实训教材，可供电工电子领域的技术人员和电工电子技术爱好者阅读。

图书在版编目（CIP）数据

步步图解电动机维修技能/韩雪涛主编. —北京：机械工业出版社，2023.8
ISBN 978-7-111-73616-5

Ⅰ.①步… Ⅱ.①韩… Ⅲ.①电动机-维修-图解 Ⅳ.①TM320.7-64

中国国家版本馆 CIP 数据核字（2023）第 142620 号

机械工业出版社（北京市百万庄大街 22 号　邮政编码 100037）
策划编辑：任　鑫　　　　责任编辑：任　鑫　刘星宁
责任校对：韩佳欣　张　薇　　封面设计：王　旭
责任印制：邓　博
盛通（廊坊）出版物印刷有限公司印刷
2023 年 11 月第 1 版第 1 次印刷
148mm×210mm · 9 印张 · 288 千字
标准书号：ISBN 978-7-111-73616-5
定价：49.00 元

电话服务　　　　　　　　网络服务
客服电话：010-88361066　　机　工　官　网：www.cmpbook.com
　　　　　010-88379833　　机　工　官　博：weibo.com/cmp1952
　　　　　010-68326294　　金　书　网：www.golden-book.com
封底无防伪标均为盗版　　机工教育服务网：www.cmpedu.com

前　言

电动机专业知识和维修技能是电工电子领域相关工作岗位非常重要的专项技能。尤其是随着电子技术和电气自动化应用技术的发展。电动机作为重要的驱动执行部件得到了广泛的应用。由于电动机的机电一体化性质明显，且其工作常与控制电路相关，这就给电动机维修从业人员带来了很大的困扰。如何能够在短时间内掌握电动机的结构原理等相关专业知识，并能结合电路的识读完成对整个电动机系统的维修，成为很多从业者和爱好者亟待解决的关键问题。

本书就是为从事和希望从事电工电子领域相关工作的专业人员及业余爱好者编写的一本专门针对提升电动机维修技能的“图解类”技能培训指导图书。

针对新时代读者的特点和需求，本书从知识架构、内容安排、呈现方式等多方面进行了创新和尝试。

1. 知识架构

本书对电动机的结构、特点、原理、维修等知识体系进行了系统的梳理。从基础知识开始，从实用角度出发，成体系地、循序渐进地讲解知识，教授技能，让读者加深对基础知识的理解，避免工作中出现低级错误，明确基本技能的操作方法，提高基本职业素养。

2. 内容安排

本书注重基础知识的实用性和专业技能的实操性。在基础知识方面，以技能为导向，知识以实用、够用为原则；在内容的讲解方面，力求简单明了，充分利用图片化演示代替冗长的文字说明，让读者直观地通过图示掌握知识内容；在技能的锻炼方面，以实际案例为依托，注重技能的规范性和延伸性，力求让读者通过技能训练掌握过硬的本领，指导实际工作。

3. 呈现方式

本书充分发挥图解特色，在专业知识方面，将晦涩难懂的冗长文字简化，包含在图中，让读者通过读图便可直观地掌握所要体现的知识内容。在实操技能方面，通过大量的操作照片、细节图解、透视图、结构图等图解演绎手法让读者在第一时间得到最直观、最真实的案例重现，确保在最短时间内获得最大的收获，从而指导工作。

4. 版式设计

本书在版式设计上更加丰富，多个模块的互补既确保学习和练习的融合，同时又增强了互动性，提升了学习的兴趣，充分调动学习者的主观能动性，让学习者在轻松的氛围下自主地完成学习。

5. 技术保证

在图书的专业性方面，本书由数码维修工程师鉴定指导中心组织编写，参与编写的成员都具备丰富的维修知识和培训经验。书中所有的内容均来源于实际的教学和工作案例，从而确保图书的权威性、真实性。

6. 增值服务

在图书的增值服务方面，本书依托数码维修工程师鉴定指导中心和天津市涛涛多媒体技术有限公司提供全方位的技术支持和服务。为了获得更好的学习效果，本书充分考虑读者的学习习惯，在图书中增设了二维码学习方式。读者通过手机扫描二维码即可打开相关的学习视频进行自主学习，不仅提升了学习效率，同时增强了学习的趣味性和效果。

读者在阅读过程中如遇到任何问题，可通过以下方式与我们取得联系：

咨询电话：022-83715667/13114807267

联系地址：天津市南开区华苑产业园区天发科技园 8-1-401

邮政编码：300384

为了方便读者学习，本书电路图中所用的电路图形符号与厂商实物标注（各厂商的标注不完全一致）一致，未进行统一处理。

在专业知识和技能提升方面，我们也一直在学习和探索，由于水平有限，编写时间仓促，书中难免会出现一些疏漏，欢迎读者指正，也期待与您的技术交流。

编　者

目录

第1章 认识直流电动机

1.1 永磁式直流电动机结构原理

1.1.1 永磁式直流电动机结构

永磁式直流电动机的定子部分由永磁体构成，转子部分由转子铁心和绕组（线圈）组成。

这种直流电动机具有体积小、功率小、转速稳定等特点。一般用于录像机、电动剃须刀等家用电子电器产品中。图1-1所示为典型永磁式直流电动机的应用。

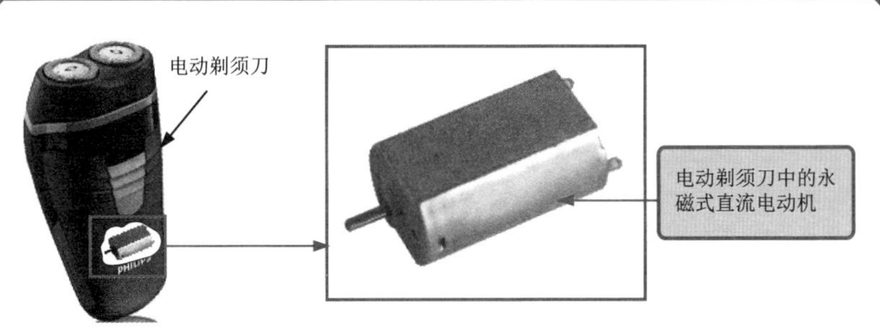

电动剃须刀
电动剃须刀中的永磁式直流电动机

图1-1 典型永磁式直流电动机的应用

图1-2所示为典型永磁式直流电动机的结构。永磁式直流电动机的定子磁体与圆柱形外壳制成一体，转子绕组绕制在铁心上与转轴制成一体，绕组的引线焊接在换向器上，通过电刷为其供电，电刷安装在定子机座上与外部电源相连。

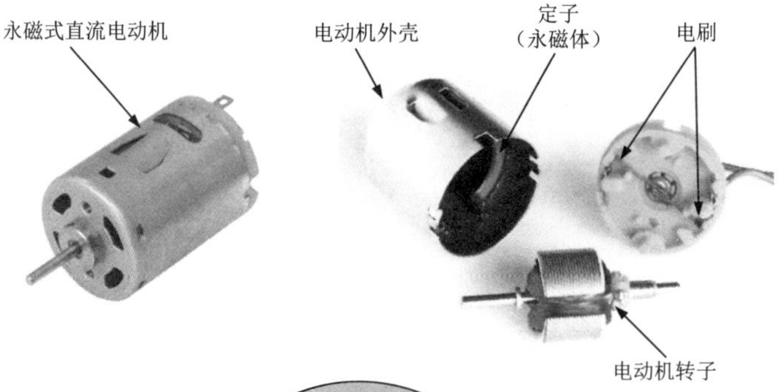

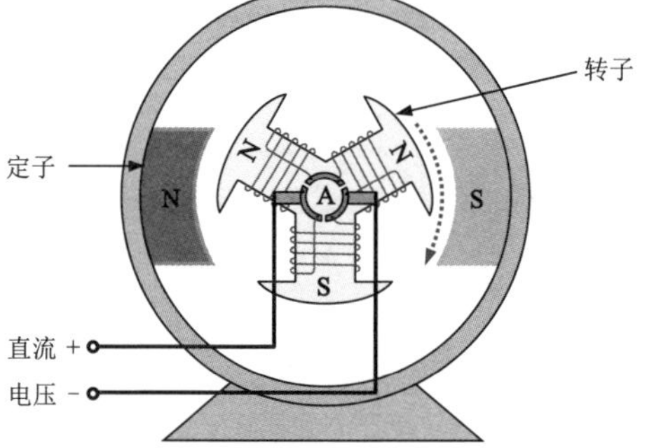

图 1-2 典型永磁式直流电动机的结构

1. 转子

永磁式直流电动机的转子是由绝缘轴套、换向器、转子铁心、绕组和转轴（电动机轴）等部分构成的。绕组绕制在转子铁心上，分成三组对称均匀地绕在三极翼片上，三组绕组的引线分别焊接在三片换向器上，为了防止换向器电焊片之间短路，将换向器安装在绝缘套外圆，同时也防止换向器电焊片与转轴短路。

图 1-3 所示为典型永磁式直流电动机转子的结构。

2. 换向器与电刷

换向器是将三扇形金属片（铜或银材料）嵌在绝缘轴套上制成的，它是转子绕组的供电端。由于转子工作时是旋转的，供电电源的引线不能与绕组引线焊接在一起，电源通过靠在换向器上的导体进行供电，借助于弹性压力为转动的绕组供电，三片集电环在转动过程中与两个电刷的电刷片接触，从而获得电能。可见每组绕组转动到不同的位置，其绕组中电流的方向就会发生变化。图 1-4 所示为典型永磁式直流电动机换向器与电刷的结构。

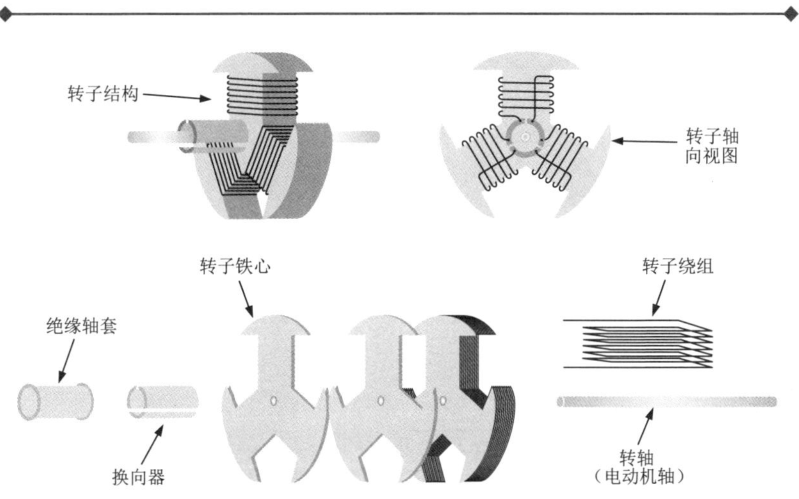
转子结构
转子轴
向视图
转子铁心
转子绕组
绝缘轴套
换向器
转轴
（电动机轴）

图 1-3 典型永磁式直流电动机转子的结构

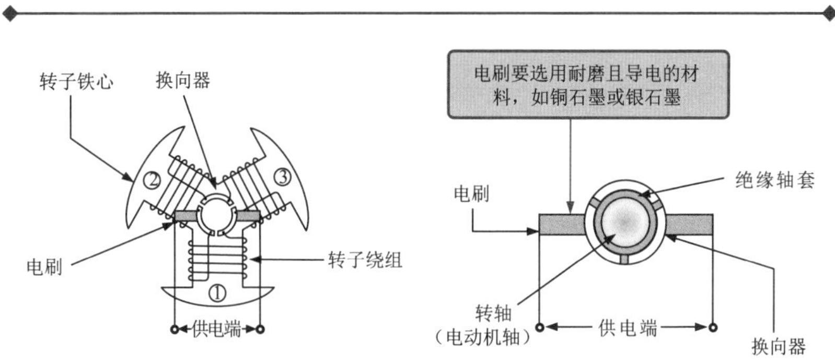
转子铁心
换向器
②
③
电刷
转子绕组
①
供电端
电刷要选用耐磨且导电的材料，如铜石墨或银石墨
电刷
绝缘轴套
转轴
（电动机轴）
供电端
换向器

图 1-4 典型永磁式直流电动机换向器与电刷的结构

3. 定子

图 1-5 所示为典型永磁式直流电动机定子的结构。我们知道一个永磁体不论大小，都具有 N 极和 S 极。如果将两个小磁体粘合成为一个磁体，则中间的部分就会变成中性磁极，两侧分别为 N 极、S 极；如果将两个永磁体安装到一个由铁磁性材料制成的圆筒内，则圆筒外壳就称为

中性磁极部分，内部两个磁体分别为 N 极和 S 极，这样就构成了产生定子磁场的磁极，转子安装于其中就会受到磁场的作用而产生转动力矩。

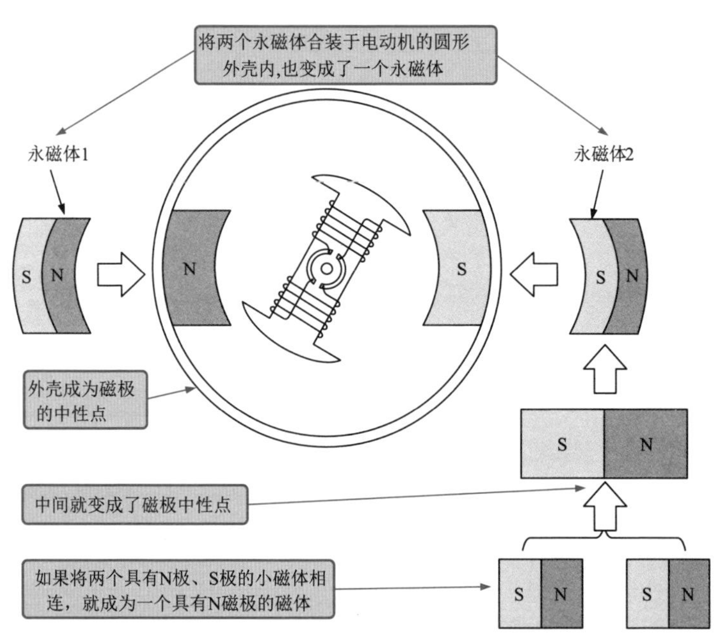
将两个永磁体合装于电动机的圆形外壳内,也变成了一个永磁体
永磁体1
永磁体2
S
N
N
S
S
N
外壳成为磁极的中性点
S
N
中间就变成了磁极中性点
如果将两个具有N极、S极的小磁体相连，就成为一个具有N磁极的磁体
S
N
S
N

图 1-5　典型永磁式直流电动机定子的结构

1.1.2　永磁式直流电动机原理

由于导体在磁场中有电流流过就会受到磁场的作用而产生转矩，这是电动机转子能够旋转的机理。转子绕组的导体中有电流时，受到定子磁场的作用所产生力的方向，遵循左手定则，这就是电动机的起动转矩产生的原理。

由此可见，增加转子的直径，加长转子轴向的长度，增强转子绕组的电流以及增强定子磁极的磁场，都会增加电动机的转矩。

图 1-6 所示为永磁式直流电动机转矩的产生原理。

永磁式直流电动机外加直流电源后，转子会受到磁场的作用力而旋转，但是当转子绕组旋转时又会切割磁力线而产生电动势，该电动势的方向与外加电源的方向相反，因而被称为反电动势，所以当电动机旋转起来后，电动机绕组所加电压等于外加电源电压与反电动势之差，其电压小于起动电压。

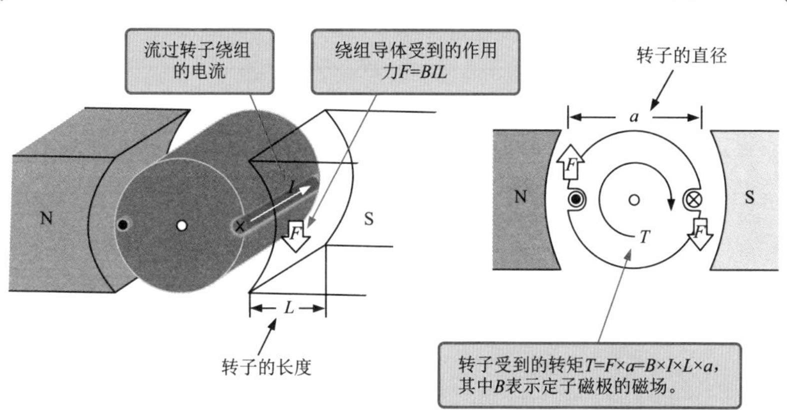
流过转子绕组的电流
绕组导体受到的作用力F=BIL
N
S
I
F
L
转子的长度
转子的直径
a
F
T
转子受到的转矩T=F×a=B×I×L×a，其中B表示定子磁极的磁场。

图 1-6 永磁式直流电动机转矩的产生原理

图 1-7 所示为永磁式直流电动机的反电动势。

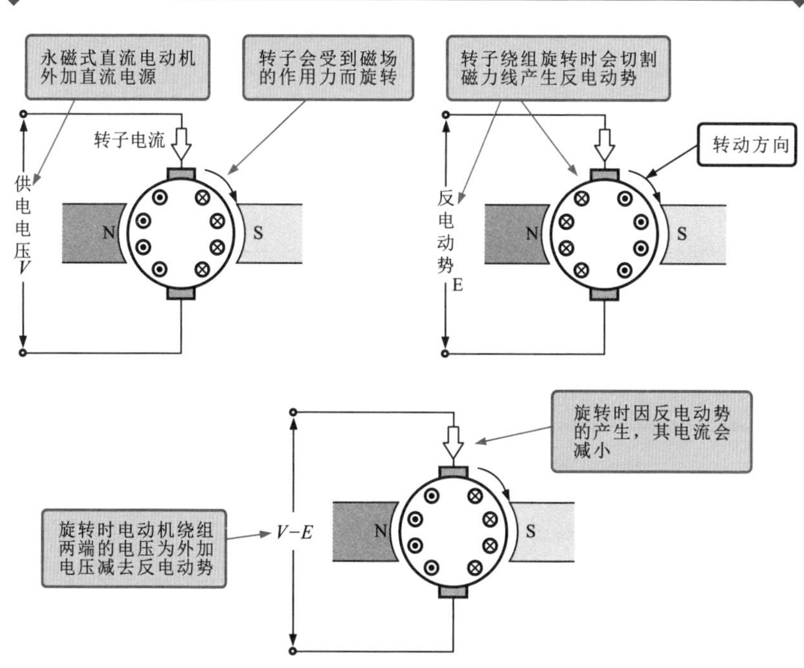
永磁式直流电动机外加直流电源
转子会受到磁场的作用力而旋转
转子绕组旋转时会切割磁力线产生反电动势
转动方向
转子电流
供电电压V
反电动势E
N
S
旋转时因反电动势的产生，其电流会减小
旋转时电动机绕组两端的电压为外加电压减去反电动势
V−E

图 1-7 永磁式直流电动机的反电动势

1. 两极式转子的工作原理

两极式转子是将转子铁心制成两翼形，每个翼片上缠绕一组绕组，共有两组绕组和两个换向器接线片。两个电刷分别接电源的正、负极。

图 1-8 所示为两极转子永磁式直流电动机的结构原理示意图。

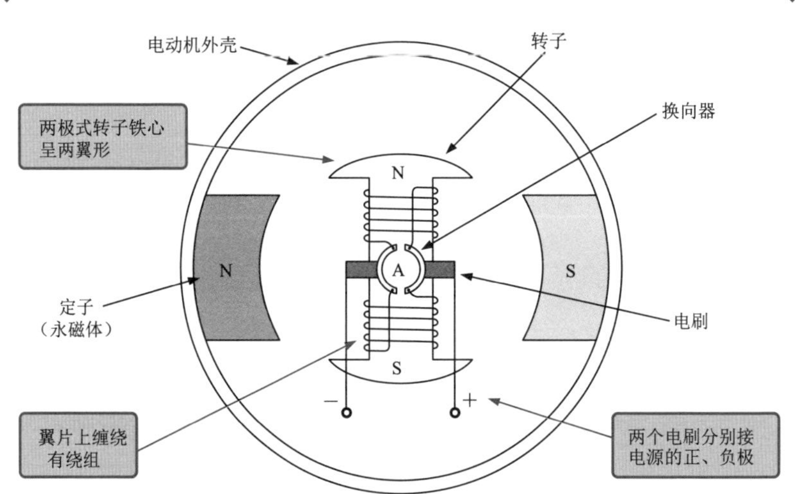
电动机外壳
转子
换向器
两极式转子铁心呈两翼形
N
A
N
S
S
定子（永磁体）
电刷
−
+
翼片上缠绕有绕组
两个电刷分别接电源的正、负极

图 1-8 两极转子永磁式直流电动机的结构原理示意图

图 1-9 所示为两极转子永磁式直流电动机的转动过程。

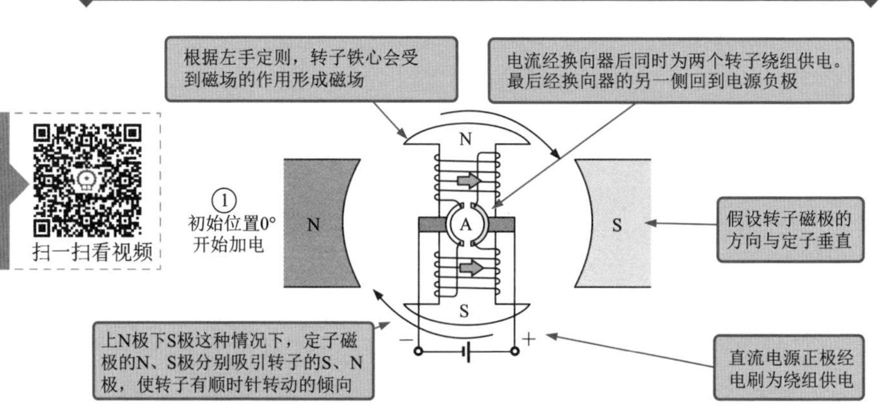
根据左手定则，转子铁心会受到磁场的作用形成磁场
电流经换向器后同时为两个转子绕组供电。最后经换向器的另一侧回到电源负极
扫一扫看视频
①
初始位置0°
开始加电
N
A
N
S
S
假设转子磁极的方向与定子垂直
上N极下S极这种情况下，定子磁极的N、S极分别吸引转子的S、N极，使转子有顺时针转动的倾向
−
+
直流电源正极经电刷为绕组供电

图 1-9 两极转子永磁式直流电动机的转动过程

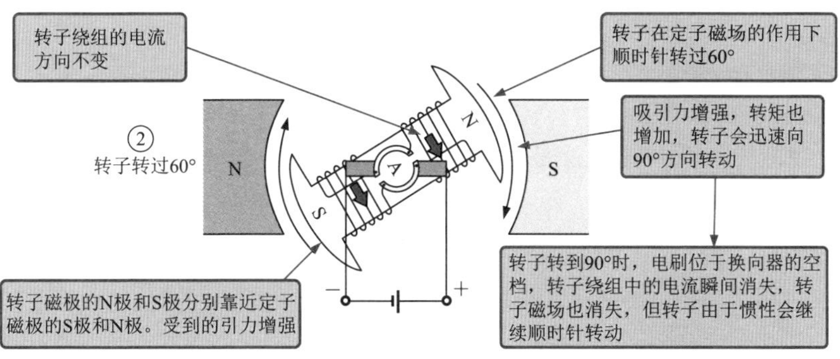
转子绕组的电流方向不变
转子在定子磁场的作用下顺时针转过60°
②
转子转过60°
N
S
N
S
吸引力增强，转矩也增加，转子会迅速向90°方向转动
A
转子转到90°时，电刷位于换向器的空档，转子绕组中的电流瞬间消失，转子磁场也消失，但转子由于惯性会继续顺时针转动
转子磁极的N极和S极分别靠近定子磁极的S极和N极。受到的引力增强
−
+

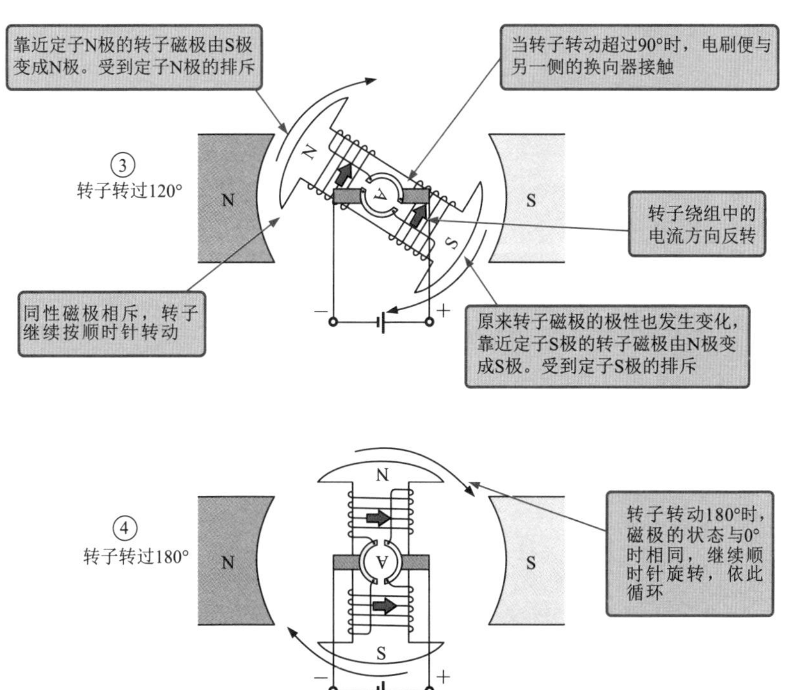
靠近定子N极的转子磁极由S极变成N极。受到定子N极的排斥
当转子转动超过90°时，电刷便与另一侧的换向器接触
③
转子转过120°
N
S
N
S
A
转子绕组中的电流方向反转
同性磁极相斥，转子继续按顺时针转动
原来转子磁极的极性也发生变化，靠近定子S极的转子磁极由N极变成S极。受到定子S极的排斥
−
+
④
转子转过180°
N
S
N
S
A
转子转动180°时，磁极的状态与0°时相同，继续顺时针旋转，依此循环
−
+

图 1-9　两极转子永磁式直流电动机的转动过程（续）

2. 三极式转子的工作原理

三极式转子是将转子铁心制成三翼形，每个翼片上缠绕一组绕组，共有三组绕组和三个换向器接线片，但电刷仍为两个，分别接电源的正、负极。电源供电时，转子磁极是根据转角与电刷的接触状态变化。

如图 1-10 所示，这是三极转子永磁式直流电动机的结构原理示意图。

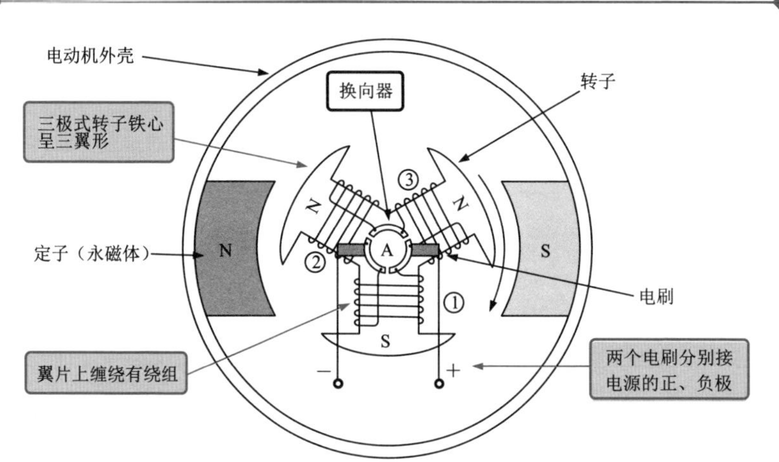
电动机外壳
换向器
转子
三极式转子铁心呈三翼形
③
N
N
N
A
S
定子（永磁体）
②
①
电刷
S
翼片上缠绕有绕组
−
+
两个电刷分别接电源的正、负极

图 1-10 三极转子永磁式直流电动机的结构原理示意图

图 1-11 所示为三极转子永磁式直流电动机的转动过程。

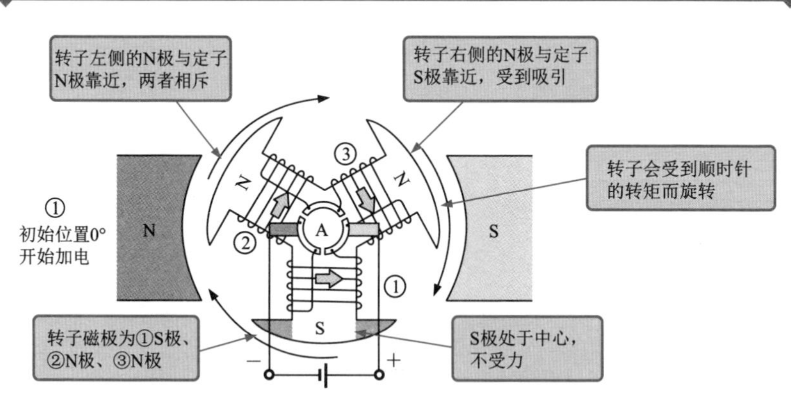
转子左侧的N极与定子N极靠近，两者相斥
转子右侧的N极与定子S极靠近，受到吸引
③
N
N
转子会受到顺时针的转矩而旋转
①
初始位置0°
开始加电
N
A
S
②
①
S
转子磁极为①S极、②N极、③N极
S极处于中心，不受力
−
+

图 1-11 三极转子永磁式直流电动机的转动过程

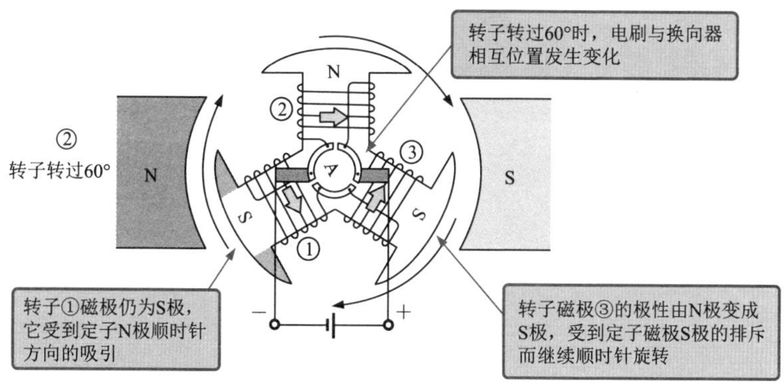
转子转过60°时，电刷与换向器相互位置发生变化
②
转子转过60°
N
S
N
S
S
②
③
①
A
−
+
转子①磁极仍为S极，它受到定子N极顺时针方向的吸引
转子磁极③的极性由N极变成S极，受到定子磁极S极的排斥而继续顺时针旋转

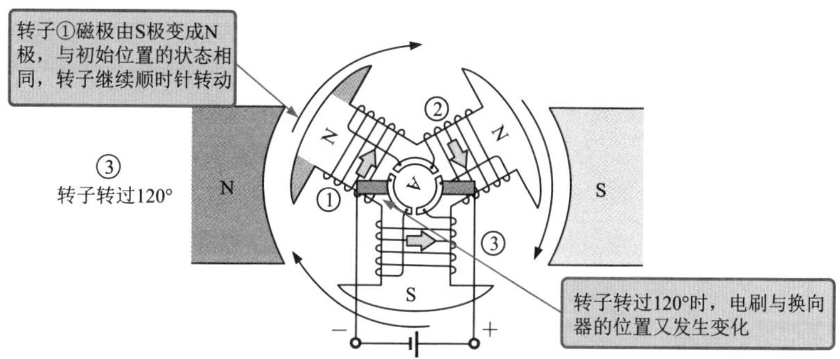
转子①磁极由S极变成N极，与初始位置的状态相同，转子继续顺时针转动
③
转子转过120°
N
S
N
N
S
①
②
③
A
−
+
转子转过120°时，电刷与换向器的位置又发生变化

图 1-11　三极转子永磁式直流电动机的转动过程（续）

1.2 电磁式直流电动机结构原理

1.2.1 电磁式直流电动机结构

电磁式直流电动机多用于功率需求较大的场合中，如电动三轮车的驱动电动机、直流电动工具（手电钻等）。

图 1-12 所示为典型电磁式直流电动机的应用。

图 1-13 所示为典型电磁式直流电动机的结构。电磁式直流电动机是将用于产生定子磁场的永磁体用电磁铁取代，定子铁

扫一扫看视频

心上绕有绕组，转子部分是由转子铁心、绕组、换向器和转轴组成的。

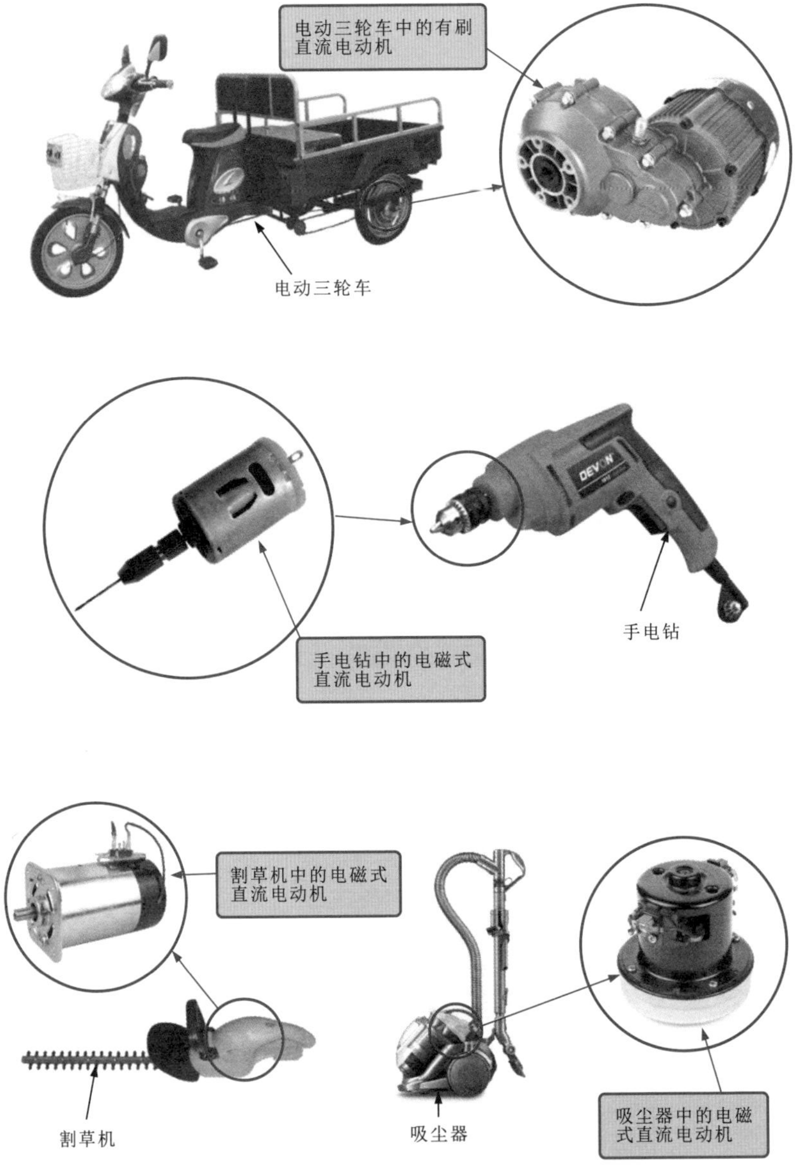

电动三轮车中的有刷直流电动机

电动三轮车

手电钻

手电钻中的电磁式直流电动机

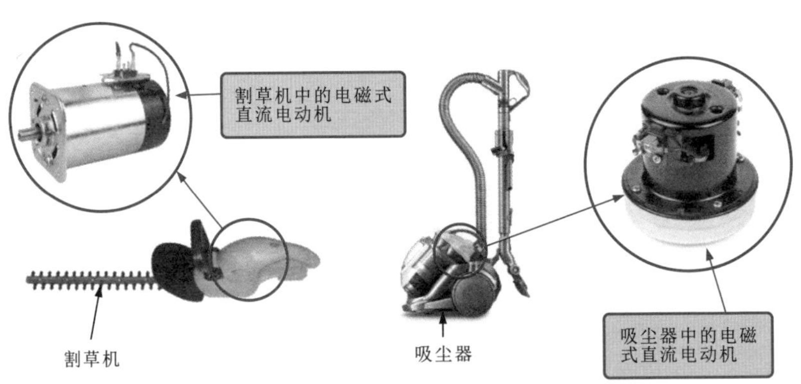
割草机中的电磁式直流电动机
割草机
吸尘器
吸尘器中的电磁式直流电动机

图 1-12 典型电磁式直流电动机的应用

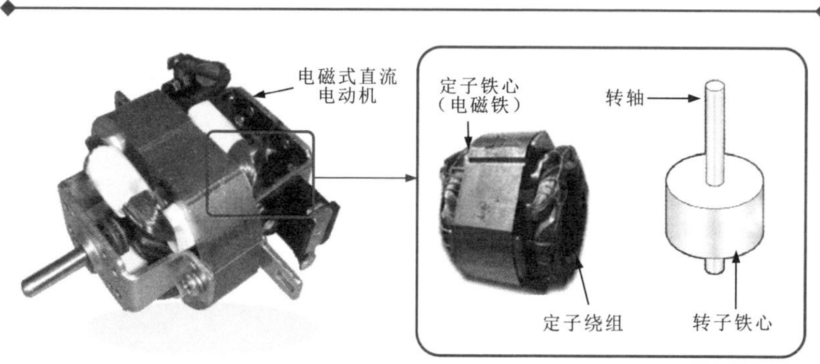
电磁式直流
电动机
定子铁心
（电磁铁）
转轴
定子绕组
转子铁心

图 1-13 典型电磁式直流电动机的结构

1. 定子

在电磁式直流电动机的外壳内分别设有两组铁心，各缠绕一组绕组，并由直流电源供电，它所形成的磁场与永磁定子产生的磁场相同，增强其中的电流可增强磁场的强度。

图 1-14 所示为典型电磁式直流电动机定子绕组的结构及磁场。

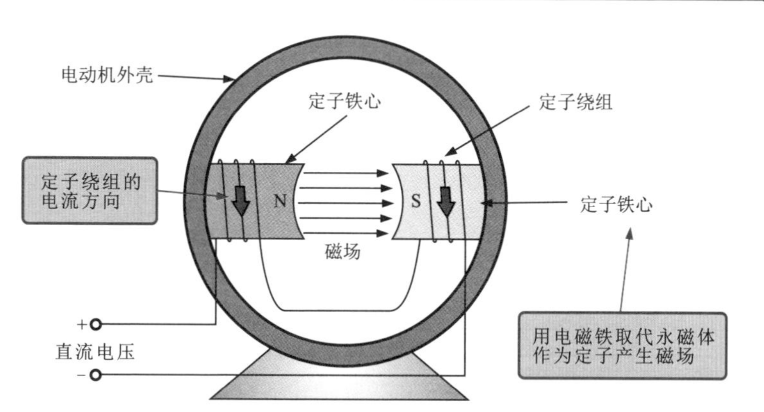
电动机外壳
定子铁心
定子绕组
定子绕组的
电流方向
N
S
磁场
定子铁心
+
直流电压
−
用电磁铁取代永磁体
作为定子产生磁场

图 1-14 典型电磁式直流电动机定子绕组的结构及磁场

2. 转子与换向器

将转子铁心制成圆柱状，周围开多个绕组槽以便将多组绕组放入槽中，增加转子绕组的匝数可以增强电动机的起动转矩。图 1-15 所示为典型电磁式直流电动机转子绕组的结构和绕制方法。

绕组
绕组的
绕制形状
绕组端
绝缘物
导线
绕组引出端
绕组引出端
绕组横切面
转子铁心
绕组一侧
绕制好的绕组
绕组端
绕组引出端
多个绕组交替安装
于转子铁心槽中
转子绕组槽

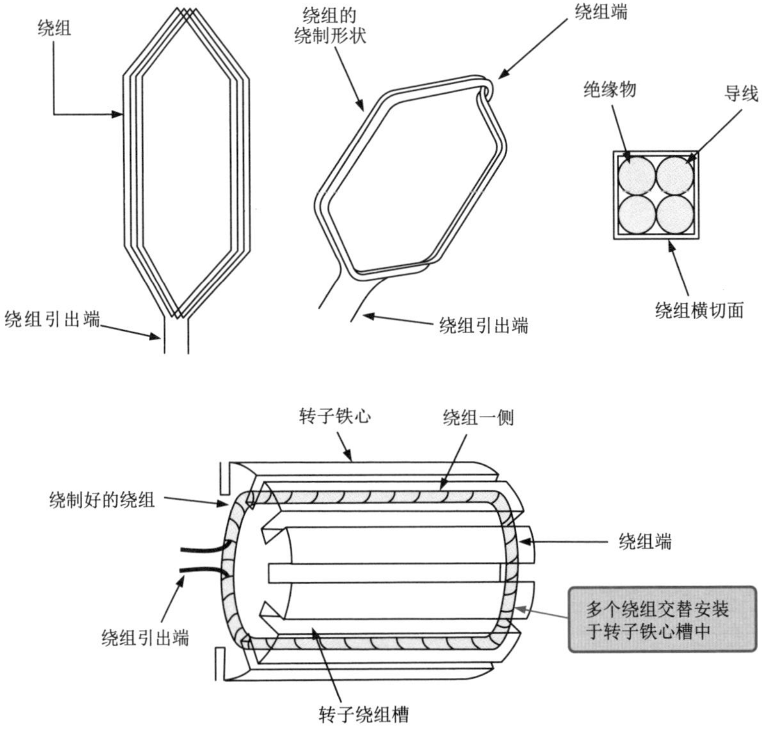

图 1-15　典型电磁式直流电动机转子绕组的结构和绕制方法

图 1-16 所示为典型电磁式直流电动机转子绕组与换向器的连接关系图。

1.2.2　电磁式直流电动机原理

电磁式直流电动机分为他励式、复励式、并励式、串励式等，其内部结构及供电方式略有不同，因此其工作过程也有部分差异。

1. 他励式直流电动机的工作原理

他励式直流电动机的转子绕组和定子绕组分别接到各自的电源上，这种电动机需要两套直流电源。

图 1-17 所示为他励式直流电动机的工作原理。

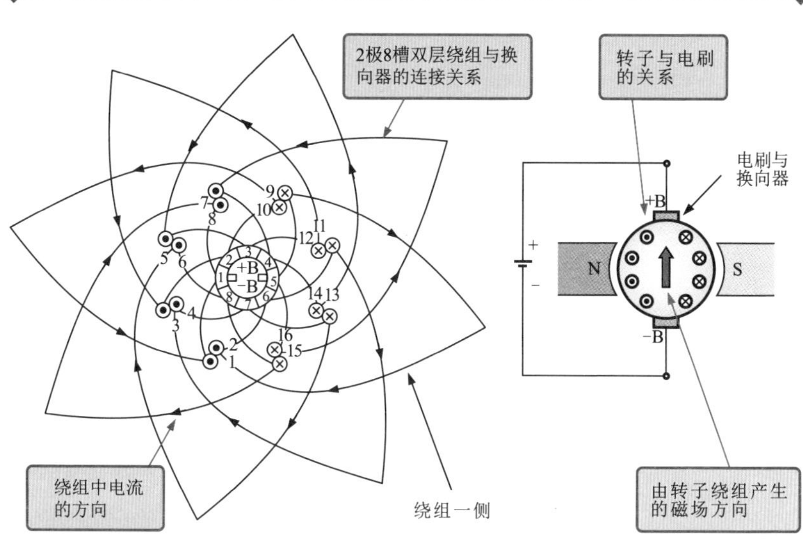
2极8槽双层绕组与换向器的连接关系
转子与电刷的关系
电刷与换向器
+B
−B
N
S
绕组中电流的方向
绕组一侧
由转子绕组产生的磁场方向

图 1-16　典型电磁式直流电动机转子绕组与换向器的连接关系图

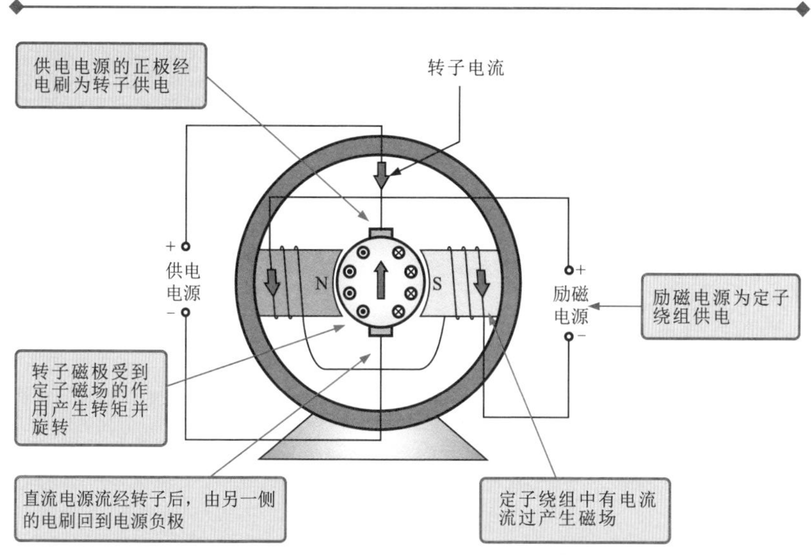
供电电源的正极经电刷为转子供电
转子电流
供电电源
励磁电源
励磁电源为定子绕组供电
N
S
转子磁极受到定子磁场的作用产生转矩并旋转
直流电源流经转子后，由另一侧的电刷回到电源负极
定子绕组中有电流流过产生磁场

图 1-17　他励式直流电动机的工作原理

2. 串励式直流电动机的工作原理

串励式直流电动机的转子绕组与定子绕组串联，由一组直流电源供电。定子绕组中的电流就是转子绕组中的电流。图1-18所示为串励式直流电动机的工作原理。

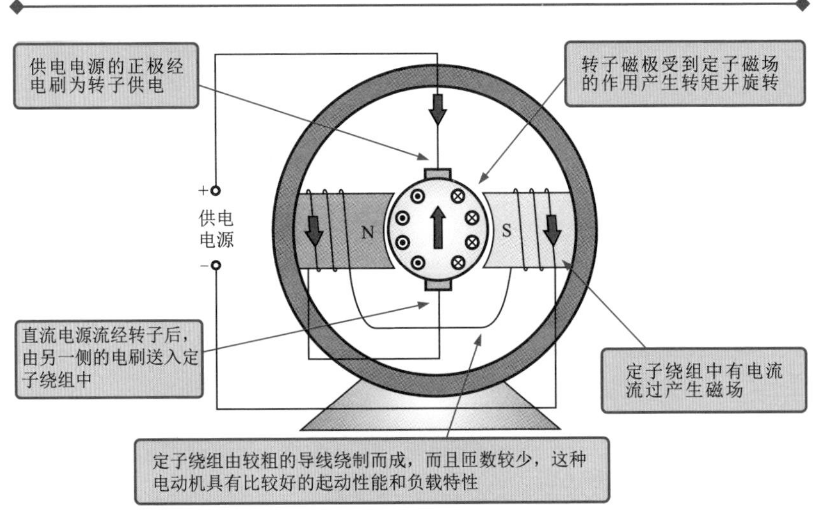
供电电源的正极经电刷为转子供电
转子磁极受到定子磁场的作用产生转矩并旋转
+
供电电源
−
N
S
直流电源流经转子后，由另一侧的电刷送入定子绕组中
定子绕组中有电流流过产生磁场
定子绕组由较粗的导线绕制而成，而且匝数较少，这种电动机具有比较好的起动性能和负载特性

图1-18 串励式直流电动机的工作原理

3. 并励式直流电动机的工作原理

并励式直流电动机的转子绕组与定子绕组并联接到供电电路中。电动机的总电流等于转子电流与定子电流之和。

图1-19所示为并励式直流电动机的工作原理。

4. 复励式直流电动机的工作原理

复励式直流电动机的定子绕组有两组：一组与电动机的转子串联；另一组与电动机的转子绕组并联。根据连接方式又可分为：和动式复合绕组电动机，差动式复合绕组电动机。

图1-20所示为复励式直流电动机的工作原理。

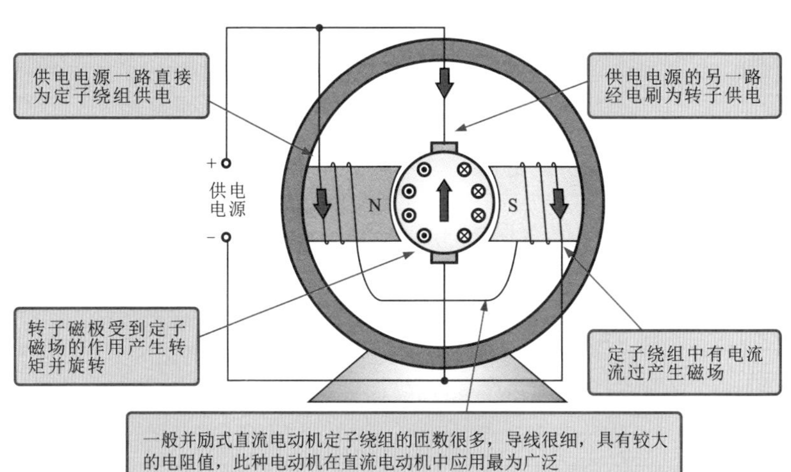
供电电源一路直接为定子绕组供电
供电电源的另一路经电刷为转子供电
+
供电电源
−
N
S
转子磁极受到定子磁场的作用产生转矩并旋转
定子绕组中有电流流过产生磁场
一般并励式直流电动机定子绕组的匝数很多，导线很细，具有较大的电阻值，此种电动机在直流电动机中应用最为广泛

图 1-19　并励式直流电动机的工作原理

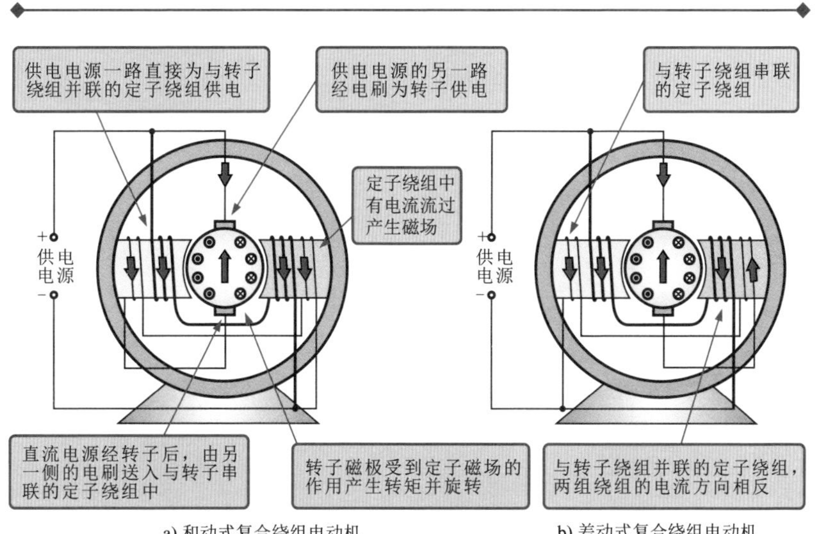
供电电源一路直接为与转子绕组并联的定子绕组供电
供电电源的另一路经电刷为转子供电
与转子绕组串联的定子绕组
定子绕组中有电流流过产生磁场
+
供电电源
−
直流电源经转子后，由另一侧的电刷送入与转子串联的定子绕组中
转子磁极受到定子磁场的作用产生转矩并旋转
与转子绕组并联的定子绕组，两组绕组的电流方向相反

a) 和动式复合绕组电动机　　b) 差动式复合绕组电动机

图 1-20　复励式直流电动机的工作原理

1.3 有刷直流电动机结构原理

1.3.1 有刷直流电动机结构

有刷直流电动机具有良好的起动、调速和制动性能，且其控制电路相对简单，因此被广泛应用于小家电、电动车、城市电车、地铁列车、精密机床中。图 1-21 所示为典型有刷直流电动机的应用。

图 1-22 为典型有刷直流电动机的拆解图。有刷直流电动机的定子是由永磁体组成的，转子是由绕组和换向器构成的，电刷安装在定子机座上，电源通过电刷及换向器实现电动机绕组（线圈）中电流方向的变化。

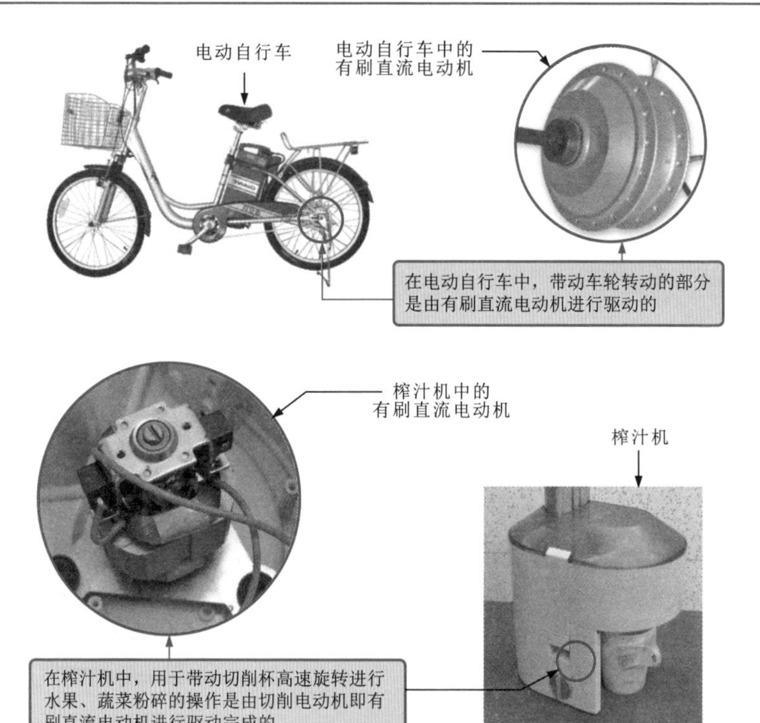
电动自行车
电动自行车中的
有刷直流电动机
在电动自行车中，带动车轮转动的部分是由有刷直流电动机进行驱动的
榨汁机中的
有刷直流电动机
榨汁机
在榨汁机中，用于带动切削杯高速旋转进行水果、蔬菜粉碎的操作是由切削电动机即有刷直流电动机进行驱动完成的

图 1-21　典型有刷直流电动机的应用

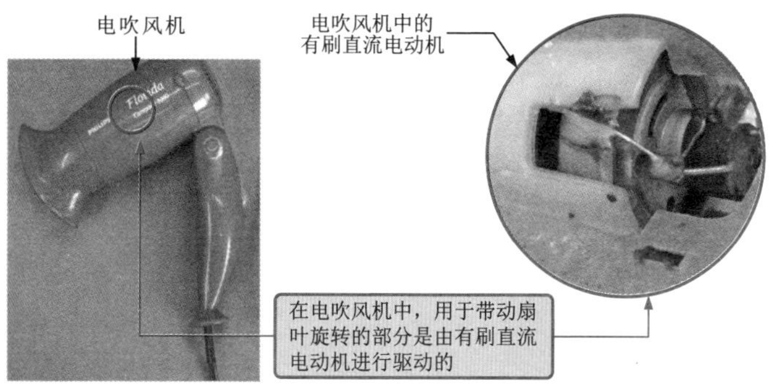
电吹风机
电吹风机中的
有刷直流电动机
在电吹风机中，用于带动扇叶旋转的部分是由有刷直流电动机进行驱动的

图 1-21 典型有刷直流电动机的应用（续）

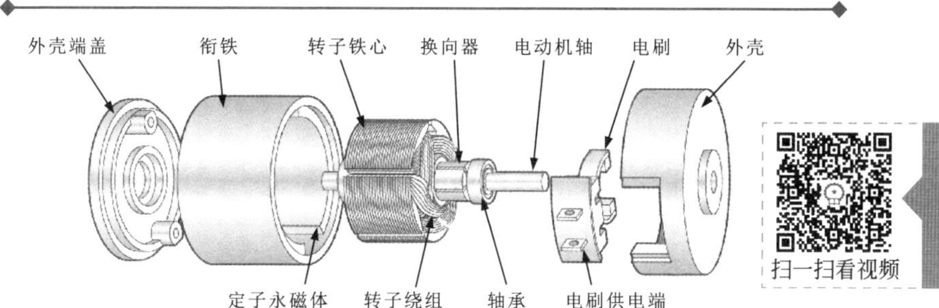
外壳端盖
衔铁
转子铁心
换向器
电动机轴
电刷
外壳
定子永磁体
转子绕组
轴承
电刷供电端
扫一扫看视频

图 1-22 典型有刷直流电动机的拆解图

图 1-23 所示为典型有刷直流电动机的结构。

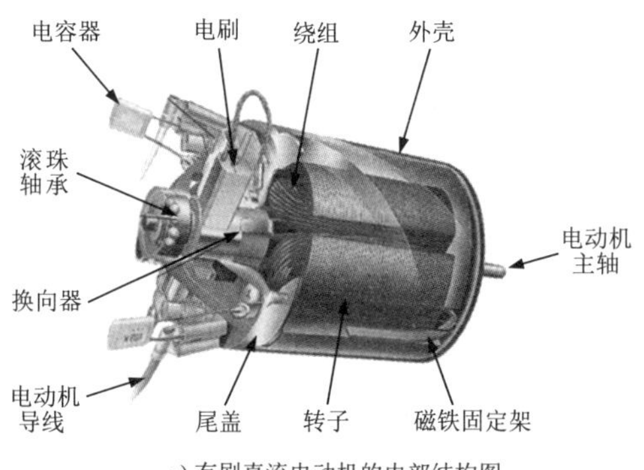
电容器
电刷
绕组
外壳
滚珠
轴承
电动机
主轴
换向器
电动机
导线
尾盖
转子
磁铁固定架

a) 有刷直流电动机的内部结构图

图 1-23 典型有刷直流电动机的结构

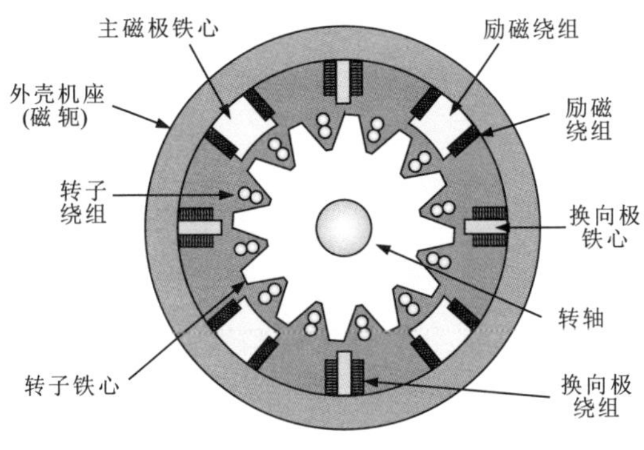
主磁极铁心
励磁绕组
外壳机座
(磁轭)
励磁
绕组
转子
绕组
换向极
铁心
转轴
转子铁心
换向极
绕组

b) 有刷直流电动机的剖面示意图

图 1-23　典型有刷直流电动机的结构（续）

1. 定子

有刷直流电动机的定子部分主要由主磁极（定子永磁体或绕组）、衔铁、端盖和电刷等部分组成。图 1-24 所示为典型有刷直流电动机定子部分的结构。

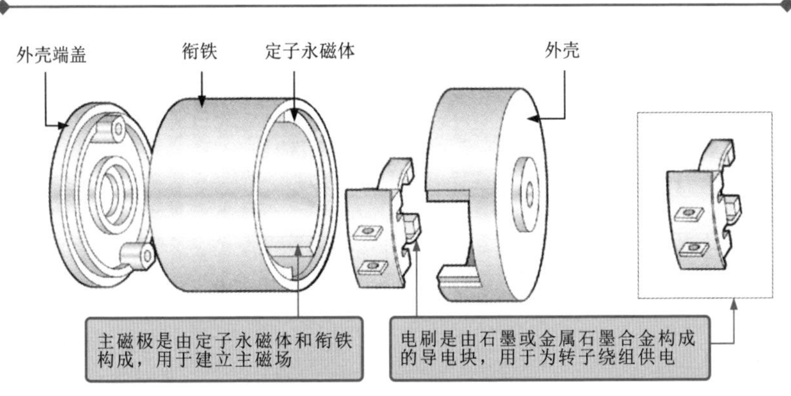
外壳端盖
衔铁
定子永磁体
外壳
主磁极是由定子永磁体和衔铁构成，用于建立主磁场
电刷是由石墨或金属石墨合金构成的导电块，用于为转子绕组供电

图 1-24　典型有刷直流电动机定子部分的结构

相关资料

在有些有刷直流电动机中，主磁极部分是由主磁极铁心和套装在铁心上的励磁绕组构成，其结构如图 1-25 所示。

机座
励磁绕组
主磁极铁心
极靴

图 1-25 由主磁极铁心和励磁绕组构成的主磁极部分

2. 转子

直流电动机的转子部分主要由转子铁心、转子绕组、轴承、电动机轴、换向器等部分组成的。

图 1-26 所示为典型有刷直流电动机转子部分的结构。

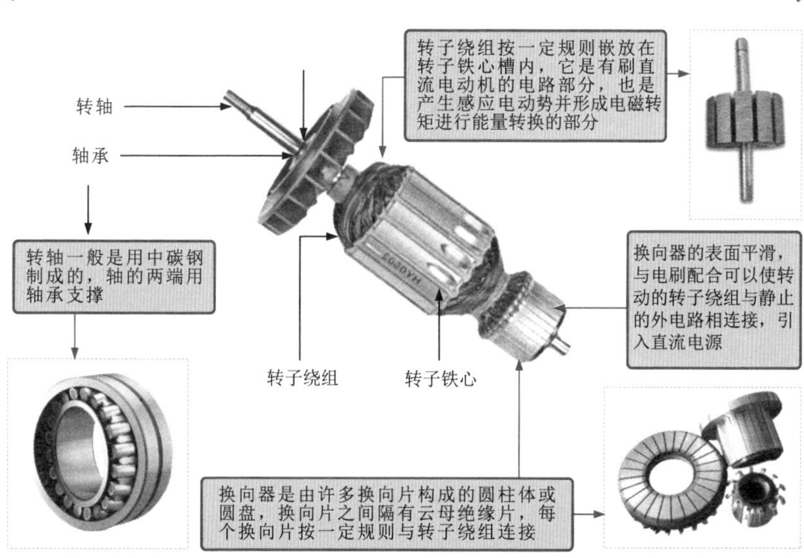
转子绕组按一定规则嵌放在转子铁心槽内，它是有刷直流电动机的电路部分，也是产生感应电动势并形成电磁转矩进行能量转换的部分
转轴
轴承
转轴一般是用中碳钢制成的，轴的两端用轴承支撑
换向器的表面平滑，与电刷配合可以使转动的转子绕组与静止的外电路相连接，引入直流电源
转子绕组
转子铁心
换向器是由许多换向片构成的圆柱体或圆盘，换向片之间隔有云母绝缘片，每个换向片按一定规则与转子绕组连接

图 1-26 典型有刷直流电动机转子部分的结构

1.3.2 有刷直流电动机原理

有刷直流电动机工作时，绕组和换向器旋转，主磁极（定子）及电

刷不旋转，直流电源经电刷加到转子绕组上，绕组电流方向的交替变化是随电动机转动的换向器以及与其相关的电刷的位置变化而变化的。图 1-27 所示为有刷直流电动机的工作原理结构图。

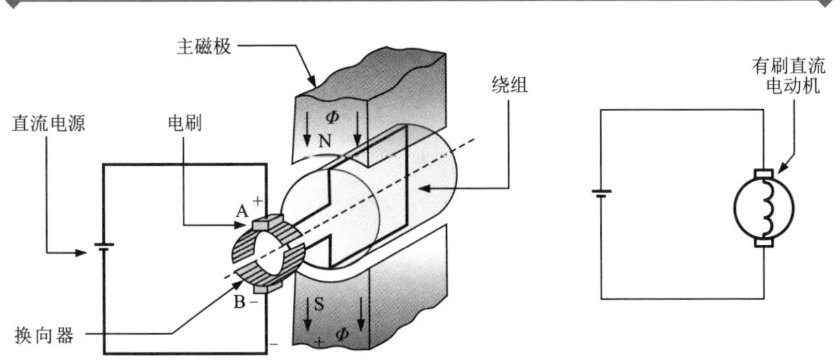
主磁极
绕组
有刷直流
电动机
直流电源
电刷
Φ
N
A
+
B
−
S
Φ
换向器
−
+

图 1-27　有刷直流电动机的工作原理结构图

扫一扫看视频

有刷直流电动机在接通电源一瞬间时，直流电源的正、负极通过电刷 A 和 B 与直流电动机的转子绕组接通，直流电流经电刷 A、换向器 1、绕组 ab 和 cd、换向器 2、电刷 B 返回到电源的负极。

图 1-28 所示为有刷直流电动机接通电源一瞬间时的工作过程。

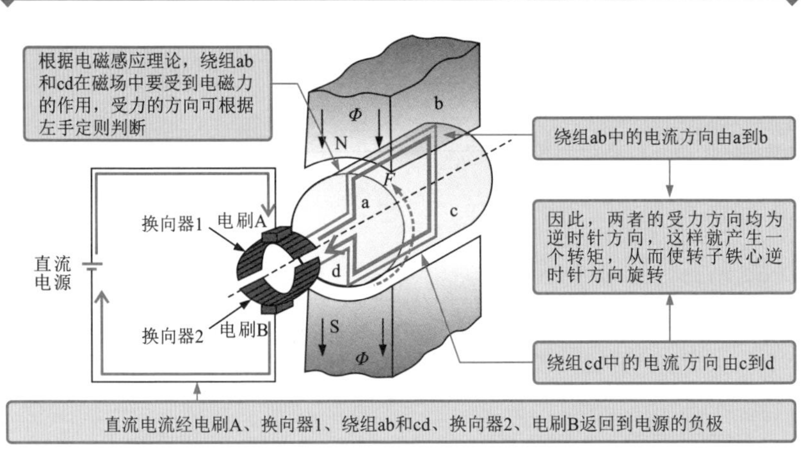
根据电磁感应理论，绕组ab和cd在磁场中要受到电磁力的作用，受力的方向可根据左手定则判断
绕组ab中的电流方向由a到b
因此，两者的受力方向均为逆时针方向，这样就产生一个转矩，从而使转子铁心逆时针方向旋转
绕组cd中的电流方向由c到d
直流电流经电刷A、换向器1、绕组ab和cd、换向器2、电刷B返回到电源的负极
换向器1
电刷A
换向器2
电刷B
直流
电源
Φ
N
S
Φ
a
b
c
d
F

图 1-28　有刷直流电动机接通电源一瞬间时的工作过程

当有刷直流电动机转子转过 90°时，两个绕组边缘处于磁场的物理中

性面，且电刷不与换向片接触，绕组中没有电流流过，F=0，转矩消失。

图 1-29 所示为有刷直流电动机转子转过 90°时的工作过程。

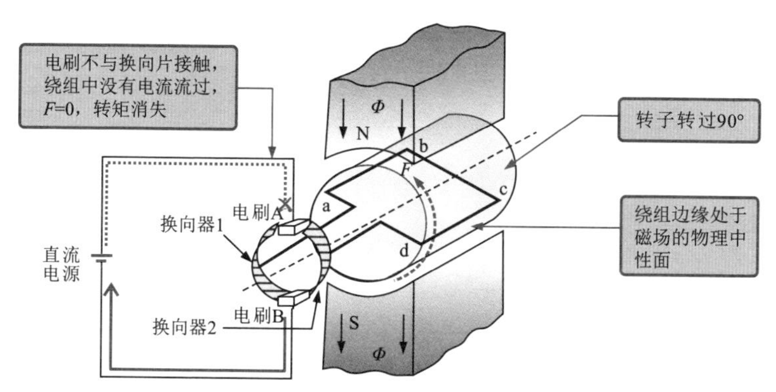
电刷不与换向片接触，
绕组中没有电流流过，
F=0，转矩消失
转子转过90°
绕组边缘处于
磁场的物理中
性面
直流
电源
换向器1
电刷A
电刷B
换向器2
N
S
Φ
a
b
c
d
F

图 1-29　有刷直流电动机转子转过 90°时的工作过程

由于机械惯性的作用，有刷直流电动机的转子将冲过一个角度（90°），这时绕组中又有电流流过，此时直流电流经电刷 A、换向器 2，绕组 dc 和 ba、换向器 1、电刷 B 返回到电源的负极。绕组转动 180°后其中的电流方向发生了变化，转动方向不变。

图 1-30 所示为有刷直流电动机转子再经 90°旋转的工作过程。

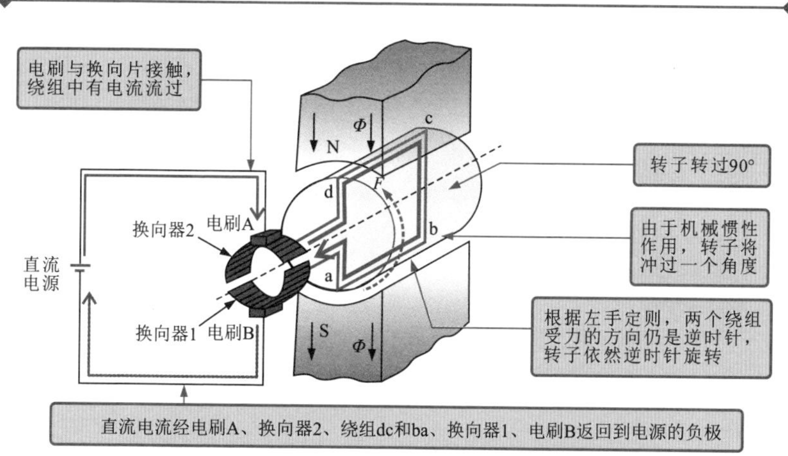
电刷与换向片接触，
绕组中有电流流过
转子转过90°
由于机械惯性
作用，转子将
冲过一个角度
根据左手定则，两个绕组
受力的方向仍是逆时针，
转子依然逆时针旋转
直流
电源
换向器2
电刷A
换向器1
电刷B
N
S
Φ
a
b
c
d
F
直流电流经电刷A、换向器2、绕组dc和ba、换向器1、电刷B返回到电源的负极

图 1-30　有刷直流电动机转子再经 90°旋转的工作过程

由此可见，一个绕组从一个磁极范围经过中性面到了相对的异性磁

极范围时，通过绕组的电流方向已改变一次，因此转子的转动方向保持不变。改变绕组中电流方向是靠换向器和电刷来完成的。

相关资料

图 1-31 所示为有刷直流电动机转动一周的工作过程。

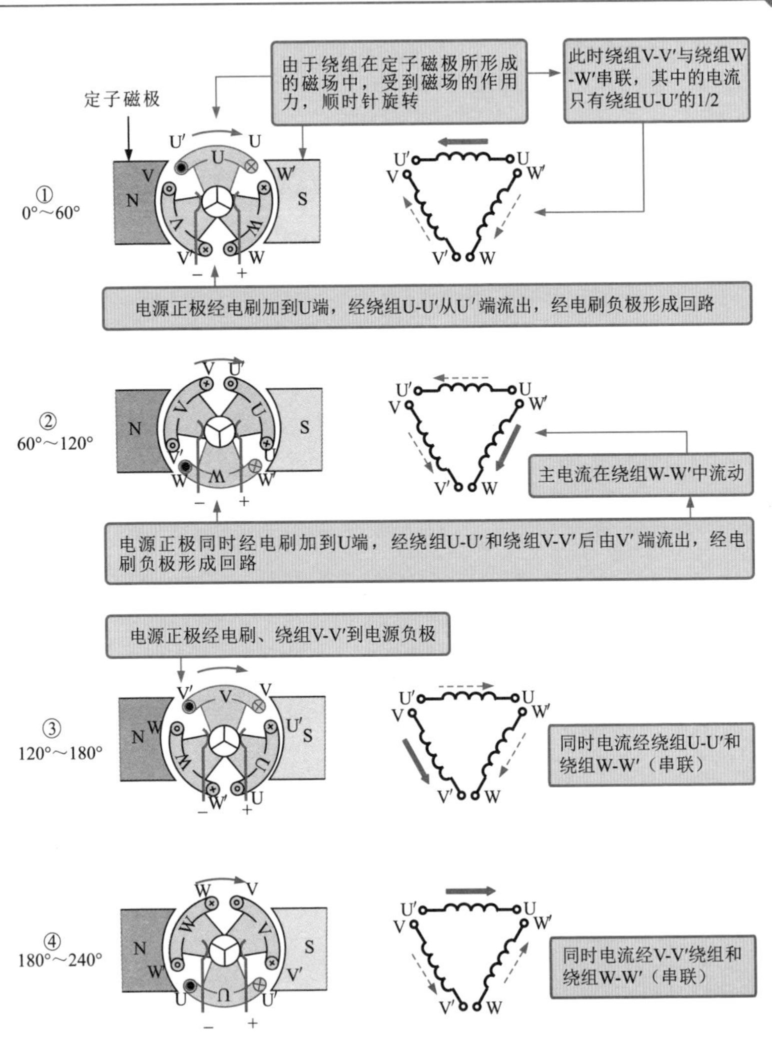
定子磁极
由于绕组在定子磁极所形成的磁场中，受到磁场的作用力，顺时针旋转
此时绕组V-V′与绕组W-W′串联，其中的电流只有绕组U-U′的1/2
①
0°～60°
电源正极经电刷加到U端，经绕组U-U′从U′端流出，经电刷负极形成回路
②
60°～120°
主电流在绕组W-W′中流动
电源正极同时经电刷加到U端，经绕组U-U′和绕组V-V′后由V′端流出，经电刷负极形成回路
电源正极经电刷、绕组V-V′到电源负极
③
120°～180°
同时电流经绕组U-U′和绕组W-W′（串联）
④
180°～240°
同时电流经V-V′绕组和绕组W-W′（串联）

图 1-31 有刷直流电动机转动一周的工作过程

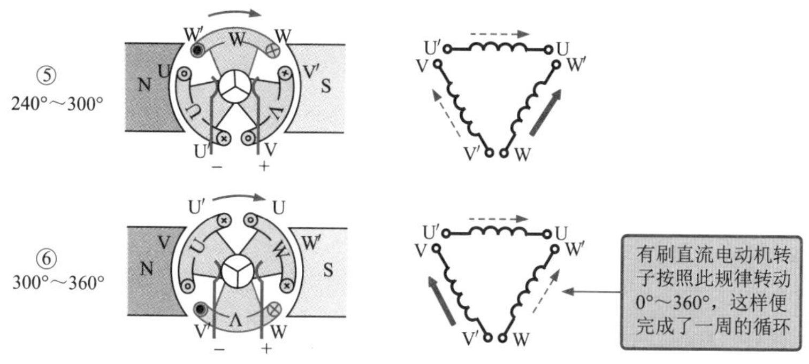
⑤
240°～300°
N
S
⑥
300°～360°
有刷直流电动机转子按照此规律转动0°～360°，这样便完成了一周的循环

图 1-31　有刷直流电动机转动一周的工作过程（续）

1.4 无刷直流电动机结构原理

1.4.1 无刷直流电动机结构

无刷直流电动机是以电子组件和传感器取代了机械电刷和换向器，具有结构简单、无机械磨损、运行可靠、调速精度高、效率高、起动转矩高等优点，因此被广泛应用于家电、电动车、汽车、医疗器械、精密电子等产品中。

图 1-32 所示为典型无刷直流电动机的应用。

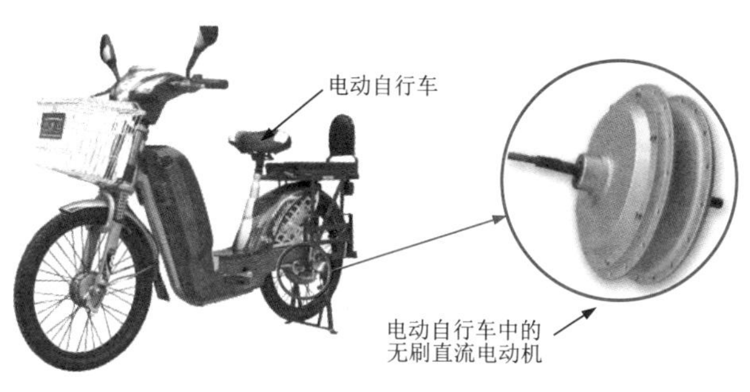
电动自行车
电动自行车中的
无刷直流电动机

图 1-32　典型无刷直流电动机的应用

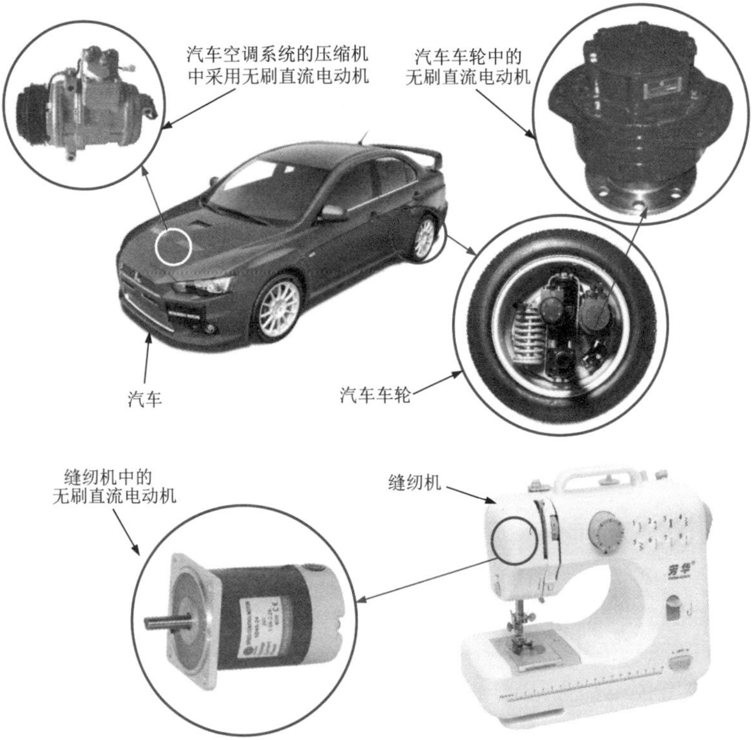

汽车空调系统的压缩机中采用无刷直流电动机

汽车车轮中的无刷直流电动机

汽车

汽车车轮

缝纫机中的无刷直流电动机

缝纫机

图 1-32　典型无刷直流电动机的应用（续）

图 1-33 所示为无刷直流电动机的结构示意图。

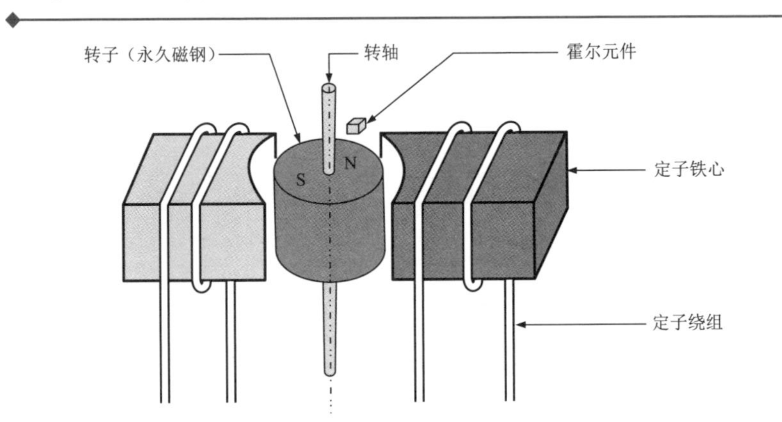
转子（永久磁钢）
转轴
霍尔元件
S
N
定子铁心
定子绕组

图 1-33　无刷直流电动机的结构示意图

无刷直流电动机实际就是指无电刷和换向器的电动机，其转子是由永久磁钢制成的，绕组设置在定子上。而定子上的霍尔传感器则用于检测转子磁极的位置，以便借助于该位置信号控制定子绕组中的电流方向和相位，并驱动转子旋转。

图 1-34 所示为典型无刷直流电动机的结构。

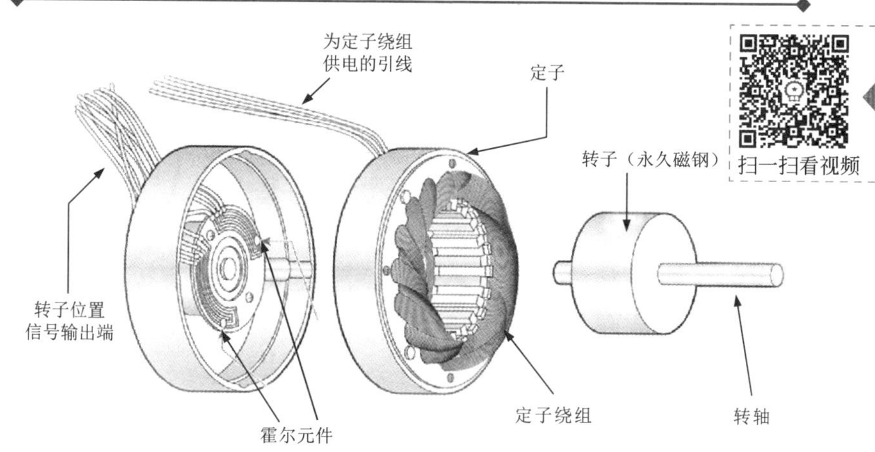
为定子绕组
供电的引线
定子
转子（永久磁钢）
扫一扫看视频
转子位置
信号输出端
霍尔元件
定子绕组
转轴

图 1-34 典型无刷直流电动机的结构

无刷直流电动机的外形多种多样，但基本结构均相同，都是由外壳、转轴、轴承、定子绕组、转子磁钢、霍尔元件等构成的。

图 1-35 所示为典型电动自行车中无刷直流电动机的结构。

1.4.2 无刷直流电动机原理

无刷直流电动机的转子是由永久磁钢构成的，它在圆周上设有多对

外壳
电动自行车上的
无刷直流电动机
轴承

图 1-35 典型电动自行车中无刷直流电动机的结构

转子磁钢
霍尔元件
硅钢片
定子绕组
连接引线
电动机转轴
定子绕组

图 1-35 典型电动自行车中无刷直流电动机的结构（续）

磁极（N、S 极）。绕组绕制在定子上，当接通直流电源时，电源为定子绕组供电，磁钢受到定子磁场的作用而产生转矩并旋转。

图 1-36 所示为无刷直流电动机的转动原理。

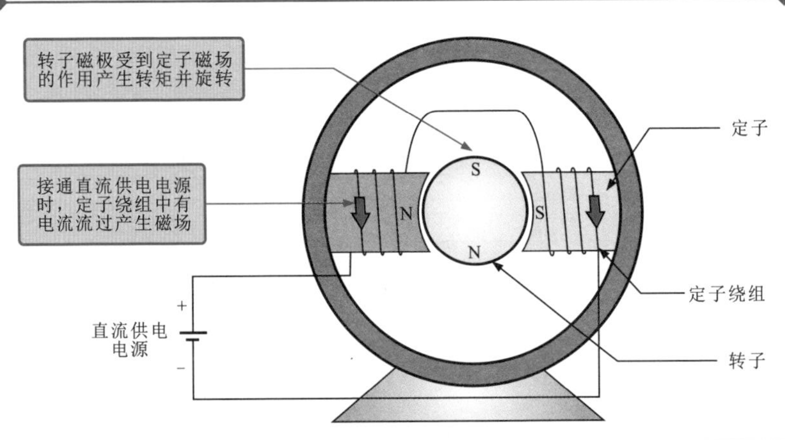
转子磁极受到定子磁场的作用产生转矩并旋转
接通直流供电电源时，定子绕组中有电流流过产生磁场
定子
S
N
N
S
+
直流供电电源
-
定子绕组
转子

图 1-36 无刷直流电动机的转动原理

要点说明

无刷直流电动机定子绕组必须根据转子磁极的方位切换其中电流

的方向，才能使转子连续旋转，因此在无刷直流电动机内必须设置一个感应转子磁极位置的传感器，这种传感器通常采用霍尔元件。

图 1-37 所示为典型霍尔元件的工作过程。霍尔元件是一种磁感应传感器，它可以检测磁场的极性，将磁场的极性变成电信号的极性，定子绕组中的激励电流根据霍尔元件的信号进行切换就可以形成旋转磁场，驱动永磁转子旋转。

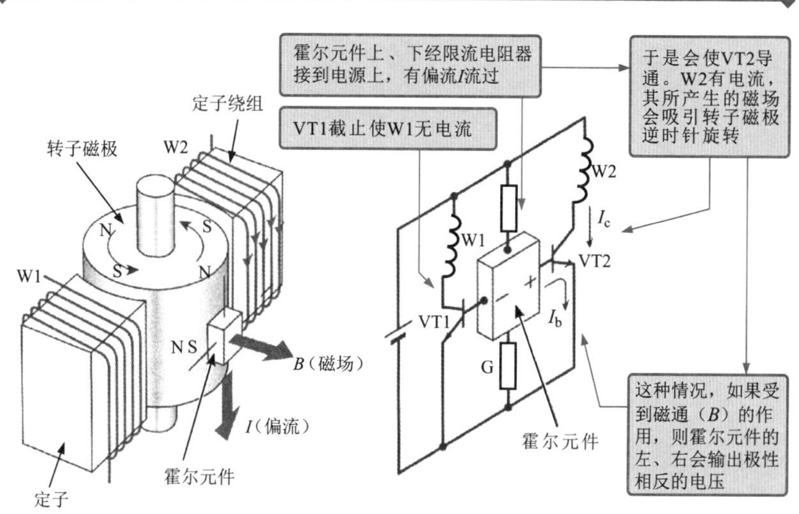
霍尔元件上、下经限流电阻器接到电源上，有偏流I流过
于是会使VT2导通。W2有电流，其所产生的磁场会吸引转子磁极逆时针旋转
定子绕组
VT1截止使W1无电流
转子磁极
W2
N
S
S
N
W1
NS
B（磁场）
I（偏流）
霍尔元件
定子
W2
Ic
W1
VT2
VT1
Ib
G
霍尔元件
这种情况，如果受到磁通（B）的作用，则霍尔元件的左、右会输出极性相反的电压

图 1-37 典型霍尔元件的工作过程

霍尔元件安装在无刷直流电动机靠近转子磁极的位置，输出端分别加到 2 个晶体管的基极，用于输出极性相反的电压，控制晶体管的导通与截止状态，从而控制绕组中的电流，使其绕组产生磁场吸引转子连续运转。

图 1-38 所示为典型霍尔元件与绕组的关系及霍尔元件靠近 S 极的工作过程。

当转子转动 90°时，霍尔元件处于中性位置，此时无输出，两个晶体管都截止，但电动机的转子会因惯性而继续转动。

图 1-39 所示为典型霍尔元件处于中性位置时的工作过程。

当 N 极转到霍尔元件的位置时，霍尔元件受到与前一次相反的磁极作用，霍尔元件的输出，B 为正、A 为负，则 VT2 导通，L2 中有电流，产生磁极为 S 极，S 极吸引转子的 N 极，则转子继续逆时针转动，这样就可以连续旋转起来。

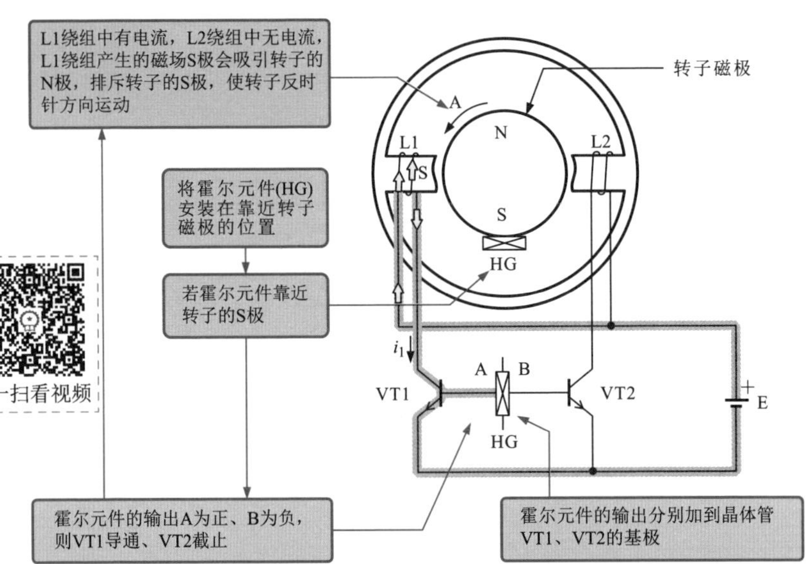
L1绕组中有电流，L2绕组中无电流，L1绕组产生的磁场S极会吸引转子的N极，排斥转子的S极，使转子反时针方向运动
转子磁极
A
N
L1
L2
S
S
HG
将霍尔元件(HG)安装在靠近转子磁极的位置
若霍尔元件靠近转子的S极
i1
A B
VT1
VT2
HG
+
E
霍尔元件的输出A为正、B为负，则VT1导通、VT2截止
霍尔元件的输出分别加到晶体管VT1、VT2的基极
扫一扫看视频

图 1-38　典型霍尔元件与绕组的关系及霍尔元件靠近 S 极的工作过程

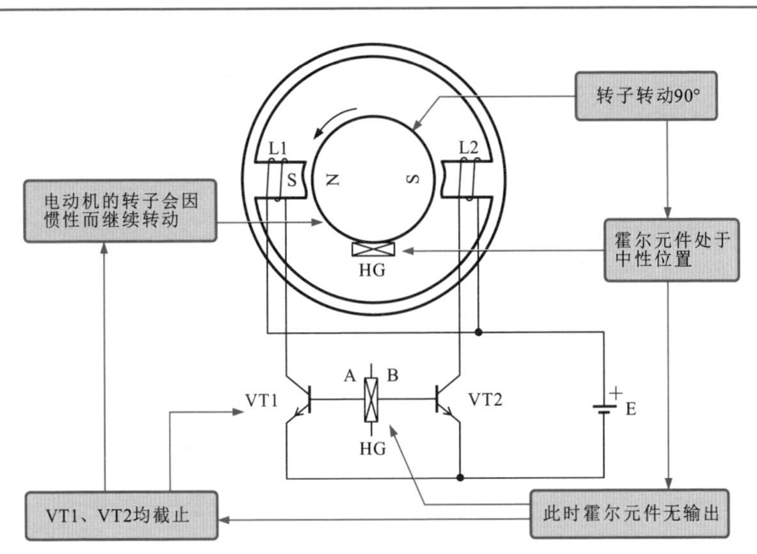
转子转动90°
L1
L2
S
N
S
电动机的转子会因惯性而继续转动
HG
霍尔元件处于中性位置
A B
VT1
VT2
HG
+
E
VT1、VT2均截止
此时霍尔元件无输出

图 1-39　典型霍尔元件处于中性位置时的工作过程

图 1-40 所示为典型霍尔元件转到 N 极的工作过程。

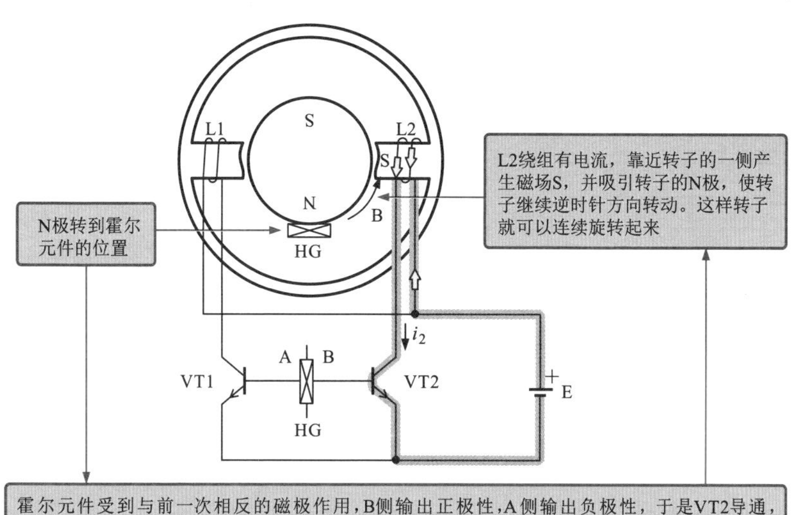
S
L1
L2
S
N
B
HG
N极转到霍尔元件的位置
L2绕组有电流，靠近转子的一侧产生磁场S，并吸引转子的N极，使转子继续逆时针方向转动。这样转子就可以连续旋转起来
i2
A
B
VT1
VT2
+
E
HG
霍尔元件受到与前一次相反的磁极作用，B侧输出正极性，A侧输出负极性，于是VT2导通，VT1截止

图 1-40　典型霍尔元件转到 N 极的工作过程

无刷直流电动机的结构中有两个死点（区），即当转子 N、S 极之间的位置为中性点，在此位置霍尔元件感受不到磁场，因而无输出，则定子绕组也会无电流，电动机只能靠惯性转动，如果恰巧电动机停在此位置，则将无法起动。为了解决上述问题，在实践中也开发出多种方式。

1. 单极性三相半波通电方式

单极性三相半波通电方式是无刷直流电动机的控制方式之一，定子采用三相绕组 120°分布，转子的位置检测设有 3 个光电检测器件（3 个发光二极管和 3 个光电晶体管），发光二极管和光电晶体管分别设置在遮光板的两侧，遮光板与转子一同旋转，遮光板有一个开口，当开口转到某一位置时，发光二极管的光会照射到光电晶体管上，并使之导通，这样当电动机旋转时，3 个光电晶体管会循环导通。

图 1-41 所示为无刷直流电动机所采用的单极性三相半波通电方式转子转到图示位置时的工作过程。

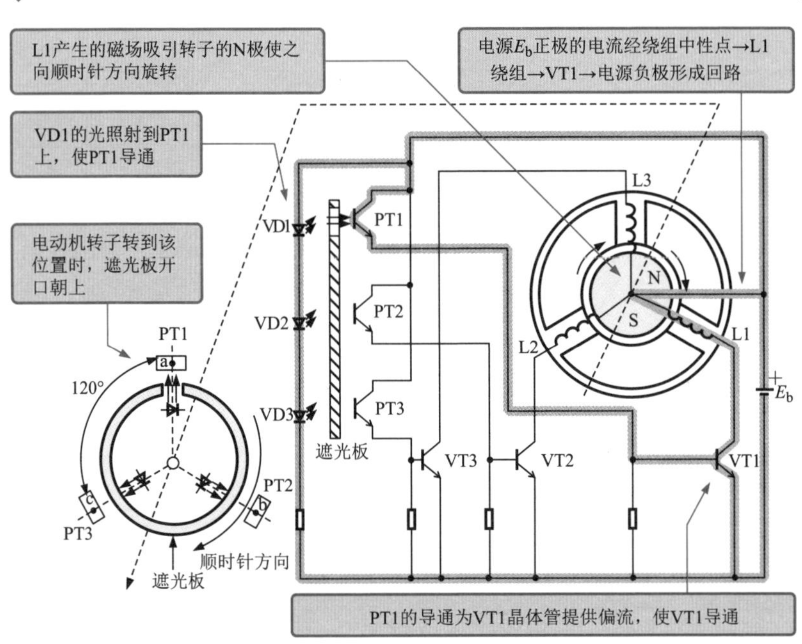
L1产生的磁场吸引转子的N极使之向顺时针方向旋转
电源E_b正极的电流经绕组中性点→L1绕组→VT1→电源负极形成回路
VD1的光照射到PT1上，使PT1导通
电动机转子转到该位置时，遮光板开口朝上
PT1
a
120°
c
PT3
PT2
b
顺时针方向
遮光板
VD1
VD2
VD3
PT1
PT2
PT3
遮光板
VT3
VT2
VT1
L3
N
S
L1
L2
E_b
PT1的导通为VT1晶体管提供偏流，使VT1导通

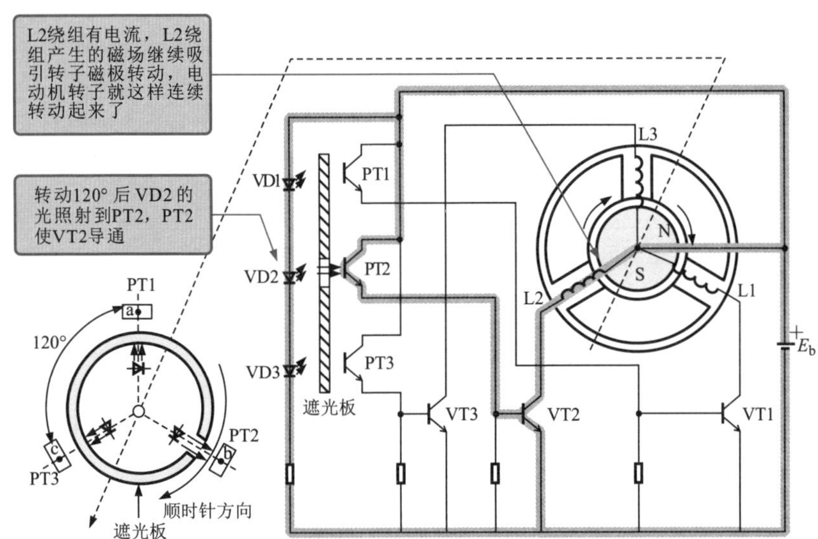
L2绕组有电流，L2绕组产生的磁场继续吸引转子磁极转动，电动机转子就这样连续转动起来了
转动120° 后 VD2 的光照射到PT2，PT2使VT2导通
PT1
a
120°
c
PT3
PT2
b
顺时针方向
遮光板
VD1
VD2
VD3
PT1
PT2
PT3
遮光板
VT3
VT2
VT1
L3
N
S
L1
L2
E_b

图 1-41　无刷直流电动机单极性三相半波通电方式的工作过程

图 1-42 所示为无刷直流电动机单极性三相半波通电方式的各绕组电流波形。由此可见，定子绕组的通电时间和顺序与转子的相位有关。

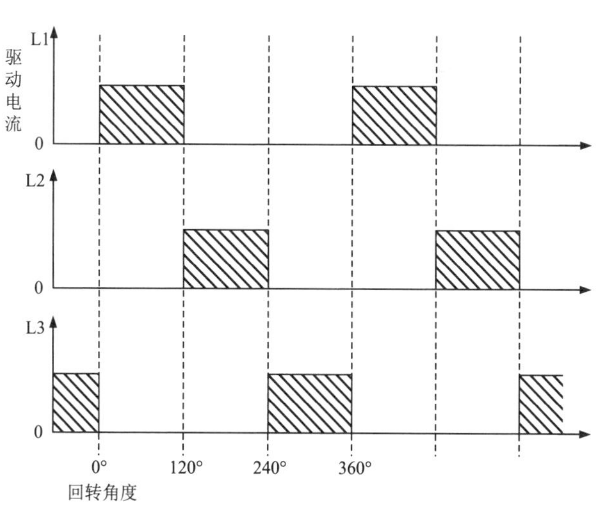
L1
驱动电流
0
L2
0
L3
0
0°
120°
240°
360°
回转角度

图 1-42　无刷直流电动机单极性三相半波通电方式的各绕组电流波形

2. 单极性两相半波通电方式

单极性两相半波通电方式中的无刷直流电动机中设有 2 个霍尔元件按 90°分布，转子为单极（N、S）永久磁钢，定子绕组为两相 4 个励磁绕组。

图 1-43 所示为无刷直流电动机单极性两相半波通电方式的内部结构。

该类型的无刷直流电动机为了形成旋转磁场，由 4 个晶体管 VT1～VT4 驱动各自的绕组，转子位置的检测由 2 个霍尔元件担当。

图 1-44 所示为单极性两相半波通电方式的无刷直流电动机转子转到图示位置时的工作过程。

3. 双极性三相半波通电方式

双极性无刷直流电动机中定子绕组的结构和联结方式有两种，即三角形联结和星形联结。

图 1-45 所示为双极性无刷直流电动机定子绕组的结构和联结方式。

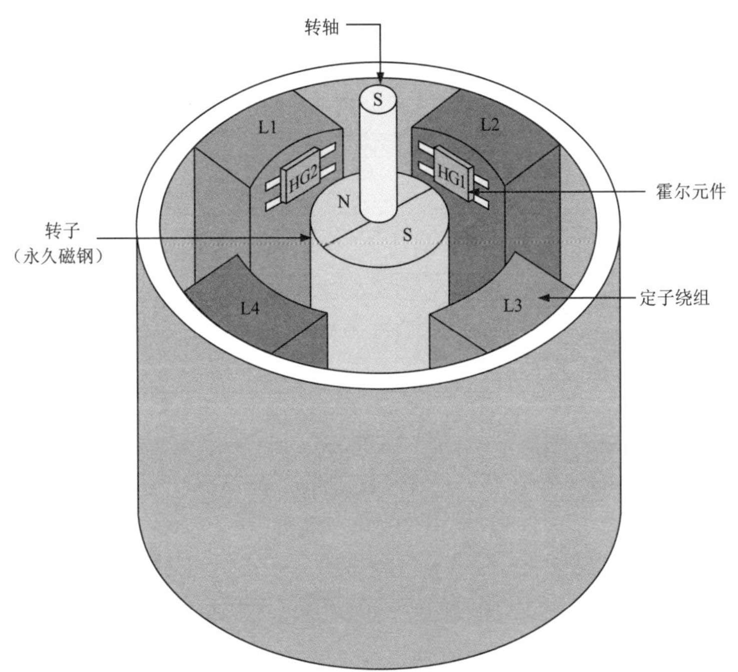
转轴
S
L1
L2
HG2
HG1
霍尔元件
N
S
转子
（永久磁钢）
L4
L3
定子绕组

图 1-43　无刷直流电动机单极性两相半波通电方式的内部结构

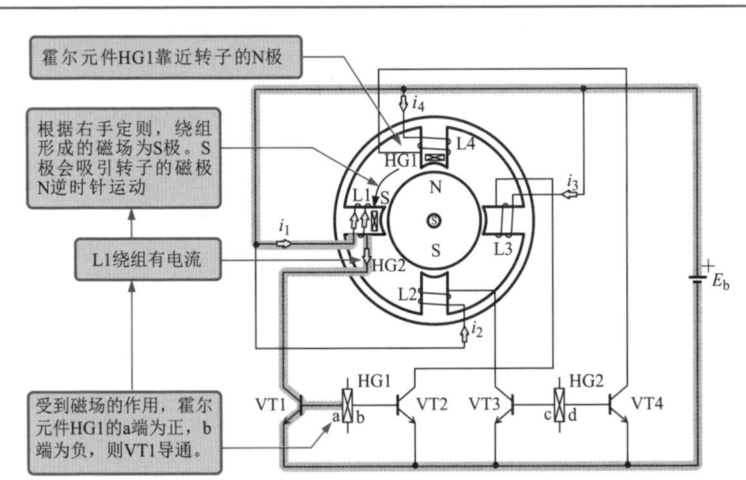
霍尔元件HG1靠近转子的N极
根据右手定则，绕组形成的磁场为S极。S极会吸引转子的磁极N逆时针运动
L1绕组有电流
受到磁场的作用，霍尔元件HG1的a端为正，b端为负，则VT1导通。
i_4
L4
HG1
N
i_3
L1
S
i_1
S
L3
HG2
L2
i_2
E_b
HG1
HG2
VT1
a
b
VT2
VT3
c
d
VT4

图 1-44　单极性两相半波通电方式的工作过程

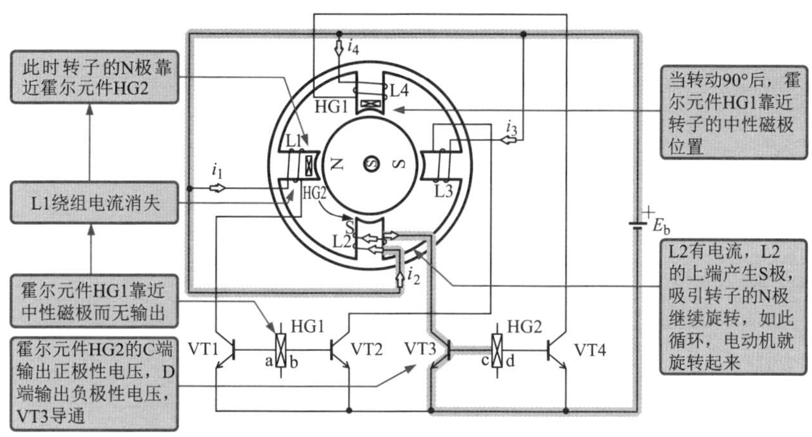
此时转子的N极靠近霍尔元件HG2
L1绕组电流消失
霍尔元件HG1靠近中性磁极而无输出
霍尔元件HG2的C端输出正极性电压，D端输出负极性电压，VT3导通
当转动90°后，霍尔元件HG1靠近转子的中性磁极位置
L2有电流，L2的上端产生S极，吸引转子的N极继续旋转，如此循环，电动机就旋转起来
HG1
L4
L1
L3
HG2
L2
VT1
VT2
VT3
VT4
E_b

图 1-44　单极性两相半波通电方式的工作过程（续）

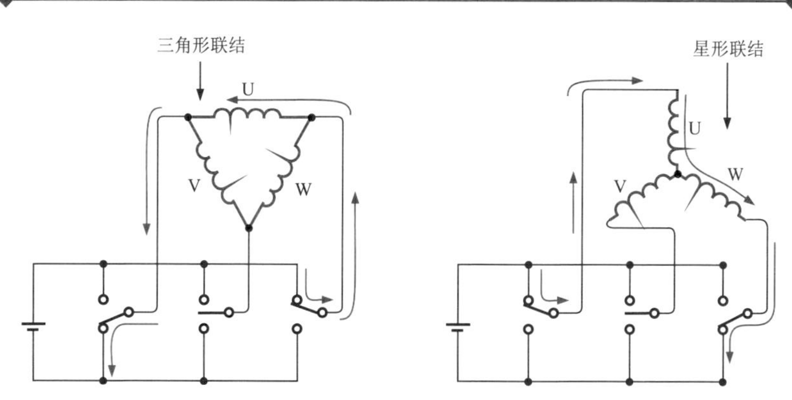
三角形联结
星形联结
U
V
W

图 1-45　双极性无刷直流电动机定子绕组的结构和联结方式

双极性无刷直流电动机，通过切换开关，可以使定子绕组中的电流循环导通，并形成旋转磁场。所谓双极性是指绕组中的电流方向在电子开关的控制下可以双向流动，单极性的绕组中的电流只能单向流动。

图 1-46 所示为双极性无刷直流电动机三角形联结绕组的工作过程（循环一周的开关状态和电流通路）。

开关通常是由开关晶体管构成的。为了实现开关有序的变换，必须有一套控制驱动电路的方法。

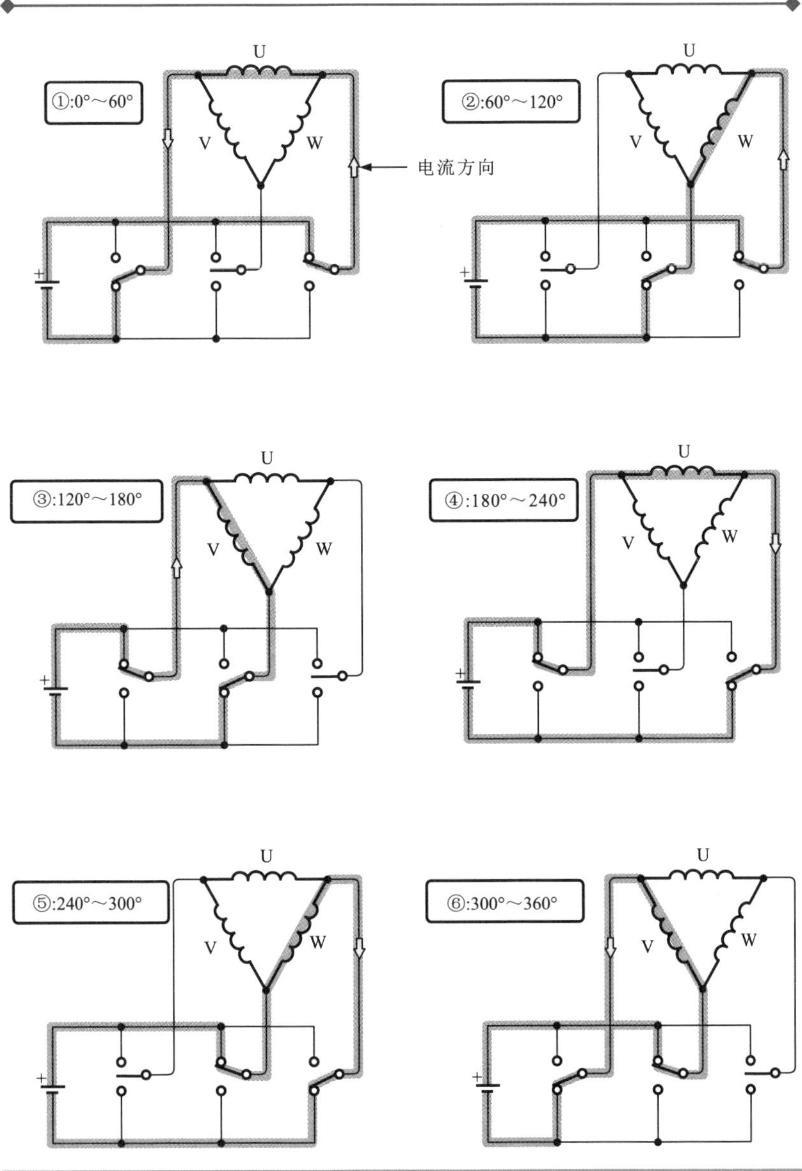
①:0°～60°
U
V
W
电流方向
+
②:60°～120°
U
V
W
+
③:120°～180°
U
V
W
+
④:180°～240°
U
V
W
+
⑤:240°～300°
U
V
W
+
⑥:300°～360°
U
V
W
+

图 1-46　双极性无刷直流电动机三角形联结绕组的工作过程

图 1-47 所示为双极性无刷直流电动机的驱动过程。

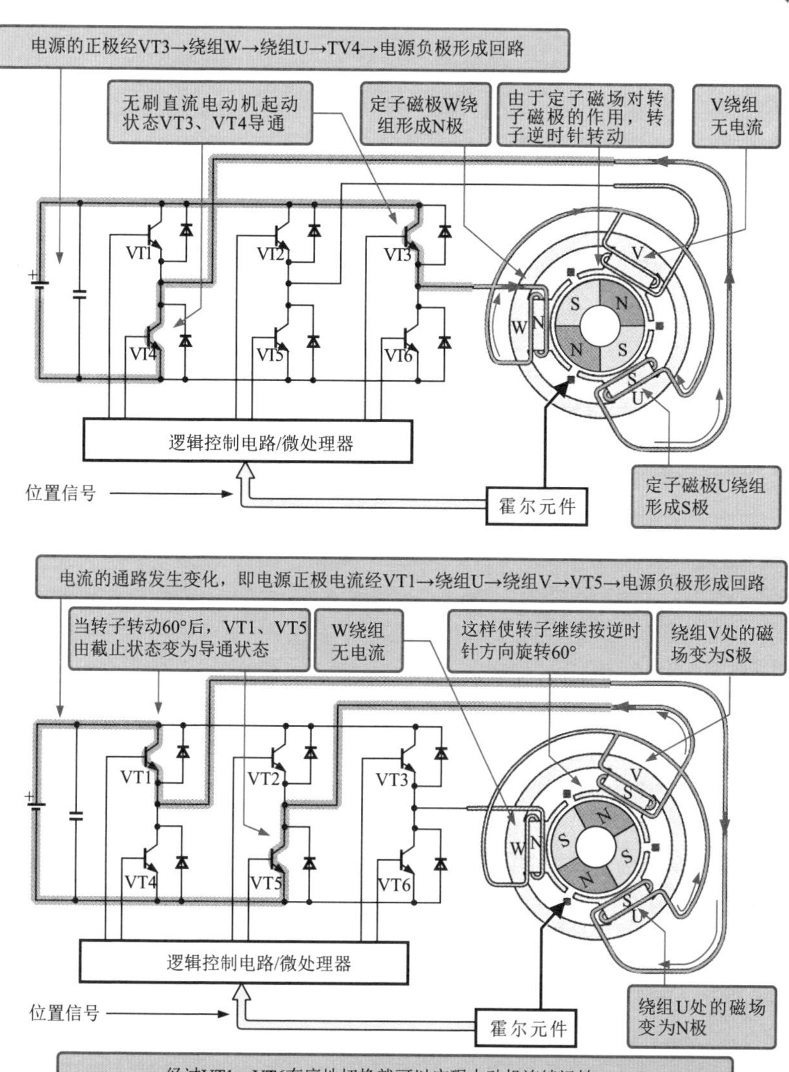
电源的正极经VT3→绕组W→绕组U→TV4→电源负极形成回路
无刷直流电动机起动状态VT3、VT4导通
定子磁极W绕组形成N极
由于定子磁场对转子磁极的作用，转子逆时针转动
V绕组无电流
VT1
VT2
VT3
VT4
VT5
VT6
逻辑控制电路/微处理器
位置信号
霍尔元件
定子磁极U绕组形成S极
电流的通路发生变化，即电源正极电流经VT1→绕组U→绕组V→VT5→电源负极形成回路
当转子转动60°后，VT1、VT5由截止状态变为导通状态
W绕组无电流
这样使转子继续按逆时针方向旋转60°
绕组V处的磁场变为S极
VT1
VT2
VT3
VT4
VT5
VT6
逻辑控制电路/微处理器
位置信号
霍尔元件
绕组U处的磁场变为N极
经过VT1～VT6有序地切换就可以实现电动机连续运转

图 1-47 双极性无刷直流电动机的驱动过程

第 2 章 认识交流电动机

2.1 单相交流同步电动机结构原理

2.1.1 单相交流同步电动机结构

单相交流同步电动机是指转动速度与供电电源频率同步的电动机。这种电动机工作在电源频率恒定的条件下，转速也恒定不变，与负载无关。具有运行稳定性高、过载能力强等特点，适用于要求转速稳定的环境，如多机同步传动系统、精密调速和稳速系统及要求转速稳定的电子设备。

交流同步电动机在结构上有两种，即转子用直流电驱动励磁的同步电动机和转子不需要励磁的同步电动机。

1. 转子用直流电驱动励磁的同步电动机

如图 2-1 所示，转子用直流电驱动励磁的同步电动机主要是由显极式转子、定子及磁场绕组、轴套集电环等构成的。

要点说明

在很多实用场合，将直流发电机安装在电动机的轴上，用直流发电机为电动机转子提供励磁电流。由于这种同步电动机不能自动起动，因而在转子上还装有笼型绕组用于电动机的起动。笼型绕组放在转子周围，结构与异步电动机的结构相似。

当给定子绕组上输入交流电源时，电动机内部就产生旋转磁场，笼型绕组切割磁力线产生感应电流，使电动机旋转起来。电动机旋转之后，速度慢慢上升，当接近旋转磁场的速度时，转子绕组开始由直流供电励磁，使转子形成一定的磁极，转子磁极会跟踪定子的旋转磁极，使转子的转速跟踪定子的旋转磁场，达到同步运转。

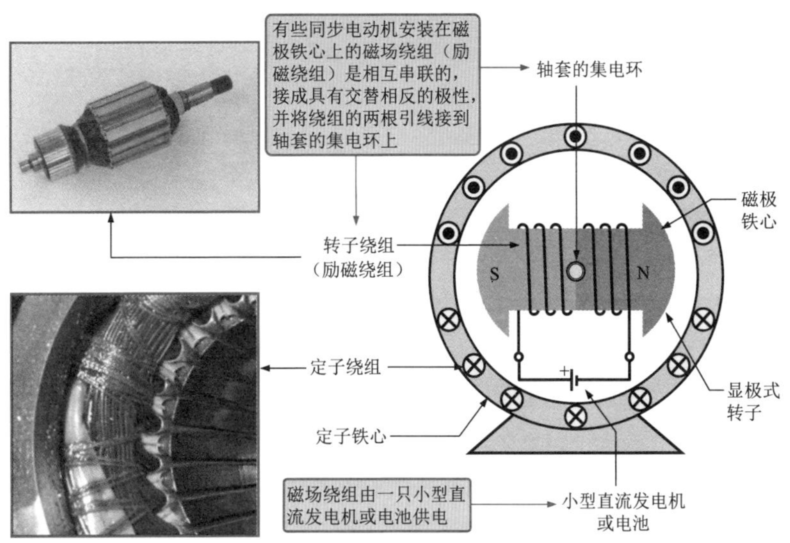
有些同步电动机安装在磁极铁心上的磁场绕组（励磁绕组）是相互串联的，接成具有交替相反的极性，并将绕组的两根引线接到轴套的集电环上
轴套的集电环
磁极铁心
转子绕组（励磁绕组）
S
N
定子绕组
显极式转子
定子铁心
磁场绕组由一只小型直流发电机或电池供电
小型直流发电机或电池

图 2-1 转子用直流电驱动励磁的同步电动机结构

2. 转子不需要励磁的同步电动机

转子不需要励磁的同步电动机也主要由显极式转子和定子构成。显极式转子的表面切成平面，并装有笼型绕组。转子磁极是由磁钢制成的，具有保持磁性的特点，用来产生起动转矩。

图 2-2 为转子不需要励磁的同步电动机的结构。

要点说明

笼型转子磁极用来产生起动转矩，当电动机的转速达到一定值时，转子的显极就跟踪定子绕组的电流频率达到同步，显极的极性是由定子感应出来的，极数与定子的极数相等，当转子的速度达到一定值后，转子上的笼型绕组就失去作用，依靠转子磁极跟踪定子磁极，使其同步。

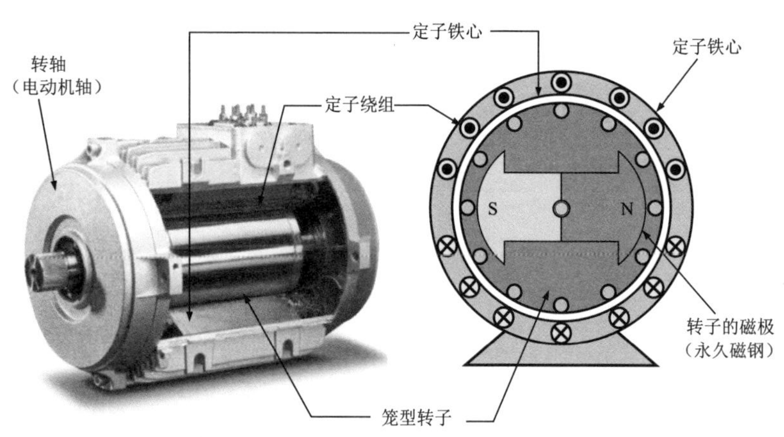
定子铁心
转轴
（电动机轴）
定子铁心
定子绕组
S
N
转子的磁极
（永久磁钢）
笼型转子

图 2-2 转子不需要励磁的同步电动机的结构

2.1.2 单相交流同步电动机原理

如图 2-3 所示，如果电动机的转子是一个永磁体，具有 N、S 磁极，当转子置于定子磁场中时，定子磁场的磁极 N 吸引转子磁极 S，定子磁极 S 吸引转子磁极 N。如果此时使定子磁极转动，则由于磁力的作用，转子也会随之转动，这就是交流同步电动机的转动原理。

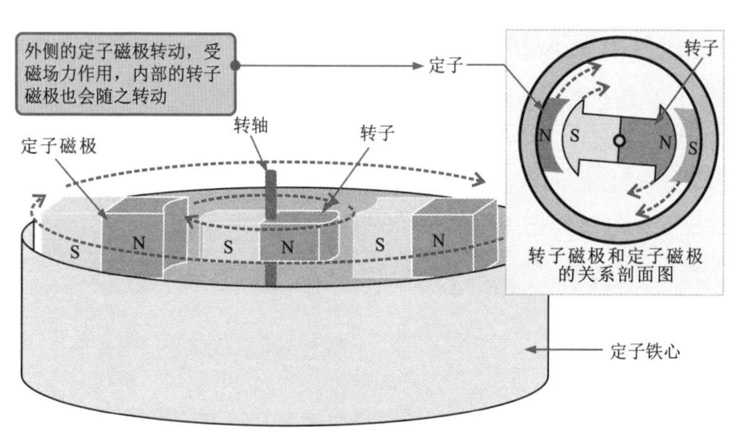
外侧的定子磁极转动，受磁场力作用，内部的转子磁极也会随之转动
定子
转子
转轴
转子
定子磁极
N
S
S
N
S
N
N
S
S
N
S
N
转子磁极和定子磁极
的关系剖面图
定子铁心

图 2-3 交流同步电动机的转动原理

单相交流电通过定子绕组时，电动机就会产生一个交变磁场，这个交

变磁场可分解为两个以上相同转速、旋转方向相反的旋转磁场。这样，定子本身不需要转动，同样可以使转子跟随磁场旋转，如图 2-4 所示。

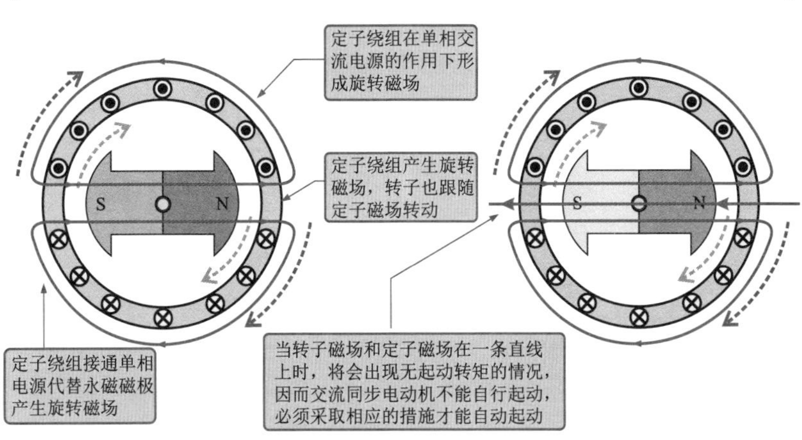
定子绕组在单相交流电源的作用下形成旋转磁场
定子绕组产生旋转磁场，转子也跟随定子磁场转动
S
N
S
N
定子绕组接通单相电源代替永磁磁极产生旋转磁场
当转子磁场和定子磁场在一条直线上时，将会出现无起动转矩的情况，因而交流同步电动机不能自行起动，必须采取相应的措施才能自动起动

图 2-4　交流同步电动机通单相电源的转动原理

2.2 单相交流异步电动机结构原理

2.2.1　单相交流异步电动机结构

单相交流异步电动机结构简单、输出功率大，很多对调速性能要求不高的产品中都采用了单相交流异步电动机作为动力源。例如生活中常见的洗衣机、电风扇、吸尘器等。图 2-5 所示为典型单相交流异步电动机的应用。

图 2-6 所示为典型单相交流异步电动机的结构。单相交流异步电动机的结构主要由静止的定子、旋转的转子、端盖以及外壳等部分构成。

1. 定子

单相交流异步电动机的定子部分主要是由定子铁心、定子绕组和引出线等部分构成的。其中引出线用于接通单相交流电源，为定子绕组供电，而定子铁心除支撑绕组外，主要功能是增强绕组所产生的电磁场。

图 2-7 所示为典型单相交流异步电动机定子部分的结构。

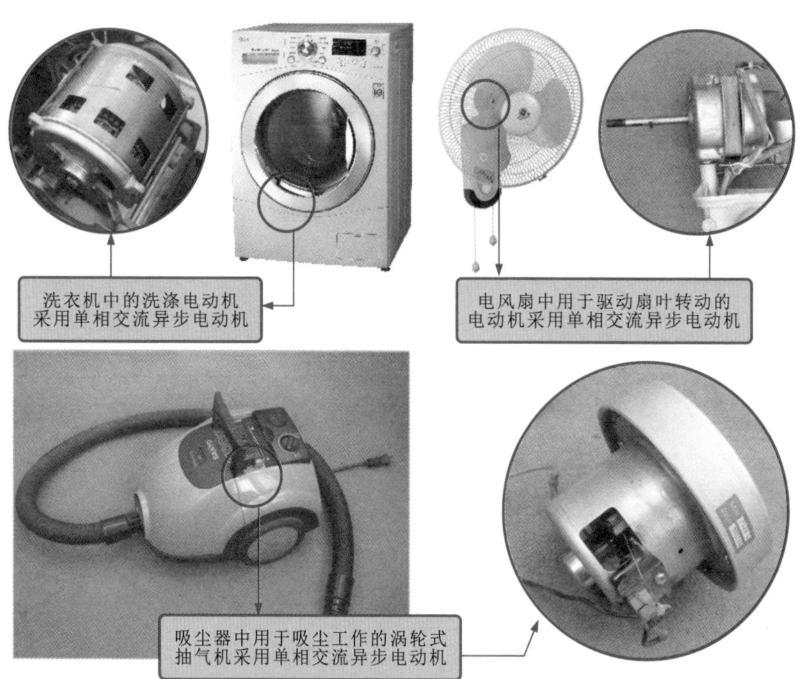
洗衣机中的洗涤电动机
采用单相交流异步电动机
电风扇中用于驱动扇叶转动的
电动机采用单相交流异步电动机
吸尘器中用于吸尘工作的涡轮式
抽气机采用单相交流异步电动机

图 2-5 典型单相交流异步电动机的应用

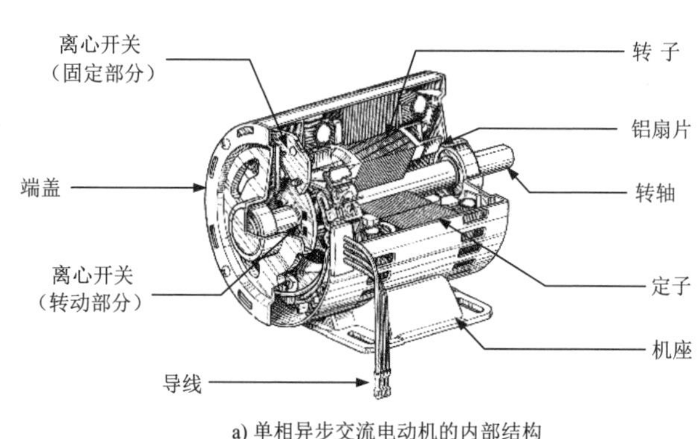
离心开关
（固定部分）
转 子
铝扇片
端盖
转轴
离心开关
（转动部分）
定子
机座
导线

a) 单相异步交流电动机的内部结构

图 2-6 典型单相交流异步电动机的结构

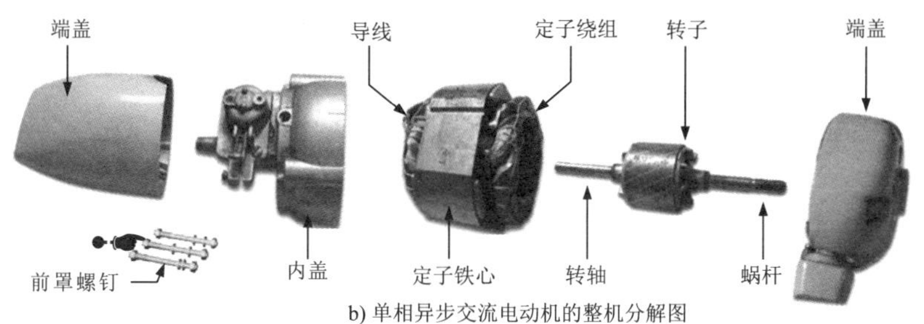
端盖
导线
定子绕组
转子
端盖
前罩螺钉
内盖
定子铁心
转轴
蜗杆

b) 单相异步交流电动机的整机分解图

图 2-6 典型单相交流异步电动机的结构（续）

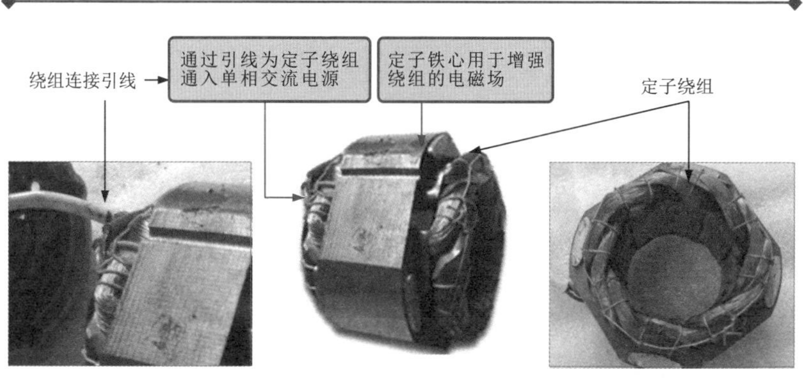
绕组连接引线
通过引线为定子绕组通入单相交流电源
定子铁心用于增强绕组的电磁场
定子绕组

图 2-7 典型单相交流异步电动机定子部分的结构

单相交流异步电动机的定子结构有隐极式和凸极式两种形式。隐极式定子是由隐极式定子铁心和定子绕组构成的，其中定子铁心是用硅钢片叠压成的，在铁心槽内放置两套绕组，一套是主绕组也称为运行绕组或工作绕组；另一套为副绕组，也称为辅助绕组或起动绕组。两个绕组在空间上相隔 90°。一般情况下，单相交流异步电动机的主、副绕组的匝数、线径是不同的。

图 2-8 所示为典型单相交流异步电动机隐极式定子的结构。

凸极式定子的铁心由硅钢片叠压制成凸极形状固定在机座内，在铁心的 1/4~1/3 处开一个小槽，在槽和短边一侧套装一个短路铜环，称为罩极。定子绕组绕成集中绕组的形式套在铁心上。典型单相交流异步电动机凸极式定子的结构，如图 2-9 所示。

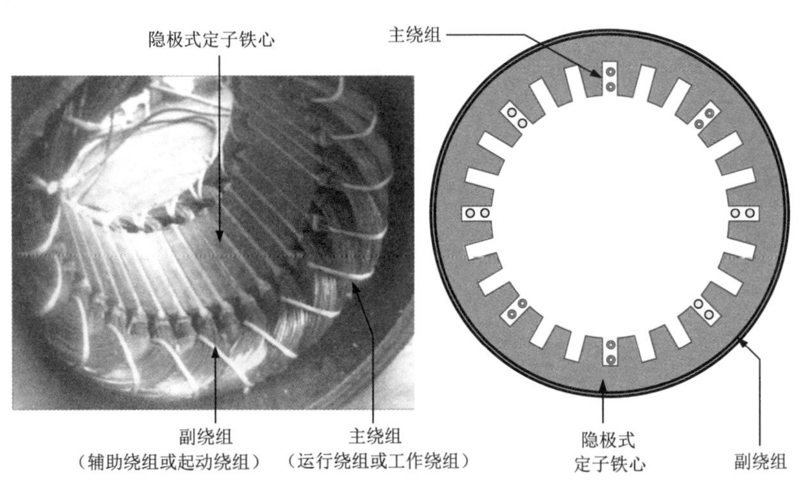
隐极式定子铁心
主绕组
副绕组
（辅助绕组或起动绕组）
主绕组
（运行绕组或工作绕组）
隐极式
定子铁心
副绕组

图 2-8 典型单相交流异步电动机隐极式定子的结构

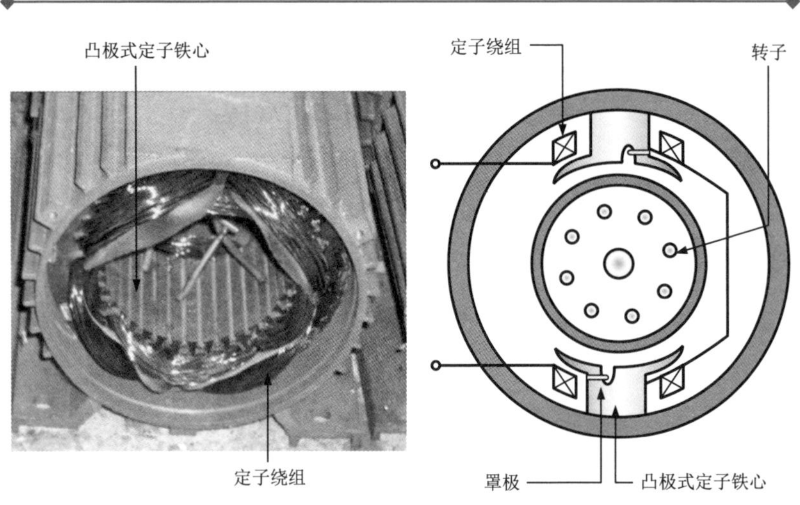
凸极式定子铁心
定子绕组
转子
定子绕组
罩极
凸极式定子铁心

图 2-9 典型单相交流异步电动机凸极式定子的结构

2. 转子

单相交流异步电动机的转子是电动机的转动部分，主要有换向器型转子和笼型转子两种结构。

(1) 换向器型转子的结构

换向器型转子是将绕组绕在转子铁心上，绕组的引线分别接到换向器的导体上（多个铜片安装在轴的绝缘套上），安装在定子上的电刷通过与换向器导体接触为转子绕组供电。

图 2-10 所示为典型换向器型转子的结构。

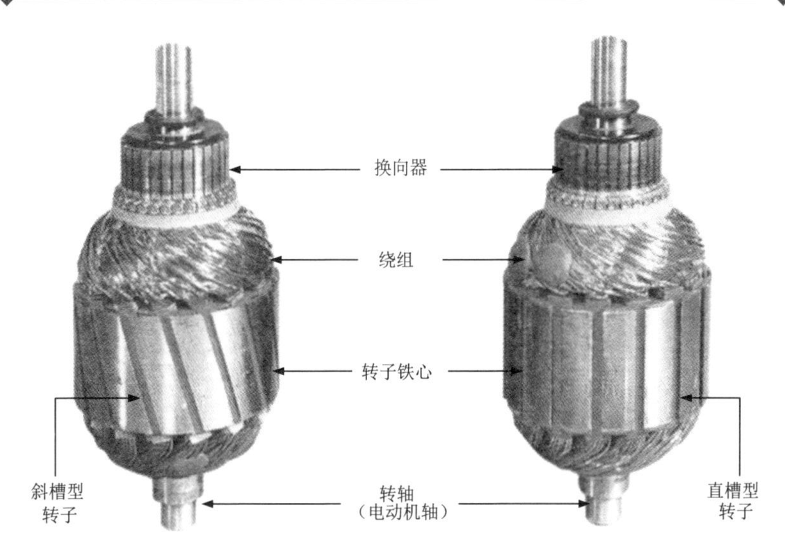
换向器
绕组
转子铁心
斜槽型
转子
转轴
（电动机轴）
直槽型
转子

图 2-10 典型换向器型转子的结构

单相交流异步电动机的结构和原理与直流电动机基本相同，但对于直流电动机来讲，定子磁场是不变的，而单相交流异步电动机定子磁场是交变的。由于磁通是变化的，在铁心中会产生涡流，因此铁心必须采用叠层结构而且层间要采取绝缘措施，以减小涡流损耗。

(2) 笼型转子的结构

单相交流异步电动机大都是将交流电源加到定子绕组上，由于所加的交流电源是交变的，因而它会产生变化的磁场。转子上设有多个导体，导体受到磁场的作用就会产生电流，并会受到磁场的作用力而旋转，这种情况下，转子的导体常制成笼型。图 2-11 所示为典型笼型转子的结构。

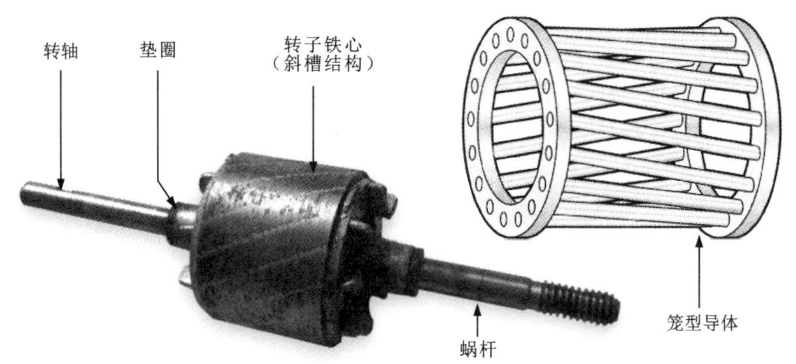
转轴
垫圈
转子铁心
（斜槽结构）
蜗杆
笼型导体

图 2-11　典型笼型转子的结构

2.2.2　单相交流异步电动机原理

1. 单相交流异步电动机转动原理

将闭环的绕组置于磁场中，交变的电流加到定子绕组中，它所形成的磁场是变化的，如果定子磁场是旋转的，闭环的绕组受到磁场的作用会产生电流。图 2-12 所示为单相交流异步电动机绕组中电流的产生。

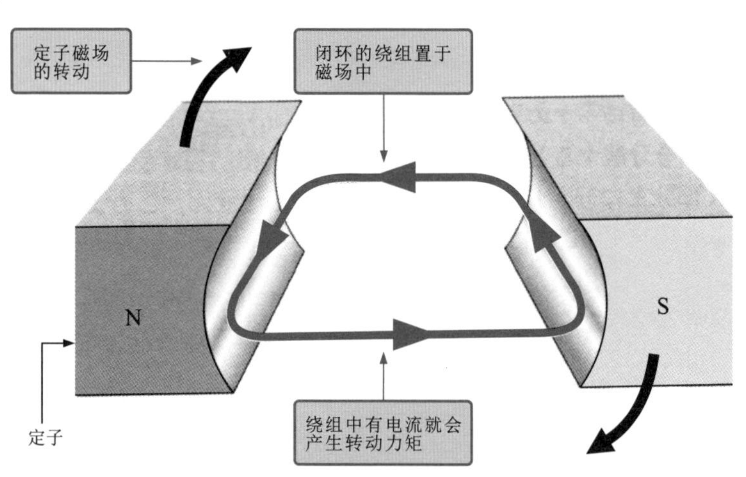
定子磁场
的转动
闭环的绕组置于
磁场中
N
S
定子
绕组中有电流就会
产生转动力矩

图 2-12　单相交流异步电动机绕组中电流的产生

将多个闭环的绕组交替置于磁场中，并安装到转子铁心中，当定子磁场旋转时，转子绕组受到磁场力也会随之旋转，这就是单相交流异步电动机的转动原理，如图 2-13 所示。

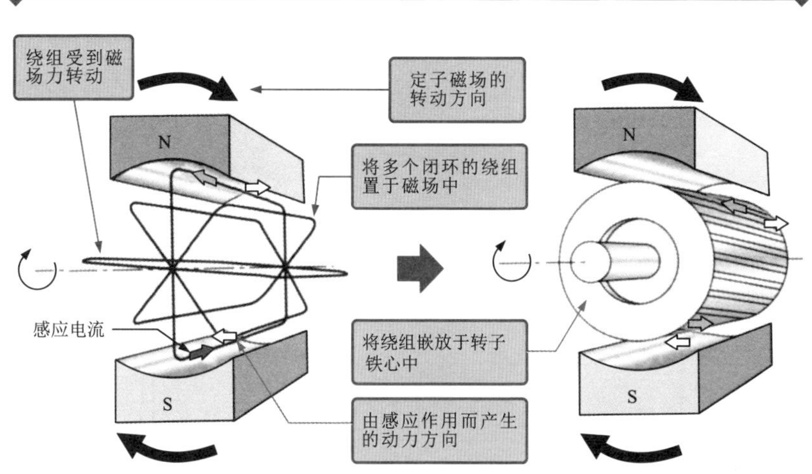
绕组受到磁场力转动
定子磁场的转动方向
将多个闭环的绕组置于磁场中
N
S
感应电流
将绕组嵌放于转子铁心中
由感应作用而产生的动力方向
N
S

图 2-13 单相交流异步电动机的转动原理

单相罩极式异步电动机的定子采用凸极式定子，该电动机有 2 极和 4 极两种结构。这种方式也可以形成旋转磁场，在每个磁极的$\frac{1}{4}$~$\frac{1}{3}$处开有小槽，把磁极分为两部分。在开槽磁极小的部分上套一个短路铜环，如同这部分磁极被罩起来，所以称为罩极式电动机。

主绕组（定子绕组）套在整个磁极上。单相交流电源加到定子绕组后，在磁极中产生主磁通。短路铜环在主磁通的作用下会感应出相位滞后 90°的电流，此电流产生的磁通在相位上也滞后于主磁通，从而形成起动转矩，使电动机旋转起来。

图 2-14 所示为单相罩极式异步电动机的转动原理。

图 2-15 所示为单相罩极式异步电动机的电压、电流波形。

2. 单相交流异步电动机起动原理

单相交流电是一种频率为 50Hz 的正弦交流电，如果电动机定子只有一个运行绕组，当单相交流电加到电动机的定子绕组时，定子绕组就会产生交变的磁场，该磁场的强弱和方向是随时间按正弦规律变化的，但在空间上是固定的。

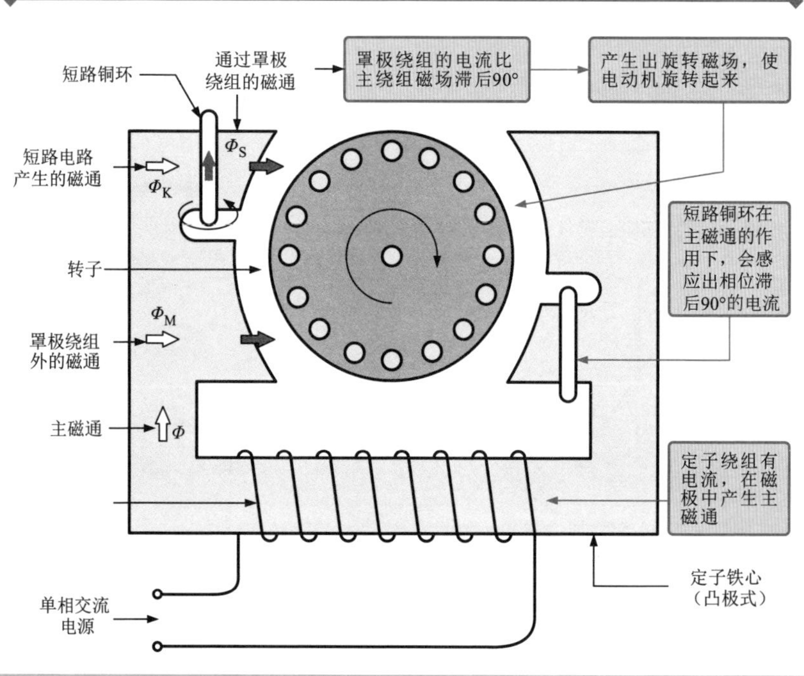

短路铜环
通过罩极绕组的磁通
罩极绕组的电流比主绕组磁场滞后90°
产生出旋转磁场，使电动机旋转起来
Φ_S
短路电路产生的磁通
Φ_K
短路铜环在主磁通的作用下，会感应出相位滞后90°的电流
转子
Φ_M
罩极绕组外的磁通
主磁通
Φ
定子绕组有电流，在磁极中产生主磁通
定子铁心（凸极式）
单相交流电源

图 2-14　单相罩极式异步电动机的转动原理

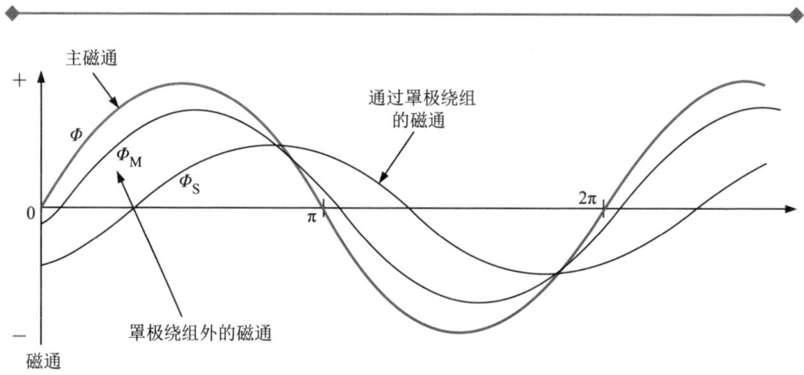

主磁通
+
Φ
Φ_M
Φ_S
通过罩极绕组的磁通
0
π
2π
罩极绕组外的磁通
−
磁通

图 2-15　单相罩极式异步电动机的电压、电流波形

这个磁场可以分解为两个相同转矩和旋转方向互为相反的旋转磁

场。当转子静止时，这两个旋转磁场在转子中产生两个大小相等、方向相反的转矩，合成转矩为零，所以转子无法转动。当外力使转子转动时，上述平衡就会打破，转子所受到的转矩不再为零，则会沿着驱动的方向旋转起来。

图 2-16 所示为单相交流异步电动机定子交变磁场的分解。

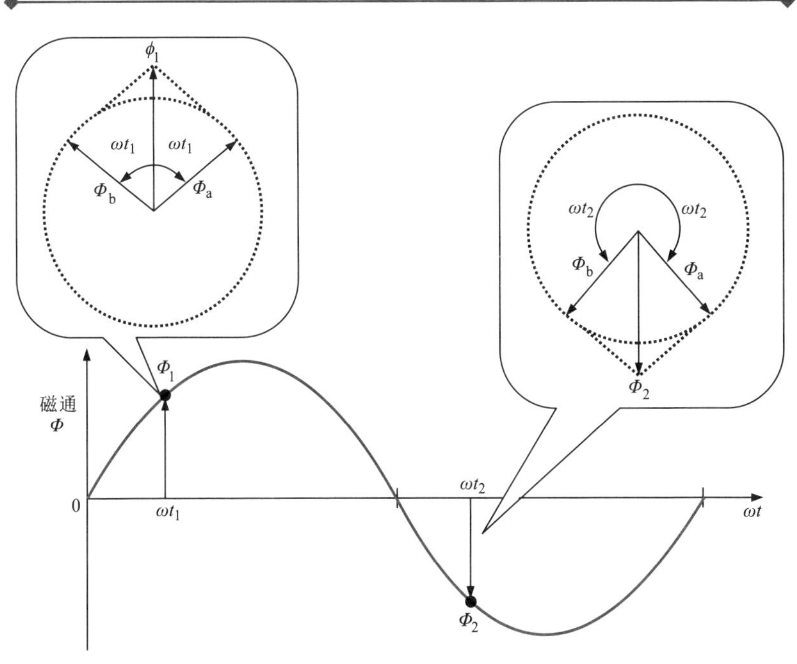
ϕ_1
ωt_1
ωt_1
Φ_b
Φ_a
ωt_2
ωt_2
Φ_b
Φ_a
Φ_2
Φ_1
磁通
Φ
0
ωt_1
ωt_2
ωt
Φ_2

图 2-16 单相交流异步电动机定子交变磁场的分解

要使单相交流异步电动机能自动起动，通常是在电动机的定子上增加一个起动绕组，起动绕组与运行绕组在空间上相差 90°。外加电源经电容器或电阻器接到起动绕组上，起动绕组的电流与运行绕组相差 90°，这样在空间上相差 90°的绕组在外电源的作用下形成相差 90°的电流，于是在空间上就形成了两相旋转磁场。在旋转磁场的作用下，转子就能自动起动，起动后当转子转角到达一定的值后，起动绕组可以断开，只有运行绕组工作。在运行过程中，起动绕组也可以不断开参与运行工作。图 2-17 所示为单相交流电源与单相交流异步电动机合成磁场的方向。

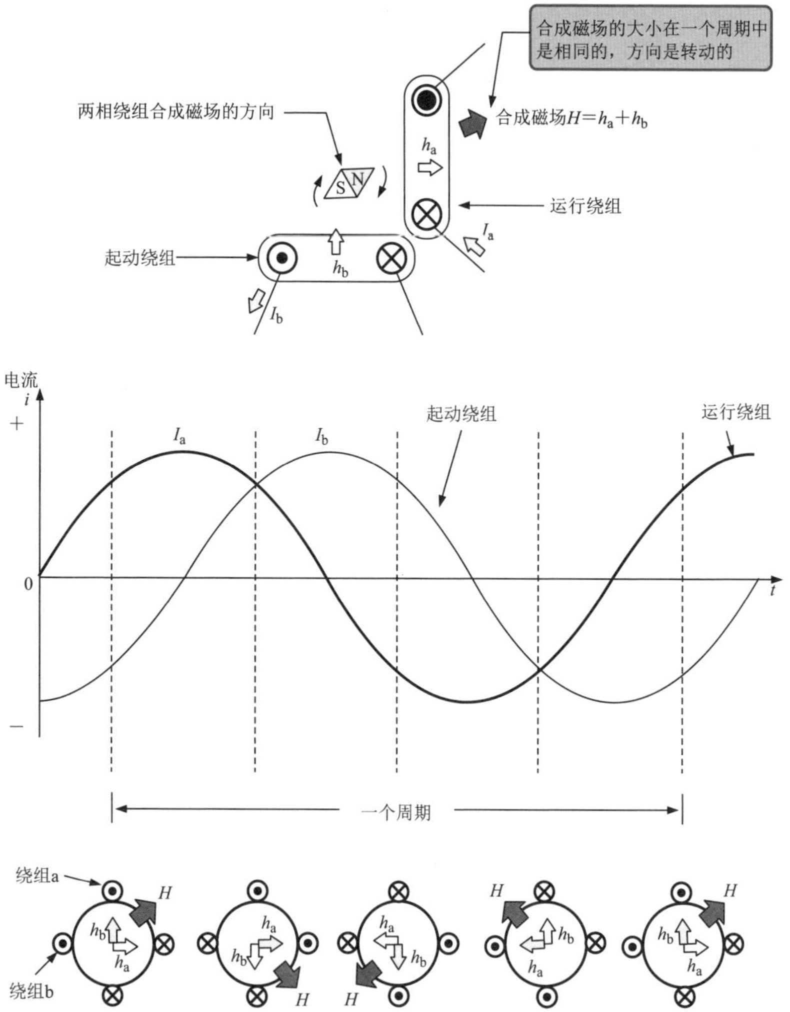

合成磁场的大小在一个周期中是相同的，方向是转动的
两相绕组合成磁场的方向
合成磁场$H=h_a+h_b$
运行绕组
起动绕组
电流
起动绕组
运行绕组
一个周期
绕组a
绕组b

图 2-17　单相交流电源与单相交流异步电动机合成磁场的方向

3. 单相交流异步电动机工作过程

单相交流异步电动机起动电路的形式有多种，常用的主要有电阻器分相式起动，电容器分相式起动，离心开关式起动，运行电容器、起动电容器、离心开关式起动等。

（1）电阻器分相式起动电路

电阻器分相式起动电路是在单相交流异步电动机的起动绕组（辅助绕组）供电电路中设有起动电阻器，起动时电源经电阻器为起动绕组供电，在起动绕组与运行绕组的共同作用下产生起动转矩，使电动机旋转起来。图 2-18 所示为典型电阻器分相式起动电路。

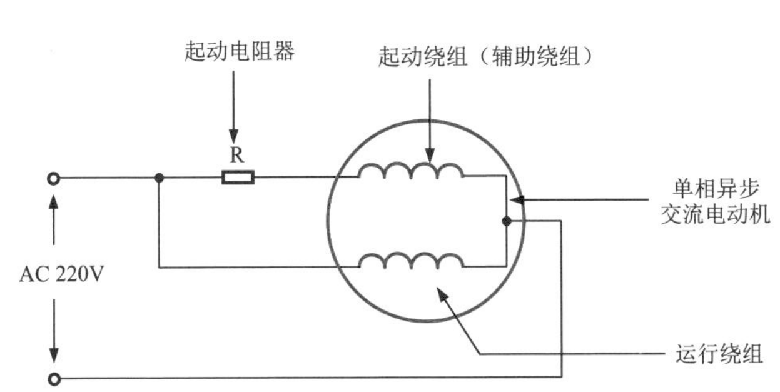
起动电阻器
起动绕组（辅助绕组）
R
单相异步
交流电动机
AC 220V
运行绕组

图 2-18　典型电阻器分相式起动电路

（2）电容器分相式起动电路

电容器分相式起动电路是在单相交流异步电动机的起动绕组（辅助绕组）供电电路中设有起动电容器，起动时电源经电容器为起动绕组供电，在起动绕组与运行绕组的共同作用下产生起动转矩，使电动机旋转起来。图 2-19 所示为典型电容器分相式起动电路。

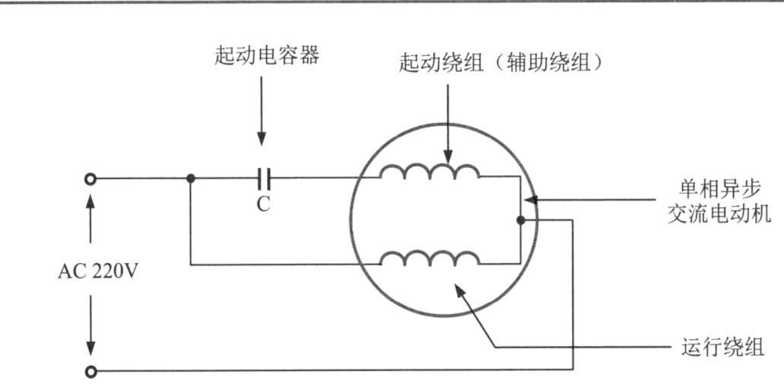
起动电容器
起动绕组（辅助绕组）
C
单相异步
交流电动机
AC 220V
运行绕组

图 2-19　典型电容器分相式起动电路

（3）离心开关式起动电路

离心开关式起动电路是指单相交流异步电动机在起动电路中设有离心开关，当电动机静止时离心开关是闭合的，当接通电源时，电源同时为起动绕组和运行绕组供电，电动机起动，当电动机转速达到一定值时，离心开关在离心力的作用下自动断开，起动绕组停止工作，只有运行绕组工作。这种起动方式在要求输出功率大、稳定性不高的机床、切割机、压缩机等设备中经常采用。图 2-20 所示为典型离心开关式起动电路。

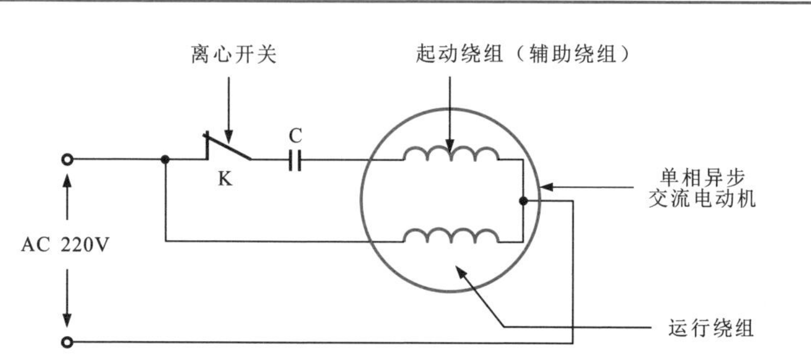
离心开关
起动绕组（辅助绕组）
C
K
单相异步
交流电动机
AC 220V
运行绕组

图 2-20　典型离心开关式起动电路

当单相交流电源加入时，电源经离心开关和起动电容器（或起动电阻器）为起动绕组供电，使电动机起动。当电动机转速到达额定转速的70%～80%时，离心开关断开，起动电容器完成起动任务，起动绕组停止工作，只有运行绕组工作。图 2-21 所示为典型离心开关式起动电路的工作原理。

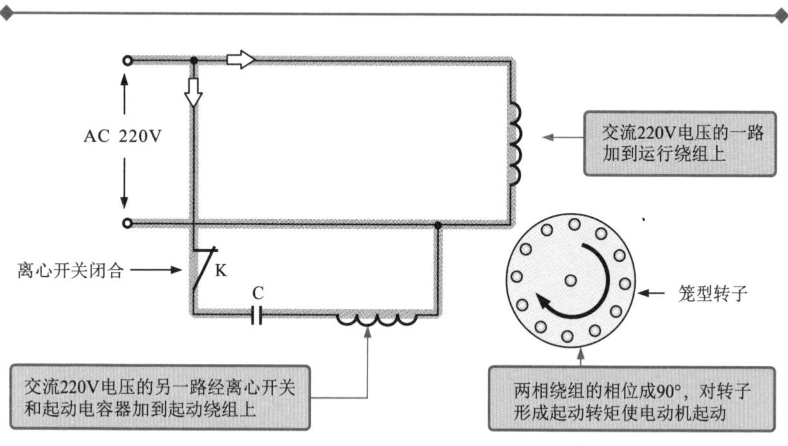
AC 220V
交流220V电压的一路
加到运行绕组上
离心开关闭合
K
C
笼型转子
交流220V电压的另一路经离心开关
和起动电容器加到起动绕组上
两相绕组的相位成90°，对转子
形成起动转矩使电动机起动

图 2-21　典型离心开关式起动电路的工作原理

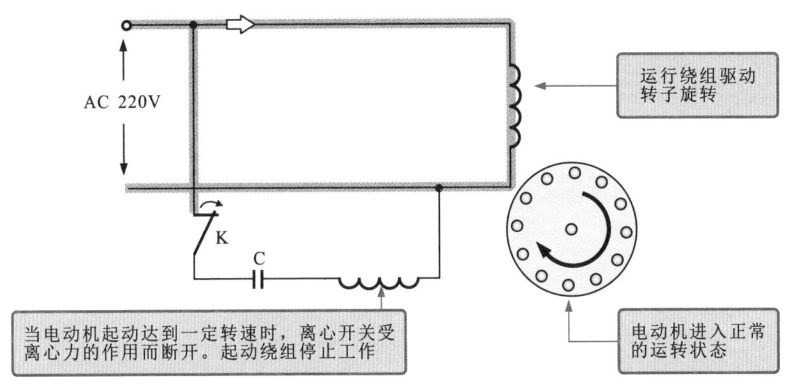
AC 220V
运行绕组驱动
转子旋转
K
C
当电动机起动达到一定转速时，离心开关受
离心力的作用而断开。起动绕组停止工作
电动机进入正常
的运转状态

图 2-21　典型离心开关式起动电路的工作原理（续）

相关资料

单相交流异步电动机在起动电路中如不设置离心开关，结构简化，起动电容器在起动时起作用，在运行时也起作用，不需要断开。这样还有助于提高单相交流异步电动机的功率因数。这种方式可用容量较小的电容器，但起动性稍差，如电风扇电动机、洗衣机电动机等都采用这种方式。

（4）运行电容器、起动电容器、离心开关式起动电路

运行电容器、起动电容器、离心开关式起动电路采用了离心开关式、起动电容器和运行电容器相结合的电路。

图 2-22 所示为典型运行电容器、起动电容器、离心开关式起动电路。

当电动机起动时，交流电源经起动电容器和离心开关 K 为起动绕组供电，起动绕组与运行绕组形成旋转磁场，使电动机起动，起动后电动机转速达到额定转速 70%～80%时，离心开关断开，起动电容器不起作用，但运行电容器仍起作用，运行电容器和起动绕组都参与电动机的运行。

图 2-23 所示为典型运行电容器、起动电容器、离心开关式起动电路的工作原理。

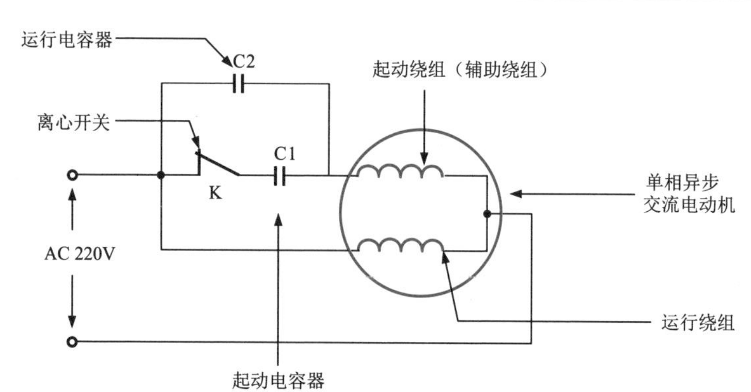
运行电容器
C2
起动绕组（辅助绕组）
离心开关
C1
K
单相异步
交流电动机
AC 220V
运行绕组
起动电容器

图 2-22 典型运行电容器、起动电容器、离心开关式起动电路

交流220V电压经运行电容器加到起动绕组上

交流220V电压的另一路经离心开关和起动电容器加到起动绕组上

C2

离心开关闭合

C1

K

两相绕组的相位成90°，对转子形成起动转矩使电动机起动

AC 220V

交流220V电压的一路加到运行绕组上

运行电容器仍起作用

运行电容器和起动绕组都参与电动机的运行

C2

当电动机起动达到一定转速时，离心开关受离心力的作用而断开

C1

K

AC 220V

起动电容器不起作用

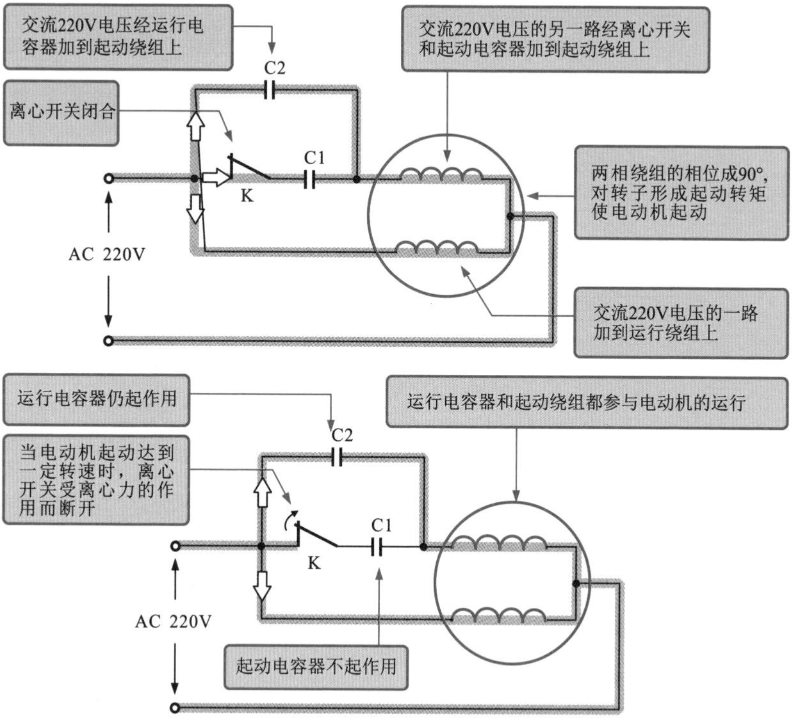

图 2-23 典型运行电容器、起动电容器、离心开关式起动电路的工作原理

2.3 三相交流异步电动机结构原理

2.3.1 三相交流异步电动机结构

三相交流笼型异步电动机的转子绕组采用嵌入式导电条，其形状如鼠笼，这种电动机结构简单，而且可靠耐用，工作效率也高，主要应用于水泵、机床、电梯等动力设备中。而三相交流绕线转子异步电动机中转子采用绕线方式，可以通过集电环和电刷为转子绕组供电，通过外接可变电阻器就可方便地实现速度调节，因此其一般应用于要求有一定调速范围、调速性能好的生产机械中，如起重机、卷扬机等。

图2-24所示为典型三相交流异步电动机的应用。

图2-25所示为典型三相交流异步电动机的结构。三相交流异步电动机主要是由静止的定子和转动的转子两个主要部分构成的。其中定子部分是由定子绕组（三相线圈）、定子铁心和外壳等部件构成的；转子部分是由转子铁心（含导体）、转轴、轴承等部分构成的。

三相交流笼型异步电动机在铁丝织网机床设备中的应用

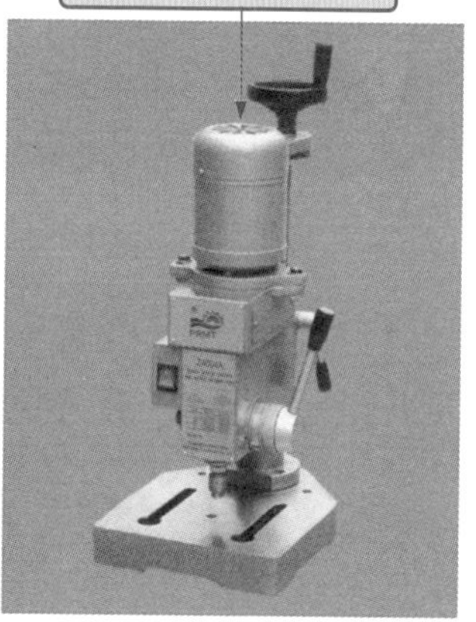
三相交流笼型异步电动机在钻床设备中的应用

图2-24 典型三相交流异步电动机的应用

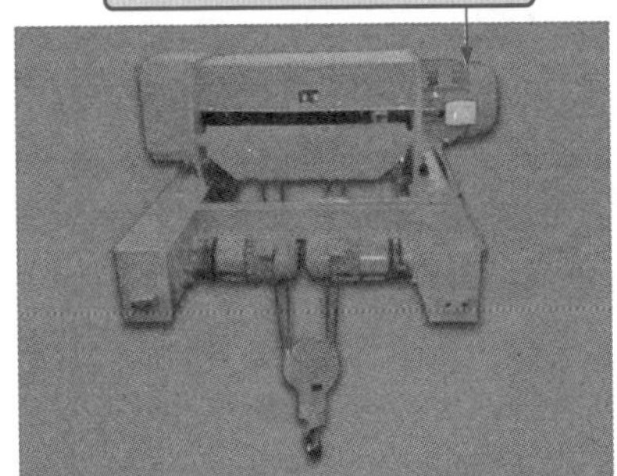
三相交流绕线转子异步电动机
在起重机中的应用

三相交流绕线转子异步电动机
在卷扬机中的应用

图 2-24 典型三相交流异步电动机的应用（续）

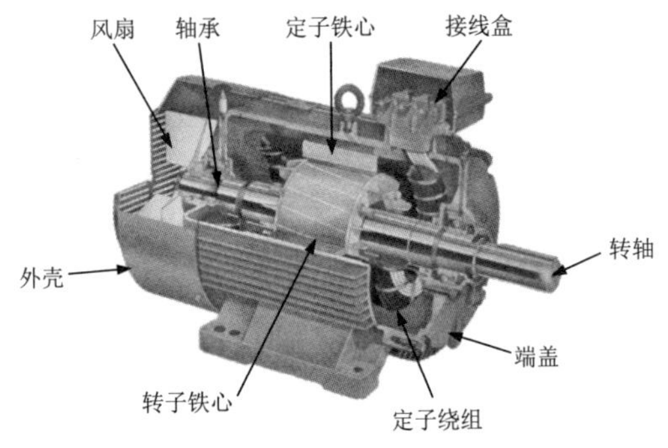
风扇
轴承
定子铁心
接线盒
转轴
外壳
端盖
转子铁心
定子绕组

a) 三相交流电动机内部结构图

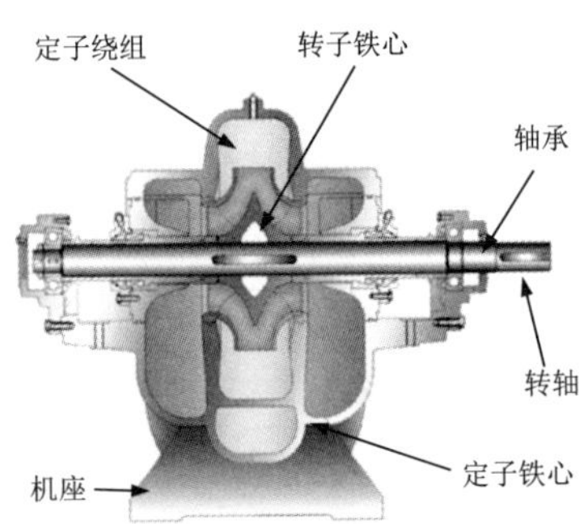
定子绕组
转子铁心
轴承
转轴
机座
定子铁心

b) 三相交流电动机剖面示意图

图 2-25 典型三相交流异步电动机的结构

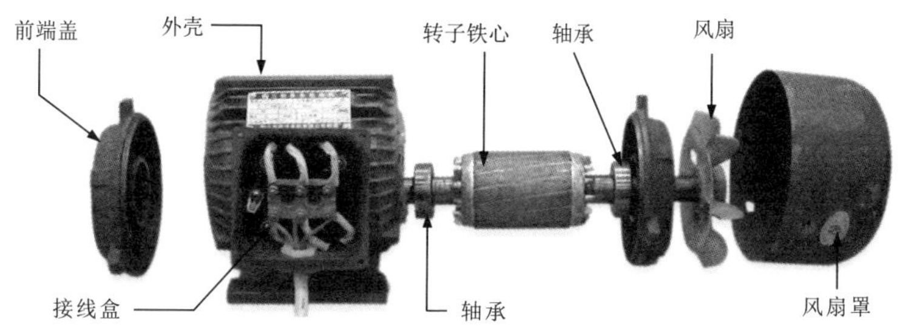
前端盖
外壳
转子铁心
轴承
风扇
接线盒
轴承
风扇罩

c) 三相交流电动机整机分解图

图 2-25 典型三相交流异步电动机的结构（续）

1. 定子

三相交流异步电动机的定子部分主要由定子绕组、定子铁心和外壳部分构成。其中定子绕组有 3 组，分别对应于三相电源，每个绕组包括若干线圈，对称的镶嵌在定子铁心的槽中；而定子铁心是由厚度为 0. 35~0. 5mm 的表面涂有绝缘漆的薄硅钢片叠压而成，由于硅钢片较薄而且片与片之间是绝缘的，所以减少了由于交变磁通通过而引起的铁心涡流损耗。

图 2-26 所示为典型三相交流异步电动机定子部分的结构。

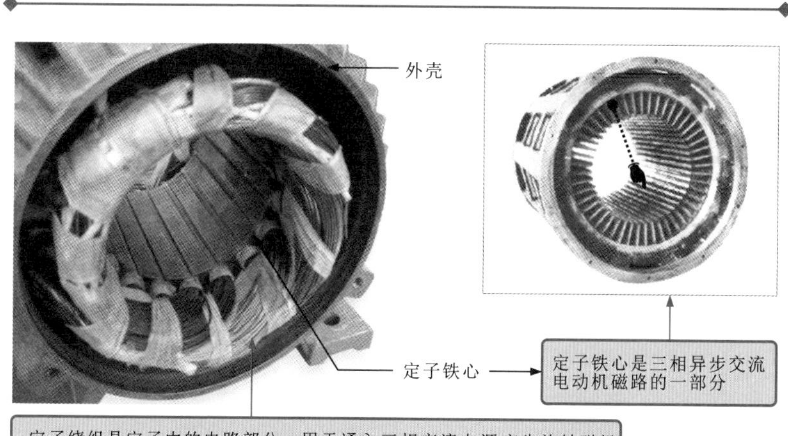
外壳
定子铁心
定子铁心是三相异步交流电动机磁路的一部分
定子绕组是定子中的电路部分，用于通入三相交流电源产生旋转磁场

图 2-26 典型三相交流异步电动机定子部分的结构

相关资料

三相绕组的连接方式有两种，如图2-27所示，一种是采用星形联结方式，又称Y联结，另一种是三角形联结方式，又称△联结。

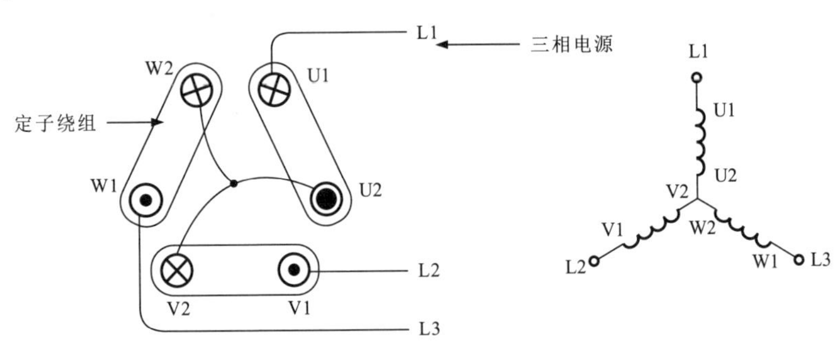

L1
三相电源
W2
U1
定子绕组
W1
U2
L2
V2
V1
L3
L1
U1
U2
V2
V1
W2
L2
W1
L3

a) 定子绕组与三相交流电源的星形(Y)联结

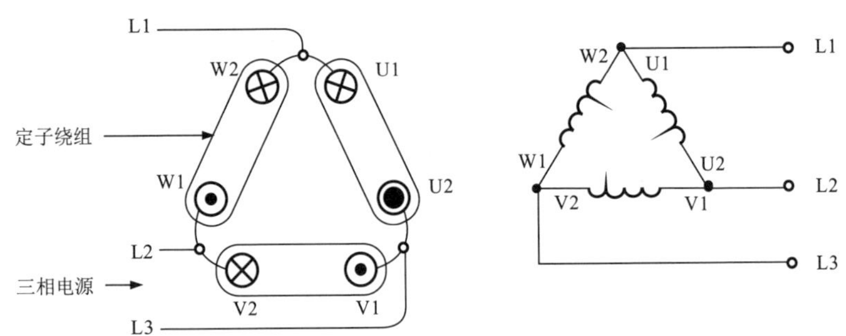

L1
W2
U1
定子绕组
W1
U2
L2
三相电源
V2
V1
L3
W2
U1
L1
W1
U2
L2
V2
V1
L3

b) 定子绕组与三相交流电源的三角形(△)联结

图2-27 定子绕组与三相交流电源的连接方式

2. 转子

转子是三相交流异步电动机的旋转部分，通过感应电动机定子形成的旋转磁场，形成感应转矩而转动。三相交流异步电动机的转子有两种结构形式，即笼型转子和绕线转子。

笼型转子主要由转子铁心、鼠笼型导体和转轴等部件构成的，它是将由铜导体和短路环构成的笼型导体镶嵌入转子的铁心之中。

图2-28所示为典型三相交流异步电动机笼型转子的结构。

轴承
转轴
转轴
轴承
转子铁心

a) 笼型转子的实物外形

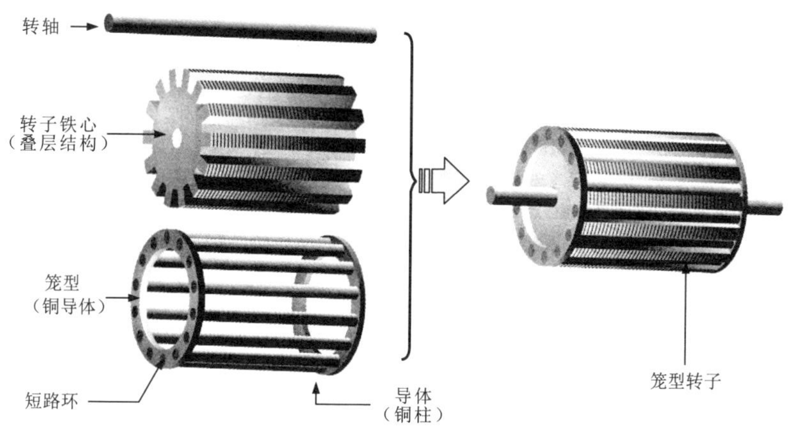
转轴
转子铁心
（叠层结构）
笼型
（铜导体）
短路环
导体
（铜柱）
笼型转子

b) 笼型转子的结构

图 2-28 典型三相交流异步电动机笼型转子的结构

绕线转子主要由转子铁心、转子绕组、集电环和转轴等部件构成的，它是将绕组镶嵌到转子铁心的槽中，绕组的 3 个引出线连接到 3 个集电环上，3 个集电环彼此之间装有绝缘层。

图 2-29 所示为典型三相交流异步电动机绕线转子的结构。

三相交流异步电动机的定子部分还有端盖和轴承盖。端盖的作用是支撑转子，它把定子和转子连成一个整体，使转子能在定子铁心内膛中转动；轴承盖与端盖连在一起，主要起固定轴承位置和保护轴承的作用。

2. 3. 2 三相交流异步电动机原理

三相交流异步电动机是由转子和定子两部分构成的，定子的结构是圆筒形的，套在转子的外部，电动机的转子是圆柱形的，位于定子的内部。三相交流电源加到定子绕组中，由定子绕组产生的旋转磁场使转子旋转。图2-30所示为典型三相交流异步电动机的转动原理。

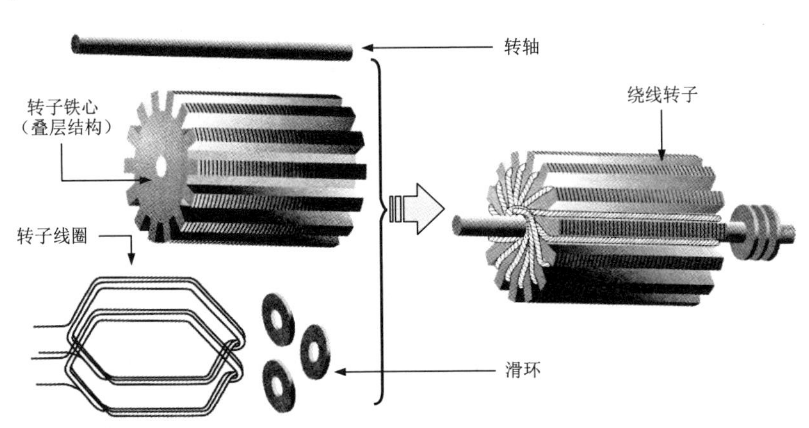
转轴
转子铁心
（叠层结构）
绕线转子
转子线圈
滑环

图2-29 典型三相交流异步电动机绕线转子的结构

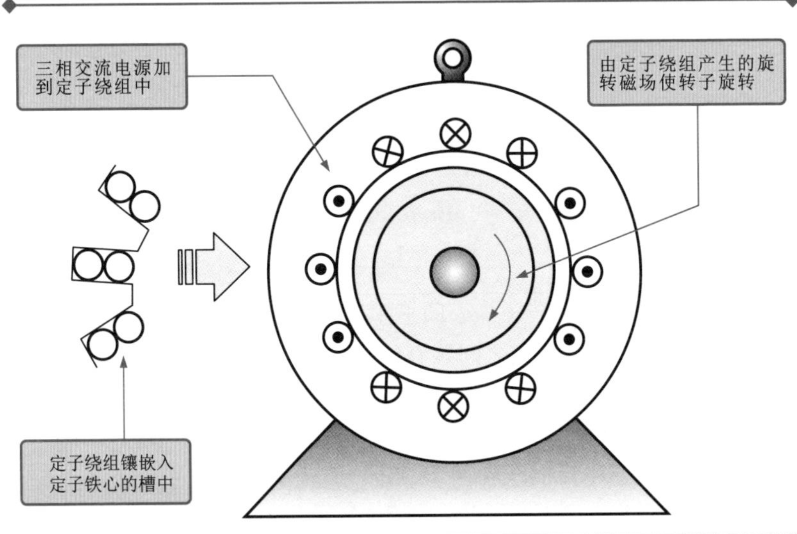
三相交流电源加
到定子绕组中
由定子绕组产生的旋
转磁场使转子旋转
定子绕组镶嵌入
定子铁心的槽中

图2-30 典型三相交流异步电动机的转动原理

三相交流异步电动机需要三相交流电源为其提供工作条件，而满足工作条件后三相交流异步电动机的转子之所以会旋转、实现能量转换，是因为转子气隙内有一个沿定子内圆旋转的磁场。

1. 三相交流电的相位关系

三相交流电是指三根交流电源线同时供电的方式，这三根线供电的电压峰值和频率都是相同的，只是三根线的电流和电压的相位互相差120°，在任一时刻都是按正弦波的规律变化的。

图 2-31 所示为三相交流电的相位关系。

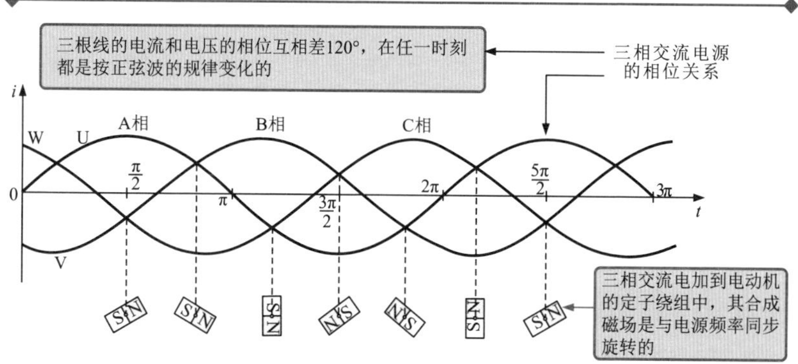
三根线的电流和电压的相位互相差120°，在任一时刻都是按正弦波的规律变化的
三相交流电源的相位关系
i
W
U
A相
B相
C相
0
π/2
π
3π/2
2π
5π/2
3π
t
V
三相交流电加到电动机的定子绕组中，其合成磁场是与电源频率同步旋转的

图 2-31　三相交流电的相位关系

2. 三相交流异步电动机旋转磁场的形成过程

三相交流异步电动机的定子绕组镶嵌在定子铁心的槽中，定子铁心与外壳结合在一起，三相绕组在圆周上呈空间均匀分布，每一组绕组都是多线圈构成的，且都是由两组对称分布的绕组构成的。

图 2-32 所示为三相交流异步电动机定子的结构示意图。

三相交流电源变化一个周期，三相交流异步电动机的旋转磁场转过 1/2 转，每一相定子绕组分为两组，每组有两个绕组，相当于两个定子磁极。

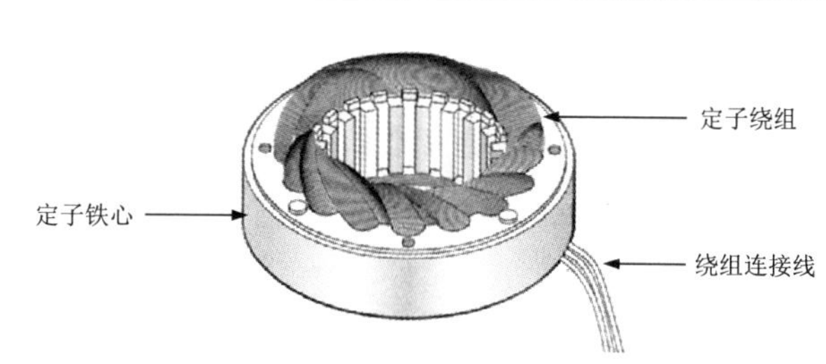
定子绕组
定子铁心
绕组连接线

图 2-32　三相交流异步电动机定子的结构示意图

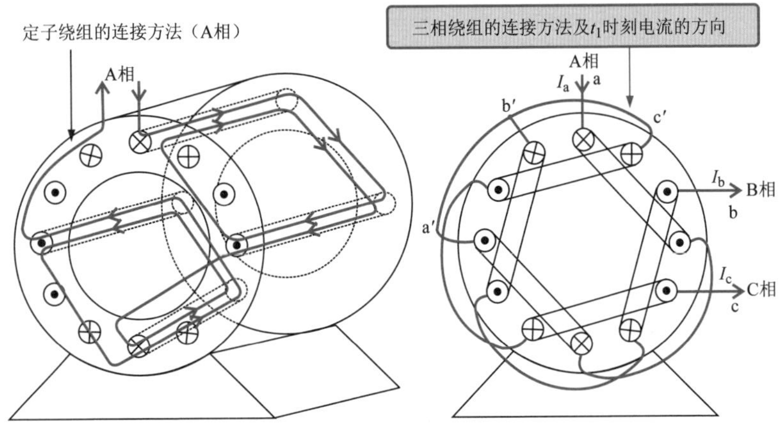
定子绕组的连接方法（A相）
A相
三相绕组的连接方法及t_1时刻电流的方向
A相
I_a a
b′
c′
I_b B相
b
a′
I_c C相
c

图 2-32　三相交流异步电动机定子的结构示意图（续）

图 2-33 所示为三相交流电源加到定子绕组上三相交流异步电动机旋转磁场的形成过程。

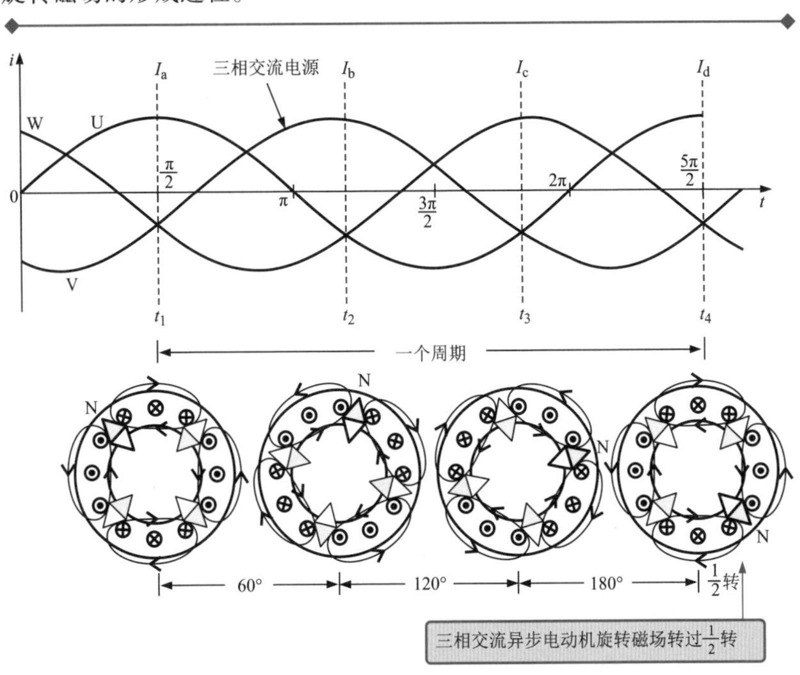
i
I_a
三相交流电源
I_b
I_c
I_d
W
U
0
$\frac{\pi}{2}$
π
$\frac{3\pi}{2}$
2π
$\frac{5\pi}{2}$
t
V
t_1
t_2
t_3
t_4
一个周期
N
N
N
N
60°
120°
180°
$\frac{1}{2}$转
三相交流异步电动机旋转磁场转过$\frac{1}{2}$转

图 2-33　三相交流异步电动机旋转磁场的形成过程

3. 三相交流异步电动机合成磁场的方向

三相交流异步电动机合成磁场是指三相绕组产生的旋转磁场的总和。当三相交流异步电动机三相绕组加入交流电源时，由于三相交流电源的相位差为120°，绕组在空间上呈120°对称分布，因而可根据三相绕组的分布位置、接线方式、电流方向和时间判断合成磁场的方向。

图2-34所示为三相交流异步电动机合成磁场在不同时间段的变化过程。

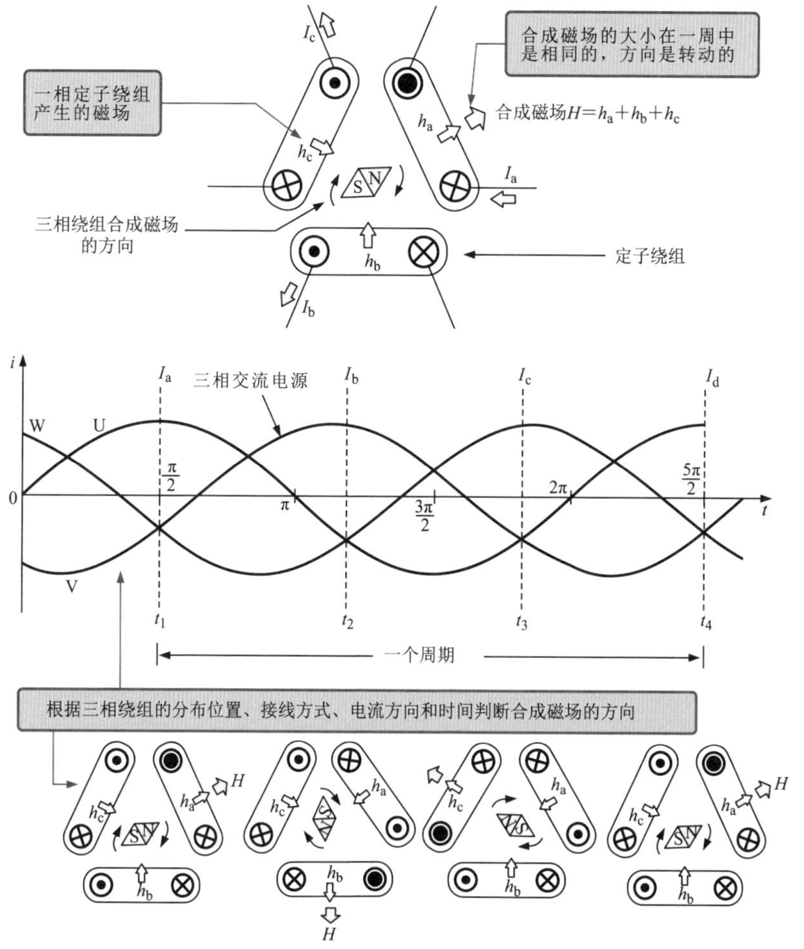

图2-34　三相交流异步电动机合成磁场在不同时间段的变化过程

4. 三相交流异步电动机的转差率

在三相交流异步电动机中，由定子绕组所形成的旋转磁场作用于转子，使转子跟随磁场旋转，转子的转速滞后于磁场，因而转速低于磁场的转速。如果其转速增加到旋转磁场的转速，则转子导体与旋转磁场间的相对运动消失，转子中的电磁转矩等于0。转子的实际转速 n 总是小于旋转磁场的同步转速 n_0，它们之间有一个转速差，反映了转子导体切割磁力线的快慢程度，因此常用这个转速差 n_0-n 与旋转磁场同步转速 n_0 的比值来表示异步电动机的性能，称为转差率，通常用 s 表示，即

$$s=\frac{n_0-n}{n_0}$$

图2-35所示为三相交流异步电动机的转差率。

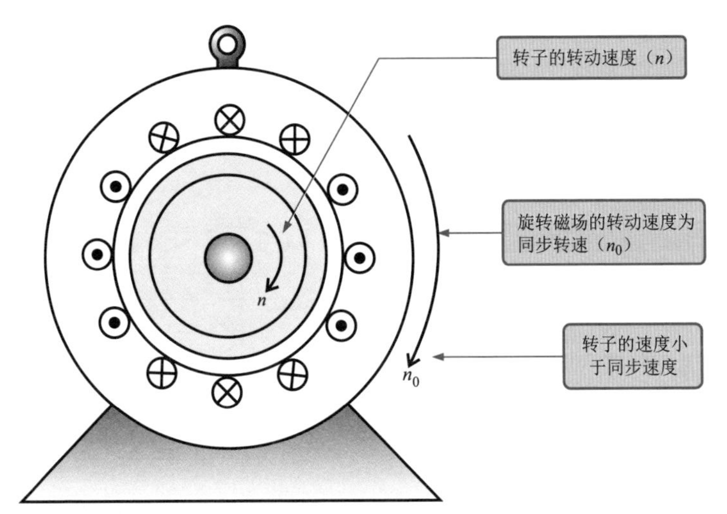
转子的转动速度（n）
旋转磁场的转动速度为同步转速（n_0）
转子的速度小于同步速度
n
n_0

图2-35　三相交流异步电动机的转差率

电动机起动的瞬间，$n=0$，$s=1$，转差率最大；随着转速的上升，转差率减小；当 $n=n_0$ 时，$s=0$，因此，s 在0~1之间变化。在额定负载时，中小型异步电动机转差率的范围一般为0.02~0.06。

第 3 章 电动机控制电路

3.1 电动机的电路控制关系

3.1.1 电动机控制电路结构

如图 3-1 所示，在电动机控制系统中，由控制按钮发送人工控制指

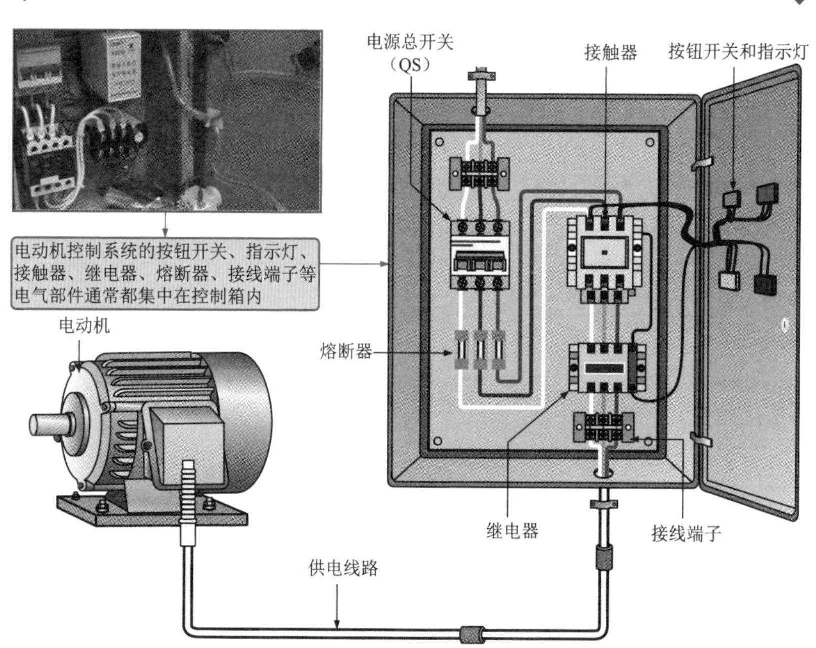

电源总开关
（QS）
接触器
按钮开关和指示灯
电动机控制系统的按钮开关、指示灯、接触器、继电器、熔断器、接线端子等电气部件通常都集中在控制箱内
电动机
熔断器
继电器
接线端子
供电线路

图 3-1　典型的电动机控制系统

令，由接触器、继电器及相应的控制部件控制电动机的起、停运转；指示灯用于指示当前系统的工作状态；保护器件负责电路安全；各电气部件与电动机根据设计需要，按照一定的控制关系连接在一起，从而实现相应的功能。

在实际应用中，常采用电动机控制电路原理图（简称控制电路）体现电动机在控制电路中的连接关系。图 3-2 为典型电动机控制电路原理图。

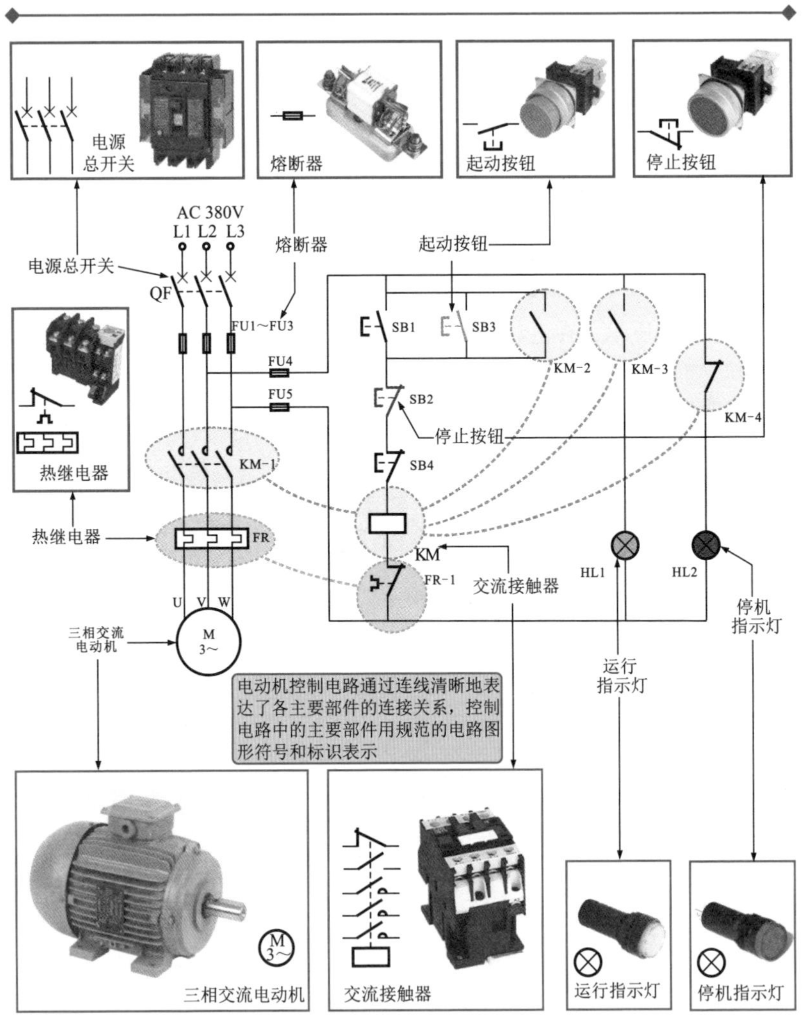
电源总开关
熔断器
起动按钮
停止按钮
AC 380V
L1 L2 L3
QF
FU1～FU3
FU4
FU5
SB1
SB3
SB2
SB4
KM-1
KM-2
KM-3
KM-4
热继电器
FR
KM
FR-1
交流接触器
HL1
HL2
U V W
M
3～
三相交流电动机
运行指示灯
停机指示灯
电动机控制电路通过连线清晰地表达了各主要部件的连接关系，控制电路中的主要部件用规范的电路图形符号和标识表示

图 3-2 典型电动机控制电路原理图

要点说明

从图中可以看到，电动机控制电路主要由控制开关、熔断器、接触器、继电器等控制部件构成，这些部件的数量、安装位置决定了电路的实际控制功能。

3.1.2 电动机控制电路中的电气部件

在电动机控制电路中，控制开关、熔断器、继电器和接触器是非常重要的电气部件。这些电气部件通过不同的方式组合连接，从而实现对电动机的各种控制功能。

1. 控制开关

（1）按钮

按钮是指通过按动形状像钮扣一样的部件实现电路通断的控制开关，这类控制开关通常具有自动复位功能，即按下按钮时，可使线路接通或断开，取消按动操作后按钮复位，电路恢复断开或接通。

目前，根据内部结构的不同，按钮可分为常开按钮、常闭按钮和复合按钮三种，如图 3-3 所示。

要点说明

常开按钮在电动机控制电路中常用作起动按钮。操作前触点是断开的，按下按钮时触点闭合，松开按钮后，按钮自动复位断开。

常闭按钮在电动机控制电路中常用作停机按钮。操作前触点是闭合的，按下按钮时触点断开，松开按钮后，按钮自动复位闭合。

复合按钮在电动机控制电路中常用作正反转控制按钮或高低速控制按钮，其内部设有常开和常闭组合按钮，它设有两组触点，操作前有一组触点是闭合的，另一组触点是断开的。当按下按钮时，闭合的触点断开，而断开的触点闭合，松开按钮后，两组触点全部自动复位。

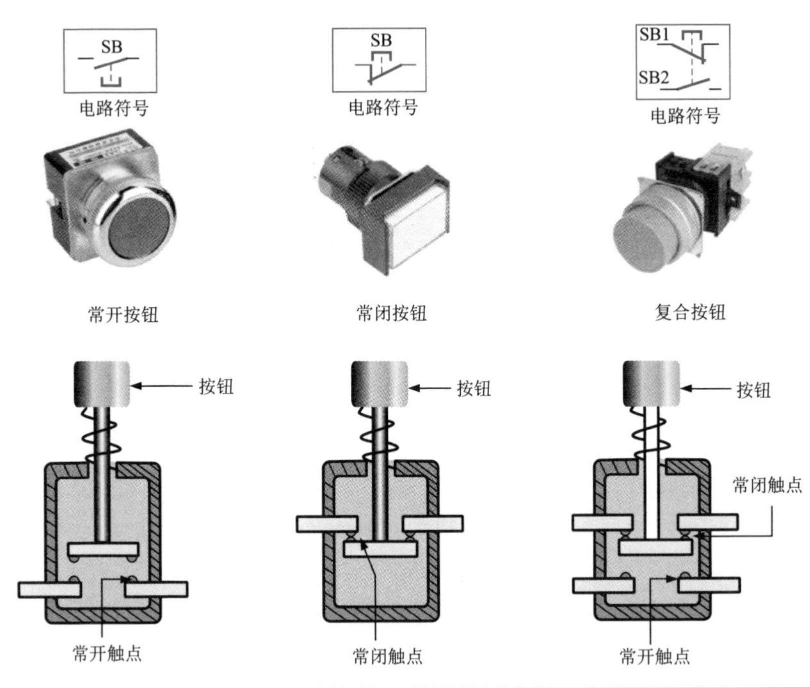
SB
电路符号
SB
电路符号
SB1
SB2
电路符号
常开按钮
常闭按钮
复合按钮
按钮
按钮
按钮
常闭触点
常开触点
常闭触点
常开触点

图 3-3 典型按钮的实物外形

下面，我们以常开按钮为例，看一下该类控制开关的控制关系，如图 3-4 所示。

（2）组合开关

组合开关又称转换开关，是一种转动式的刀开关，在电动机控制电路中主要用于电动机的起动，该开关具有体积小、寿命长、结构简单、操作方便、灭弧性能较好等优点。

组合开关内部有若干个动触片和静触片，分别安装于数层绝缘件内，静触片固定在绝缘垫板上，动触片安装在转轴上，随转轴旋转而变换通、断位置，如图 3-5 所示。

（3）电源总开关

在电动机控制电路中，电源总开关通常采用断路器，主要用于手动接通或切断电动机的总供电电路，同时这种开关又具备自动切断电路功能，即可在电动机出现过载、短路或欠电压时自动断开，起到保护电路作用。

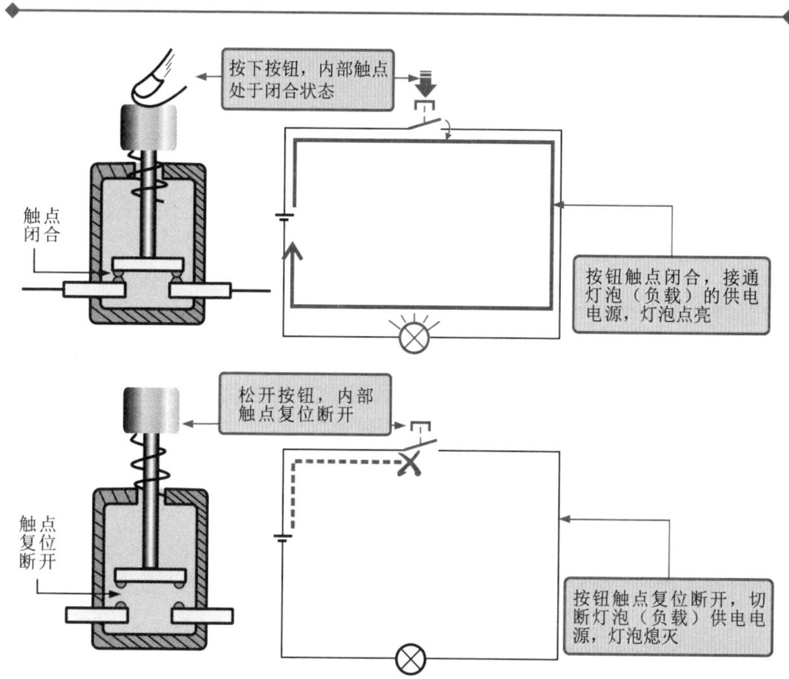
按下按钮，内部触点处于闭合状态
触点闭合
按钮触点闭合，接通灯泡（负载）的供电电源，灯泡点亮
松开按钮，内部触点复位断开
触点复位断开
按钮触点复位断开，切断灯泡（负载）供电电源，灯泡熄灭

图 3-4 常开按钮的控制关系

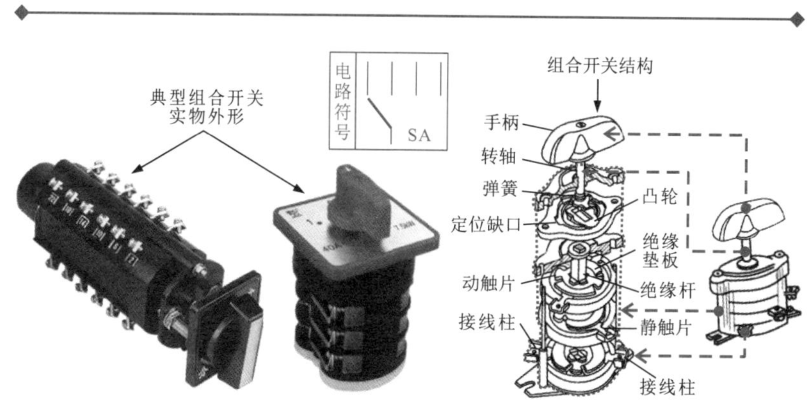
典型组合开关实物外形
电路符号
SA
组合开关结构
手柄
转轴
弹簧
凸轮
定位缺口
绝缘垫板
动触片
绝缘杆
接线柱
静触片
接线柱

图 3-5 典型组合开关的实物外形

图 3-6 所示为典型电源总开关的实物外形及控制关系。

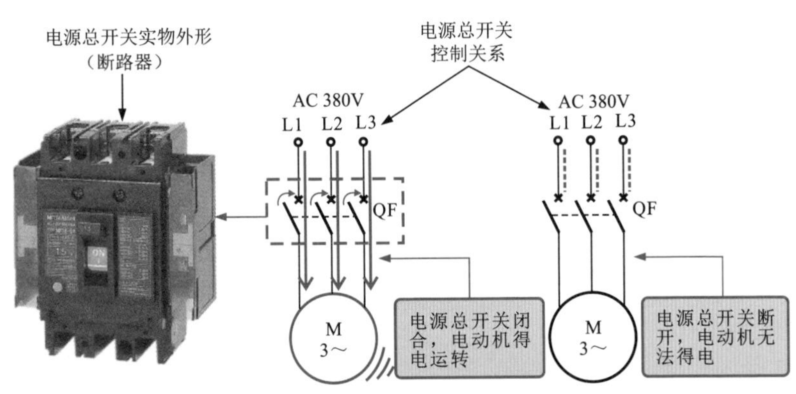
电源总开关实物外形
（断路器）
电源总开关
控制关系
AC 380V
L1 L2 L3
QF
M
3～
电源总开关闭合，电动机得电运转
AC 380V
L1 L2 L3
QF
M
3～
电源总开关断开，电动机无法得电

图 3-6　典型电源总开关的实物外形及控制关系

2. 熔断器

熔断器是在电流超过规定值一段时间后，以其自身产生的热量使熔体熔化，从而使电路断开，起到短路、过载保护的作用。

图 3-7 所示为电动机控制电路中常用熔断器的实物外形。

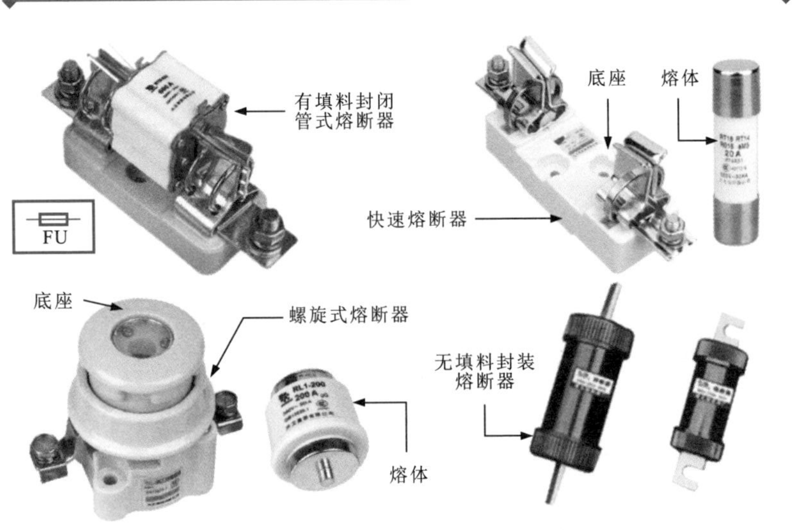
有填料封闭
管式熔断器
FU
底座
熔体
快速熔断器
底座
螺旋式熔断器
熔体
无填料封装
熔断器

图 3-7　常用熔断器的实物外形

要点说明

熔断器在使用时是串联在被保护电路中，当被保护电路的电流超过规定值，并经过一定时间后，由熔体自身产生的热量熔断熔体，使电路断开，从而起到保护的作用，熔体熔断后，在完成电路检修后，需要用同等规格的熔体代换。

当被保护电路过载电流小时，熔体熔断所需要的时间长；而过载电流大时，熔体熔断所需要的时间短，因为这一特点，在一定过载电流范围内，至电流恢复正常时，熔断器不会熔断，可以继续使用。

熔断器的种类有很多种，选用时应根据熔断器的额定电流和额定电压进行选用。

3. 继电器

继电器是根据信号（电压、电流、时间等）来接通或切断电路的控制元器件，该元器件在电工电子行业应用较为广泛，在许多机械控制及电子电路中都采用这种器件。

图 3-8 所示为几种常用继电器的实物外形。

1）中间继电器通常用来控制各种电磁线圈使信号得到放大，将一个输入信号转变成一个或多个输出信号。

2）时间继电器是一种延时或周期性定时接通、切断某些控制电路的继电器，当线圈得电后，经过一段时间延时后（预先设定时间），其常开、常闭触点才会动作。

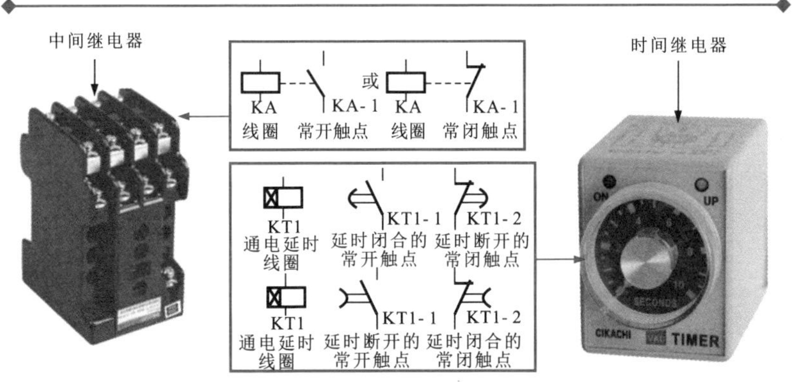

中间继电器
时间继电器
KA
线圈
KA-1
常开触点
或
KA
线圈
KA-1
常闭触点
KT1
通电延时
线圈
KT1-1
延时闭合的
常开触点
KT1-2
延时断开的
常闭触点
KT1
通电延时
线圈
KT1-1
延时断开的
常开触点
KT1-2
延时闭合的
常闭触点
ON
UP
SECOND
CIKACHI
TIMER

图 3-8 典型继电器的实物外形

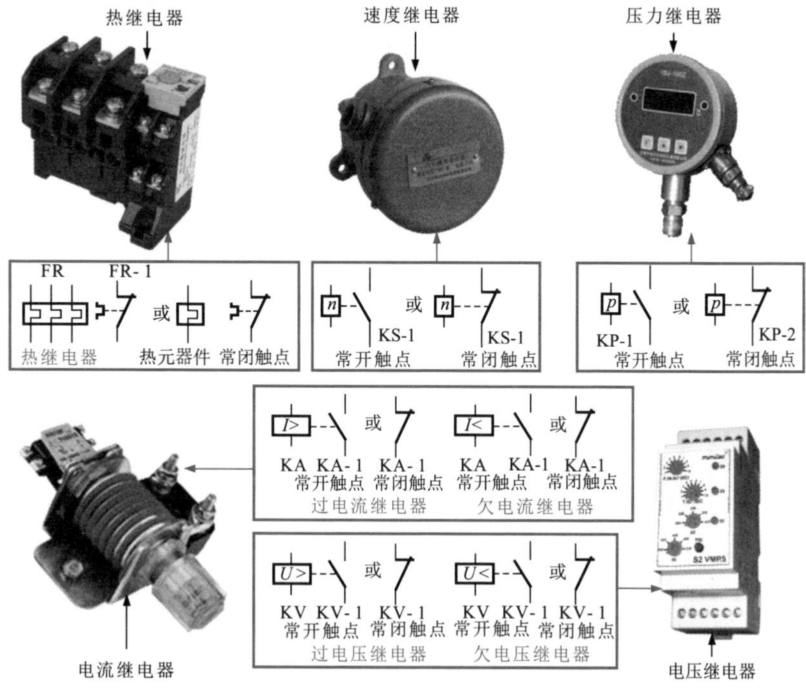
热继电器
速度继电器
压力继电器
FR
FR-1
或
热继电器
热元器件
常闭触点
n
KS-1
常开触点
常闭触点
p
KP-1
KP-2
常开触点
常闭触点
I>
I<
KA
KA-1
常开触点
常闭触点
过电流继电器
欠电流继电器
U>
U<
KV
KV-1
过电压继电器
欠电压继电器
电流继电器
电压继电器
S2 VMRS

图 3-8　典型继电器的实物外形（续）

3）热继电器是一种电气保护元器件，利用电流的热效应来推动动作机构使触点闭合或断开的保护电器，主要用于电动机的过载保护、断相保护、电流不平衡保护以及其他电气设备发热状态时的控制。在选用热继电器时，主要是根据电动机的额定电流来确定其型号和热元器件的电流等级，而且热继电器的额定电流通常与电动机的额定电流相等。

4）速度继电器又称反接制动继电器，这种继电器主要与接触器配合使用，用来实现电动机的反接制动。

5）压力继电器是将压力转换成电信号的液压元器件，主要控制水、油、气体以及蒸气的压力等。

6）电流继电器是指根据继电器线圈中电流大小而接通或断开电路的继电器。通常情况下，电流继电器分为过电流继电器、欠电流继电器等。过电流继电器是指线圈中的电流高于允许值时动作的继电器；欠电流继电器是指线圈中的电流低于容许值时动作的继电器。

7）电压继电器又称零电压继电器，是一种按电压值动作的继电器，主要用于交流电路的欠电压或零电压保护。电压继电器与电流继电器在结构上的区别主要在于线圈的不同。电压继电器线圈与负载并联，反映的是负载电压，线圈匝数多，而且导线较细；电流继电器的线圈与负载串联，反映的是负载电流，线圈匝数少，而且导线较粗。

4. 接触器

接触器也称电磁开关，它是通过电磁机构的动作实现频繁接通和断开电路供电的装置。按照其电源类型的不同，接触器可分为交流接触器和直流接触器两种，如图 3-9 所示。

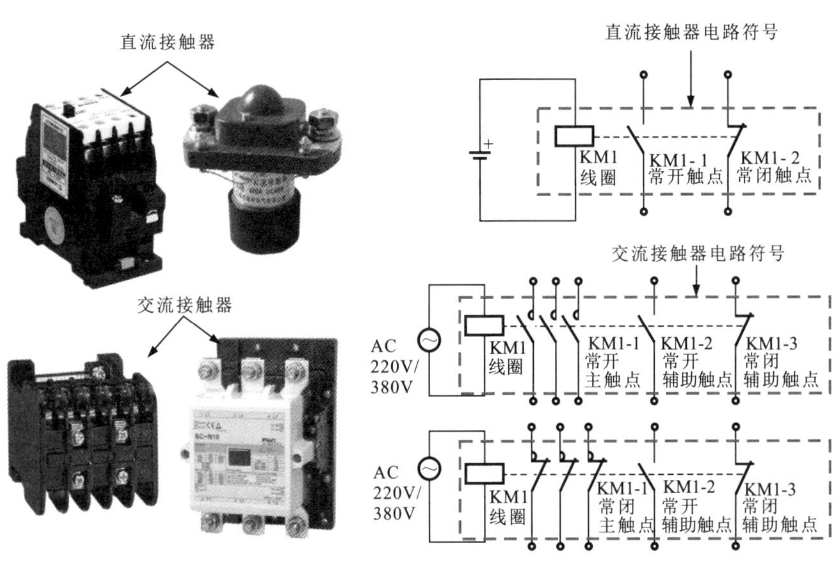
直流接触器
直流接触器电路符号
KM1
线圈
KM1-1
常开触点
KM1-2
常闭触点
交流接触器
交流接触器电路符号
AC
220V/
380V
KM1
线圈
KM1-1
常开
主触点
KM1-2
常开
辅助触点
KM1-3
常闭
辅助触点
AC
220V/
380V
KM1
线圈
KM1-1
常闭
主触点
KM1-2
常开
辅助触点
KM1-3
常闭
辅助触点

图 3-9　电动机控制电路中接触器的实物外形

要点说明

在电动机控制电路中，接触器内部构件通常分开接线，即主触点连接在电动机供电电路中，辅助触点及线圈连接在控制电路中，通过控制电路中线圈的得电与失电变化，自动控制电动机供电线路的通断。

例如，在图 3-9 中，交流接触器 KM1 分为了 KM1-1（主触点）、KM1-2、KM1-3（辅助触点）和用矩形框标识的 KM1（线圈）等 5 个部分。其中，主触点 KM1-1 位于电动机供电线路中，在电源总开关 QS 闭合的前提下，KM1-1 控制电动机能否得电。

另外，与电源总开关 QS 不同的是，KM-1 闭合与否，是由控制电路中其线圈部分 KM 控制的，即在线圈得电状态下，使上下两块衔铁磁化相互吸合，衔铁动作带动触点动作，如常开触点闭合、常闭触点断开，那么触点的通断自然也就实现了所连接部件的得电或失电状态，如图 3-10 所示。

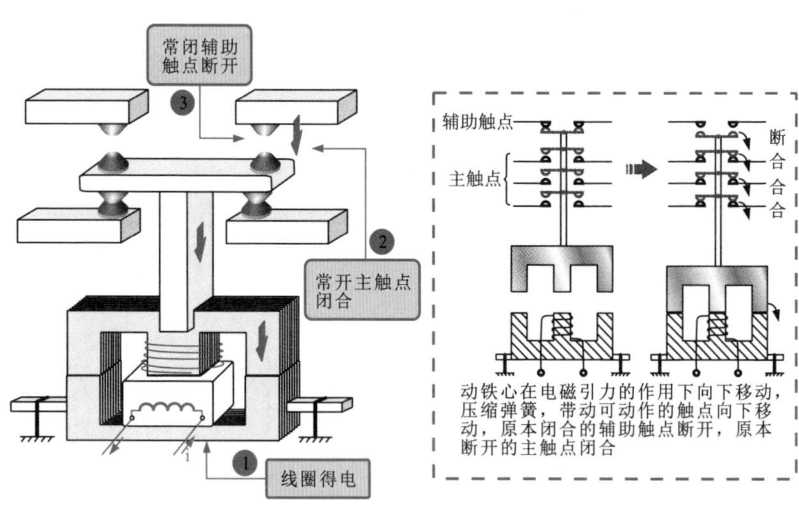
常闭辅助触点断开
3
2
常开主触点闭合
1
线圈得电
辅助触点
主触点
断
合
合
合
动铁心在电磁引力的作用下向下移动，压缩弹簧，带动可动作的触点向下移动，原本闭合的辅助触点断开，原本断开的主触点闭合

图 3-10 交流接触器线圈与触点的联动关系

3.2 直流电动机控制电路

3.2.1 直流电动机晶体管驱动电路

晶体管作为一种无触点电子开关常用于电动机驱动控制电路中，最简单的驱动电路如图 3-11 所示，直流电动机可接在晶体管发射极电路

中（射极跟随器），也可接在集电极电路中作为集电极负载。当给晶体管基极施加控制电流时晶体管导通，则电动机旋转；控制电流消失，则电动机停转。通过控制晶体管的电流可实现速度控制。

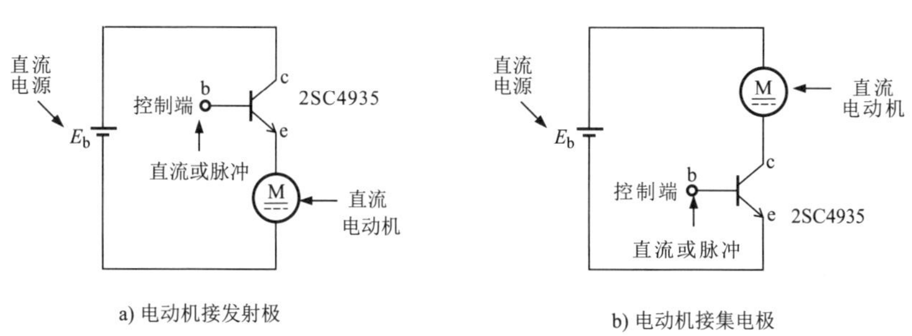
直流电源
E_b
控制端
b
c
e
2SC4935
直流或脉冲
M
直流电动机
a) 电动机接发射极
直流电源
E_b
M
直流电动机
c
b
控制端
e
2SC4935
直流或脉冲
b) 电动机接集电极

图 3-11 直流电动机晶体管驱动电路

要点说明

图 3-11a 是恒压晶体管电动机驱动电路，所谓恒压控制是指晶体管的发射极电压受到基极电压控制，基极电压恒定则发射极输出电压恒定。该电路采用发射极连接负载的方式，电路为射极跟随器，该电路具有电流增益高、电压增益为 1、输出阻抗小的特点，但电源的效率不好。该电路的控制信号为直流或脉冲。

图 3-11b 是恒流晶体管电动机驱动电路，所谓恒流控制是指晶体管的电流受到基极控制，基极控制电流恒定则集电极电流也恒定。该电路采用集电极接负载的方式，具有电流/电压增益高、输出阻抗高的特点，电源效率比较高。控制信号为直流或脉冲。

3.2.2 直流电动机调速方法

在电动机机械负载不变的条件下改变电动机的转速称为调速，常用的调速方法主要有改变端电压调速法、改变电枢回路串联电阻器调速法和改变主磁通调速法。

1. 改变端电压调速法

改变电枢的端电压 U，可相应地提高或降低直流电动机的转速。由于电动机的电压不得超过额定电压，因而这种调速方法只能把转速调低，而不能调高。

2. 改变电枢回路串联电阻器调速法

电动机制成以后，其电枢电阻 r_a 是一定的。但可以在电枢回路中串联一个可变电阻器来实现调速，如图 3-12 所示。这种方法增加了串联电阻器上的损耗，使电动机的效率降低。如果负载稍有变动，电动机的转速就会有较大的变化，因而对要求恒速的负载不利。

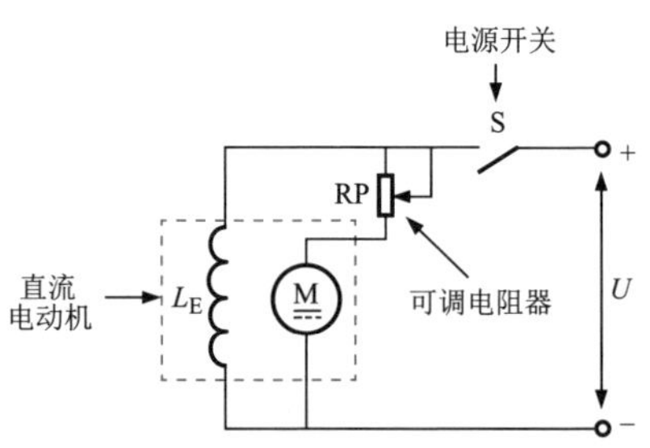
电源开关
S
+
RP
直流
电动机
L_E
M
可调电阻器
U
−

图 3-12 电枢回路串联电阻器调速电路

3. 改变主磁通调速法

为了改变主磁通 Φ，在励磁电路中串联一只调速电阻器 RP，如图 3-13 所示。改变调速电阻器 RP 的阻值大小，就可改变励磁电流，进而使主磁通 Φ 得以改变，从而实现调速。这种调速方法只能减小主磁通使转速上升。

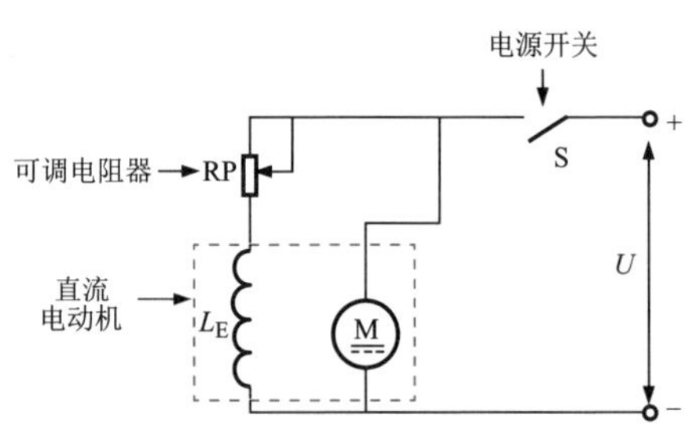
电源开关
+
S
可调电阻器
RP
U
直流
电动机
L_E
M
−

图 3-13 励磁电路中串联电阻器的调速电路

3.2.3 变阻式直流电动机速度控制电路

图 3-14 是变阻式直流电动机速度控制电路，在电路中晶体管相当

于一个可变的电阻器，改变晶体管基极的偏置电压就会改变晶体管的内阻，它串接在电源与电动机的电路中。晶体管的阻抗减少，加给电动机的电流则会增加，电动机转速会增加，反之则降低。

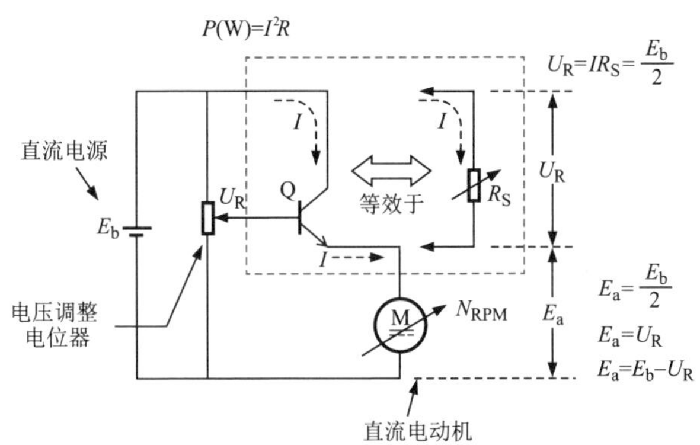
P(W)=I²R
U_R=IR_S=E_b/2
直流电源
I
I
U_R
Q
等效于
R_S
E_b
U_R
I
电压调整
电位器
M
N_RPM
E_a
E_a=E_b/2
E_a=U_R
E_a=E_b−U_R
直流电动机

图 3-14　变阻式直流电动机速度控制电路

3.2.4　直流电动机制动控制电路

直流电动机制动是指给电动机加上与原来转向相反的转矩，使电动机迅速停转或限制电动机的转速。直流电动机通常采用能耗制动和反接制动方式。

直流电动机的能耗制动方法是指维持电动机的励磁不变，把正在接通电源、并具有较高转速的电动机电枢绕组从电源上断开，使电动机变为发电动机，并与外加电阻器连接而成为闭合回路，利用此电路中产生的电流及制动转矩使电动机快速停车的方法。在制动过程中，是将拖动系统的动能转化为电能并以热能形式消耗在电枢电路的电阻器上。

图 3-15 为他励式直流电动机能耗制动系统控制电路的原理图。

3.2.5　直流电动机正反转切换控制电路

图 3-16 是直流电动机的正反转切换控制电路。该电路采用双电源和互补晶体管（NPN/PNP）的驱动方式，电动机的正反转，由切换开关控制。

扫一扫看视频

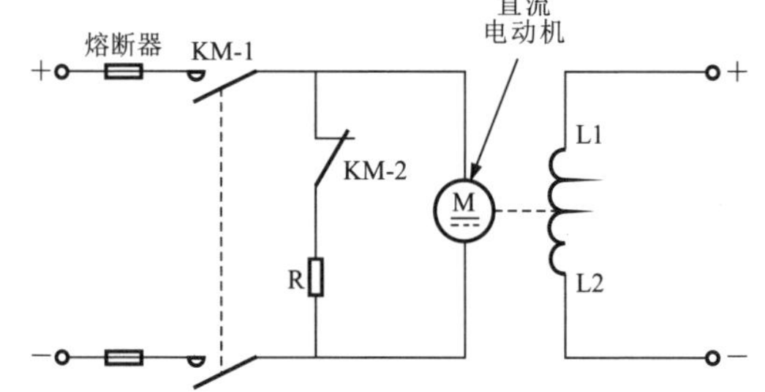
熔断器
KM-1
直流
电动机
KM-2
M
R
L1
L2

图 3-15 他励式直流电动机能耗制动系统控制电路的原理图

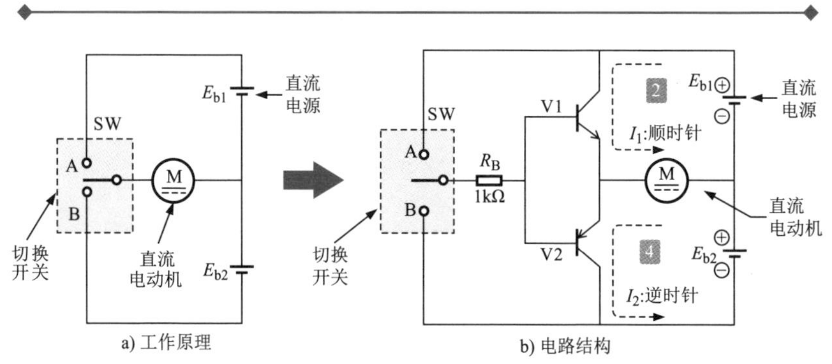
Eb1
直流
电源
SW
A
B
M
切换
开关
直流
电动机
Eb2
a) 工作原理
SW
A
B
RB
1kΩ
V1
V2
2
4
I1:顺时针
I2:逆时针
Eb1
Eb2
直流
电源
直流
电动机
切换
开关
b) 电路结构

图 3-16 直流电动机的正反转切换控制电路

当切换开关 SW 置于 A 时，正极性控制电压加到两晶体管的基极。

NPN 型晶体管 V1 导通，PNP 型晶体管 V2 截止，电源 E_{b1} 为电动机供电，电流从左至右，电动机顺时针（CW）旋转。

当切换开关 SW 置于 B 时，负极性控制电压加到两晶体管基极。

PNP 型晶体管 V2 导通，NPN 型晶体管 V1 截止，电源 E_{b2} 为电动机供电，电流从右至左，电动机逆时针（CCW）旋转。

3.2.6 直流电动机限流和保护控制电路

图 3-17 为直流电动机的限流和保护控制电路。驱动直流电动机的是由两个晶体管组成的复合晶体管，电流放大能力较大，限流电阻器 R_E（又称电流检测电阻器）加在 V2 的发射极电路中。

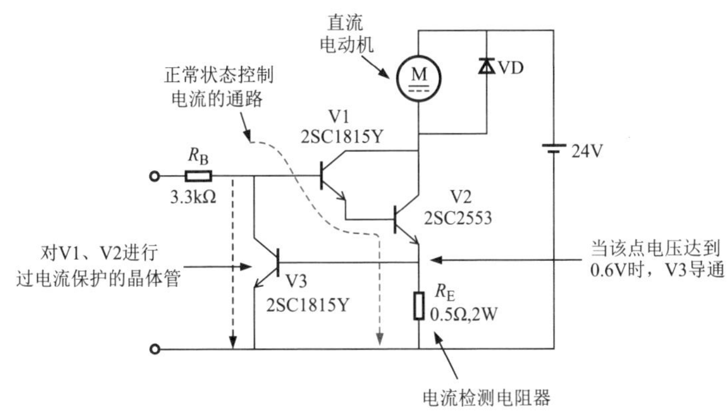
直流
电动机
M
VD
正常状态控制
电流的通路
V1
2SC1815Y
24V
R_B
3.3kΩ
V2
2SC2553
对V1、V2进行
过电流保护的晶体管
V3
2SC1815Y
当该点电压达到
0.6V时，V3导通
R_E
0.5Ω,2W
电流检测电阻器

图 3-17　直流电动机的限流和保护控制电路

控制直流电动机起动的信号加到 V1 的基极。V1、V2 导通后，24V 电源为电动机供电。V3 是过电流保护晶体管，当流过电动机的电流过大时，R_E 上的电压会上升，于是 V3 会导通，使 V1 基极的电压降低，V1 基极电压降低会使 V1、V2 集电极电流减小从而起到自动保护作用。

3.2.7　光控直流电动机驱动控制电路

如图 3-18 所示，光控直流电动机驱动控制电路是由光敏电阻器控制的直流电动机电路，通过光照的变化可以控制直流电动机的起动、停止等状态。

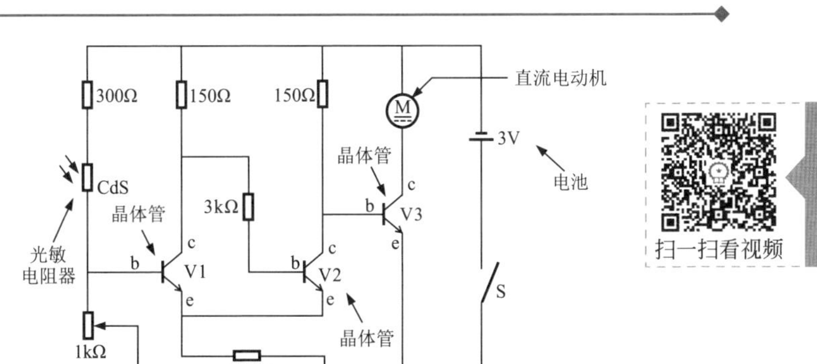
300Ω
150Ω
150Ω
M
直流电动机
3V
电池
晶体管
CdS
3kΩ
光敏
电阻器
晶体管
V1
V2
V3
S
晶体管
1kΩ
10kΩ
2SA733
2SA733
2SA952
扫一扫看视频

图 3-18　光控直流电动机驱动控制电路

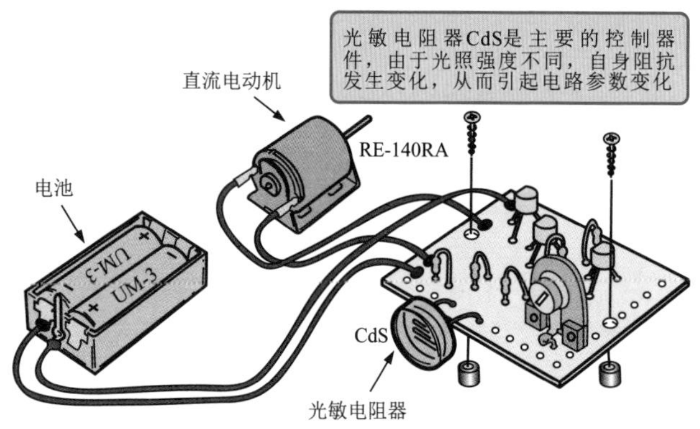
光敏电阻器CdS是主要的控制器件，由于光照强度不同，自身阻抗发生变化，从而引起电路参数变化
直流电动机
RE-140RA
电池
UM-3
UM-3
CdS
光敏电阻器

图 3-18 光控直流电动机驱动控制电路（续）

3.2.8 直流电动机调速控制电路

如图 3-19 所示，直流电动机调速控制电路是一种可在负载不变的条件下，控制直流电动机稳速旋转和旋转速度的电路。

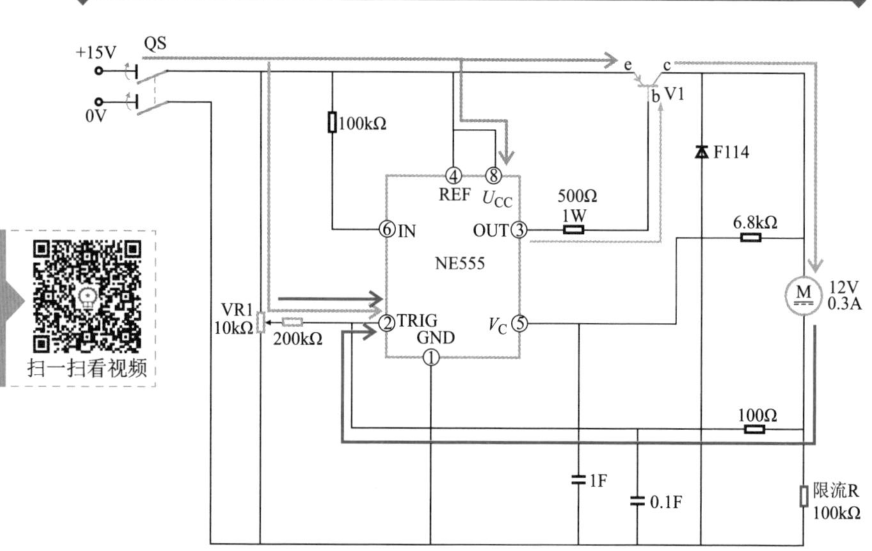
+15V
QS
0V
100kΩ
e
c
b V1
F114
④ REF
⑧ U_{CC}
⑥IN
OUT③
500Ω
1W
NE555
6.8kΩ
M
12V
0.3A
VR1
10kΩ
200kΩ
②TRIG
GND
①
V_C⑤
100Ω
1F
0.1F
限流R
100kΩ
扫一扫看视频

图 3-19 直流电动机调速控制电路

3.2.9 直流电动机减压起动控制电路

图 3-20 为直流电动机减压起动控制电路的结构组成。直流电动机的减压起动控制电路是指直流电动机起动时，将起动电阻器串联接入直流电动机中，限制起动电流，当直流电动机低速旋转一段时间后，再把起动电阻器从电路中消除（使之短路），使直流电动机正常运转。

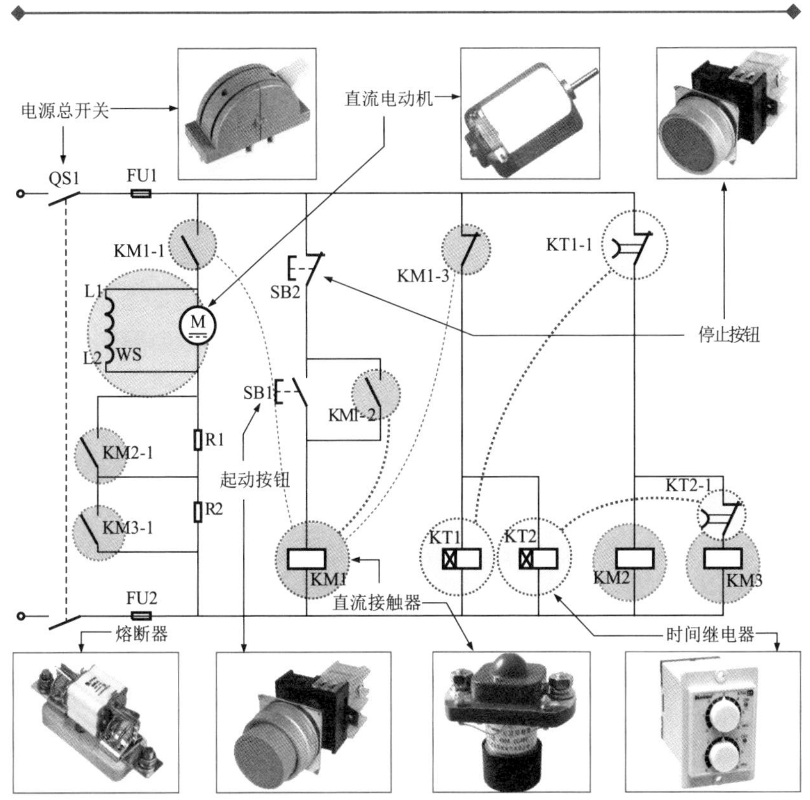
电源总开关
直流电动机
QS1
FU1
KM1-1
KT1-1
SB2
KM1-3
L1
M
L2
WS
停止按钮
SB1
KM1-2
R1
KM2-1
起动按钮
KT2-1
R2
KM3-1
KT1
KT2
KM1
KM2
KM3
FU2
直流接触器
熔断器
时间继电器

图 3-20 直流电动机减压起动控制电路的结构组成

3.2.10 直流电动机正反转连续控制电路

图 3-21 为直流电动机正反转连续控制电路。该控制电路是指通过起动按钮控制直流电动机长时间正向运转和反向运转的控制电路。

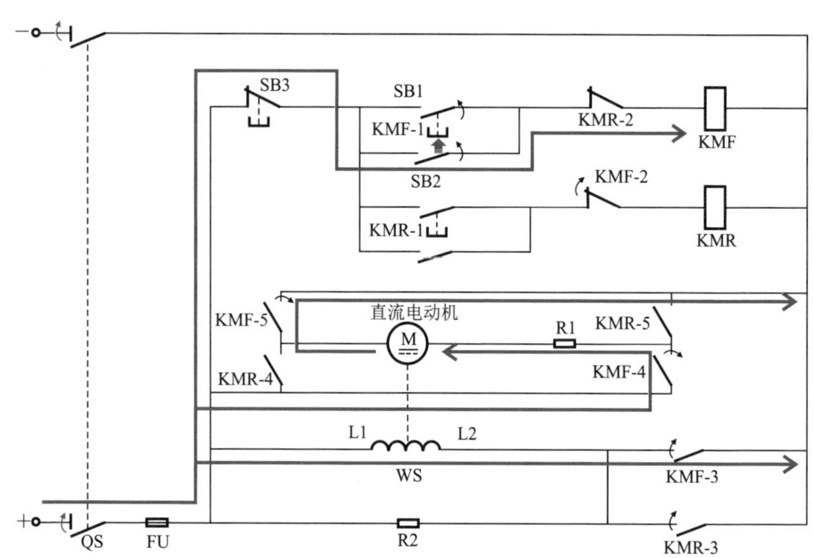
SB3
SB1
KMF-1
SB2
KMR-2
KMF
KMF-2
KMR-1
KMR
KMF-5
直流电动机
M
R1
KMR-5
KMR-4
KMF-4
L1
L2
WS
KMF-3
QS
FU
R2
KMR-3

图 3-21 直流电动机正反转连续控制电路

合上总电源开关 QS，接通直流电源。按下正转起动按钮 SB1，正转直流接触器 KMF 线圈得电，相应触点动作。其中，KMF 的常开触点 KMF-3 闭合，直流电动机励磁绕组 WS 得电。KMF 的常开触点 KMF-4、KMF-5 闭合，直流电动机得电。电动机串联起动电阻器 R1 正向起动运转。

需要电动机正转停机时，按下停止按钮 SB3。直流接触器 KMF 的线圈失电，其触点全部复位。切断直流电动机供电电源，直流电动机停止正向运转。

需要直流电动机进行反转起动时，按下反转起动按钮 SB2。

反转直流接触器 KMR 的线圈得电，其触点全部动作。其中，KMR 的触点 KMR-3、KMR-4、KMR-5 闭合，电动机得电，反向运转。

3.3 单相交流电动机控制电路

3.3.1 单相交流电动机基本控制电路

单相交流电动机控制电路是指可实现单相交流电动机的起动、运转、变速、制动、反转和停机等多种控制功能的电路。不同的单相交流电动机控制电路基本都是由控制器件或功能部件、单相交流电动机构成的，但根据选用部件数量的不同及部件间的不同组合，加之电路上的连接差异，从而实现对单相交流电动机不同工作状态的控制。

扫一扫看视频

图 3-22 为单相交流电动机基本控制电路的结构组成。

AC 220V
L
N
QS
电源总开关
FU1
FU2
熔断器
FU3
FU4
起动按钮
停止按钮
停机指示灯
SB2
SB1
KM-1
KM-2
KM-3
KM-4
交流接触器的常开主触点
交流接触器的常开辅助触点
交流接触器的常闭辅助触点
交流接触器的常开辅助触点
热继电器
FR
C
起动电容器
交流接触器的线圈
KM
HL1
HL2
热继电器的常闭触点
FR-1
单相交流电动机
交流接触器
运行指示灯

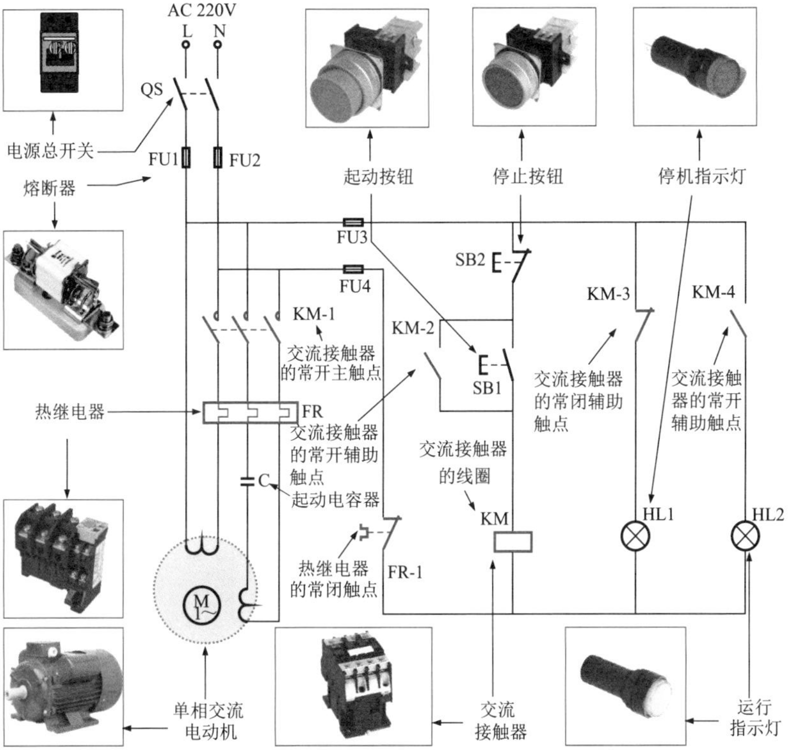

图 3-22　单相交流电动机基本控制电路的结构组成

合上总电源开关 QS，接通单相电源。

电源经常闭触点 KM-3 为停机指示灯 HL1 供电，HL1 点亮。

按下起动按钮 SB1。交流接触器 KM 线圈得电，相应触点动作。其中，KM 的常开主触点 KM-1 闭合，电动机接通单相电源，开始起动运转。

当需要电动机停机时，按下停止按钮 SB2。

3.3.2 单相交流电动机正反转驱动控制电路

如图 3-23 所示，单相交流异步电动机的正反转驱动电路中辅助绕组通过起动电容器与电源供电相连，主绕组通过正反向开关与电源供电线相连，开关可调换接头，来实现正反转控制。

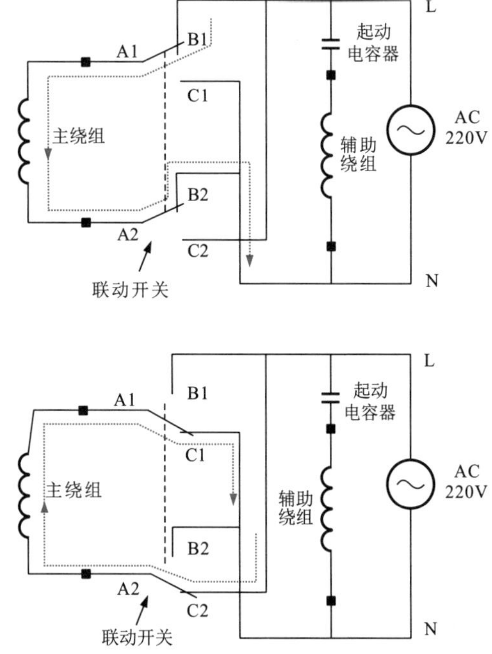
L
起动
电容器
A1
B1
C1
主绕组
AC
220V
辅助
绕组
B2
A2
C2
联动开关
N
L
B1
起动
电容器
A1
C1
主绕组
AC
220V
辅助
绕组
B2
A2
C2
联动开关
N

图 3-23　单相交流电动机正反转驱动控制电路

当联动开关触点 A1-B1、A2-B2 接通时，主绕组的上端接交流 220V 电源的 L 端，下端接 N 端，电动机正向运转。

当联动开关触点 A1-C1、A2-C2 接通时，主绕组的上端接交流 220V 电源的 N 端，下端接 L 端，电动机反向运转。

3.3.3 单相交流电动机的晶闸管调速控制电路

如图 3-24 所示，采用双向晶闸管的单相交流电动机调速控制电路中，通过改变晶闸管的导通角度来改变电动机的平均供电电压，从而调节电动机的转速。

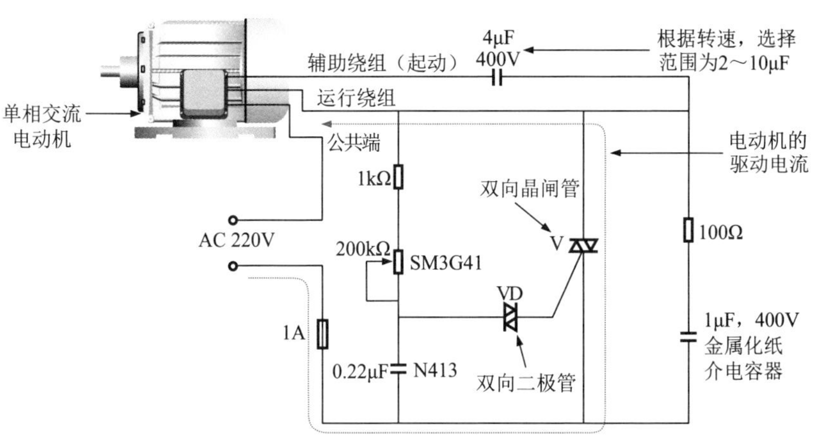
4μF
400V
根据转速，选择
范围为2～10μF
辅助绕组（起动）
运行绕组
单相交流
电动机
公共端
电动机的
驱动电流
1kΩ
双向晶闸管
AC 220V
V
100Ω
200kΩ
SM3G41
VD
1A
1μF，400V
金属化纸
介电容器
0.22μF
N413
双向二极管

图 3-24 单相交流电动机的晶闸管调速控制电路

单相交流 220V 电压为供电电源，一端加到单相交流电动机绕组的公共端。

运行绕组经双向晶闸管 V 接到交流 220V 的另一端，同时经过 4μF 的起动电容器接到辅助绕组的端子上。

电动机的主通道中只有双向晶闸管 V 导通，电源才能加到两绕组上，电动机才能旋转。

其中，双向晶闸管 V 受 VD 的控制，在半个交流周期内 VD 输出脉冲，V 受到触发便可导通，改变 VD 的触发角度（相位）就可对速度进行控制。

3.3.4 单相交流电动机热敏电阻器调速控制电路

如图 3-25 所示，采用热敏电阻器（PTC 元件）的单相交流电动机调速电路中，由热敏电阻器感知温度变化，从而引起自身阻抗变化，并以此来控制所关联电路中单相交流电动机驱动电流的大小，实现调速控制。

当需要单相交流电动机高速运转时，将调速开关置于“高”档。

交流 220V 电压全压加到电动机绕组上，电动机高速运转。

当需要单相交流电动机中/低速运转时，将调速开关置于“中/低”档。

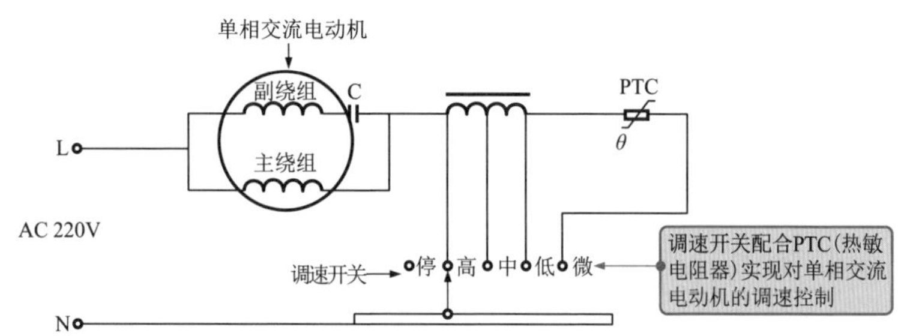
单相交流电动机
副绕组
C
主绕组
PTC
θ
L
AC 220V
N
调速开关
停
高
中
低
微
调速开关配合PTC(热敏电阻器)实现对单相交流电动机的调速控制

图 3-25 单相交流电动机热敏电阻器调速控制电路

交流 220V 电压部分或全部串联电感线圈后加到电动机绕组上，电动机中/低速运转。

将调速开关置于“微”档。220V 电压串联连接 PTC 和电感线圈后加到电动机绕组上。

在常温状态下，PTC 的阻值很小，电动机容易起动。

起动后电流通过 PTC，电流热效应使其温度迅速升高。

PTC 阻值增加，送至电动机绕组中的电压降增加，电动机进入微速档运行状态。

3.3.5 点动开关控制的单相交流电动机正反转控制电路

由点动开关控制的单相交流电动机正反转控制电路中，通过操作点动开关（即，正反转控制按钮）控制单相交流电动机中绕组的相序，从而实现电动机的正反转控制。

图 3-26 为点动开关控制的单相交流电动机正反转控制电路。

合上总电源开关 QS，接通单相电源。

按下正转起动按钮 SB1。

正转交流接触器 KMF 线圈得电。常开主触点 KMF-1 闭合。

电动机主绕组接通电源相序 L、N，电流经起动电容器 C 和辅助绕组形成回路（电流正向），电动机正向起动运转。

停机时，松开正转按钮 SB1，SB1 复位断开。

反转时，按下反转起动按钮 SB2。反转交流接触器 KMR 线圈得电。常开主触点 KMR-1 闭合。电动机主绕组接通电源相序 L、N，电流经辅助绕组和起动电容器 C 形成回路（电流反向），电动机反向起动运转。

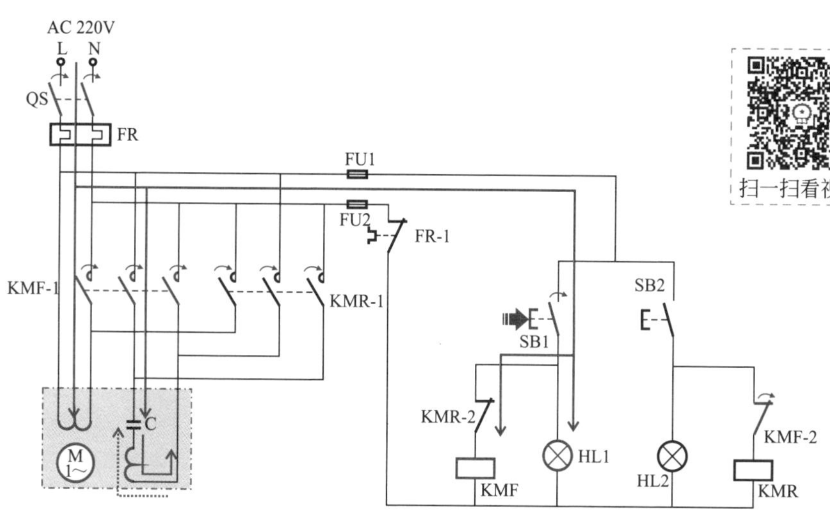
AC 220V
L N
QS
FR
FU1
FU2
FR-1
KMF-1
KMR-1
SB1
SB2
KMR-2
KMF-2
HL1
HL2
KMF
KMR
C
M
1~
扫一扫看视频

图 3-26 点动开关控制的单相交流电动机正反转控制电路

停机时，松开 SB2，SB2 复位断开。反转交流接触器 KMR 线圈失电。切断电动机供电电源，电动机停止反向运转。为下一次正反转起动和运转做好准备。

3.4 三相交流电动机控制电路

3.4.1 三相交流电动机点动控制电路

三相交流电动机点动运转控制电路是指通过按钮控制电动机的工作状态（起动和停止）。电动机的运行时间完全由按钮按下的时间决定，如图 3-27 所示。

当需要三相交流电动机工作时，闭合电源总开关 QS，按下起动按钮 SB，交流接触器 KM 线圈得电吸合，触点动作。

交流接触器主触点 KM1-1 闭合，三相交流电源通过接触器主触点 KM1-1 与电动机接通，电动机起动运行。

当松开起动按钮 SB 时，由于接触器线圈断电，吸力消失，接触器便释放，电动机断电停止运行。

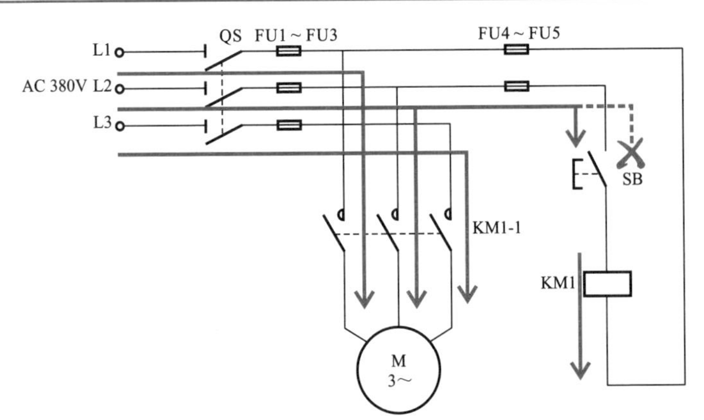
QS FU1～FU3
FU4～FU5
L1
AC 380V L2
L3
SB
KM1-1
KM1
M
3～

图 3-27 三相交流电动机点动控制电路

3.4.2 三相交流电动机正反转点动控制电路

三相交流电动机正反转点动控制电路是指由点动按钮控制三相交流电动机实现正向和反向起动运转和停止功能，如图 3-28 所示。

闭合总断路器 QF。按下点动按钮 SB1，交流接触器 KM1 线圈得电吸合，其主触点 KM1-1 闭合，三相交流电动机 M 正向起动运转；松开点动按钮 SB1，电动机停转。

按下点动按钮 SB2，交流接触器 KM2 得电吸合，其主触点 KM2-1 闭合，电源相序改变，三相交流电动机反向转动；松开点动按钮 SB2，三相交流电动机停转。

要点说明

为了防止两个接触器同时接通造成两相短路，在两个线圈回路中各串联一个对方的常闭辅助触点用作互锁保护。

3.4.3 具有自锁功能的三相交流电动机正转控制电路

具有自锁功能的三相交流电动机控制电路中，由交流接触器的常开触点实现对三相交流电动机起动按钮的自锁控制。当松开按钮后，仍保持电路接通的功能，进而实现对三相交流电动机的连续控制，如图 3-29 所示。

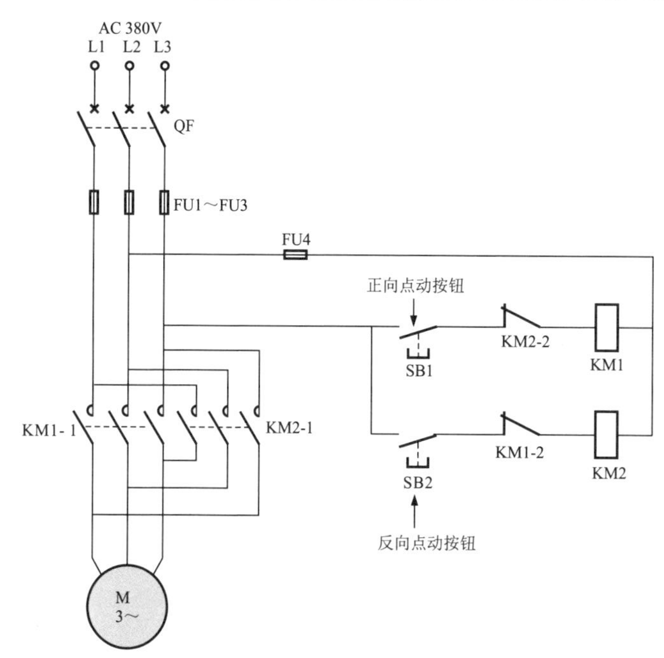
AC 380V
L1 L2 L3
QF
FU1～FU3
FU4
正向点动按钮
SB1
KM2-2
KM1
KM1- 1
KM2-1
SB2
KM1-2
KM2
反向点动按钮
M
3～

图 3-28 三相交流电动机正反转点动控制电路

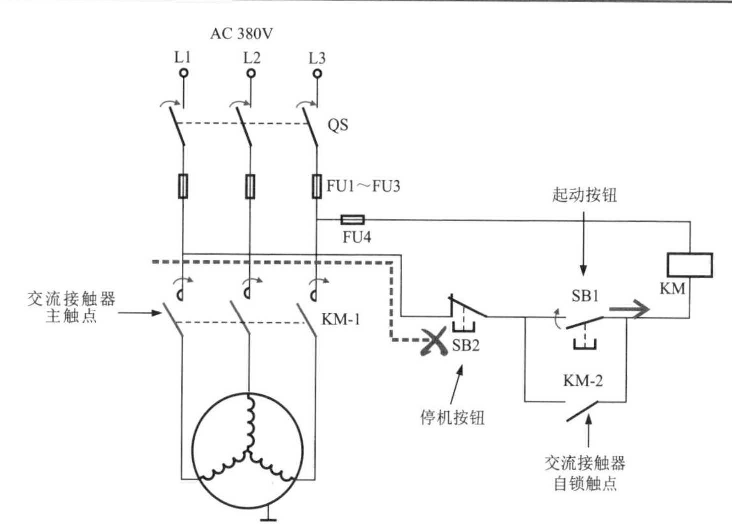
AC 380V
L1 L2 L3
QS
FU1～FU3
起动按钮
FU4
KM
SB1
交流接触器
主触点
KM-1
SB2
KM-2
停机按钮
交流接触器
自锁触点

图 3-29 具有自锁功能的三相交流电动机正转控制电路

闭合电源总开关 QS，接入交流供电。按下起动按钮 SB1。

电源为交流接触器 KM 供电，KM 线圈得电。

KM 的主触点 KM-1 闭合，为三相交流电动机供电，电动机起动运转。

KM 的辅助触点 KM-2 闭合，短路起动按钮 SB1，为交流接触器供电实现自锁，即使松开起动按钮，也能维持 KM 的线圈供电，保持触点的吸合状态。

当完成工作需要停机时，按下停机按钮 SB2，断开交流接触器电源，主触点 KM-1 复位断开，电动机停转。

3.4.4 具有过载保护功能的三相交流电动机正转控制电路

图 3-30 是具有过载保护功能的三相交流电动机正转控制电路。

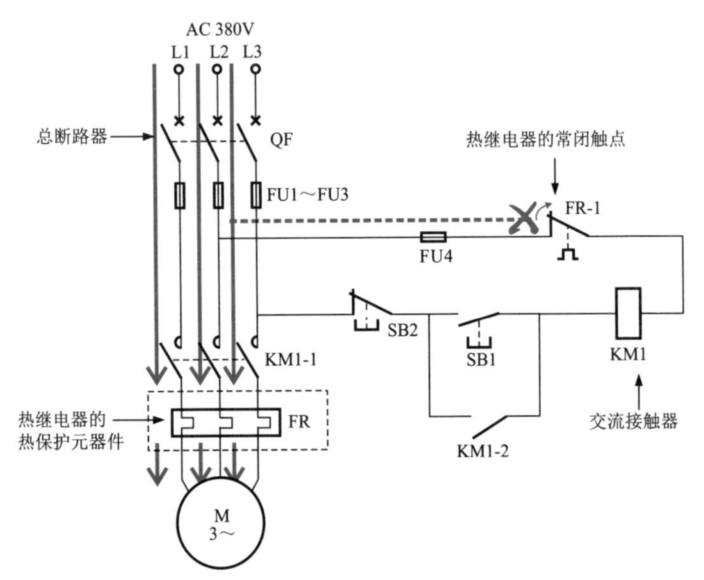
AC 380V
L1 L2 L3
总断路器
QF
热继电器的常闭触点
FU1～FU3
FR-1
FU4
SB2
SB1
KM1
KM1-1
交流接触器
热继电器的
热保护元器件
FR
KM1-2
M
3～

图 3-30 具有过载保护功能的三相交流电动机正转控制电路

在正常情况下，接通总断路器 QF，按下起动按钮 SB1 后，电动机起动正转。

当电动机过载时，主电路热继电器 FR 所通过的电流超过额定电流值，使 FR 内部发热，其内部双金属片弯曲，推动 FR 闭合触点断开，接触器 KM1 的线圈断电，触点复位。

接触器 KM1 的常开主触点复位断开，电动机便脱离电源供电，电动机停转，从而起到过载保护作用。

要点说明

过载保护属于过电流保护中的一种类型。过载是指电动机的运行电流大于其额定电流、小于 1.5 倍额定电流。

引起电动机过载的原因很多，如电源电压降低、负载的突然增加或断相运行等。若电动机长时间处于过载运行状态，内部绕组的温升将超过允许值而使其绝缘老化、损坏。因此在电动机控制电路中一般都设有过载保护元器件。所使用的过载保护元器件应具有反时限特性，且不会受电动机短时过载冲击电流或短路电流的影响而瞬时动作，所以通常用热继电器作为过载保护装置。

值得注意的是，当有大于 6 倍额定电流通过热继电器时，需经 5s 后才动作，这样在热继电器未动作前，可能先烧坏热继电器的发热元器件，所以在使用热继电器作过载保护时，还必须装有熔断器或低压断路器的短路保护元器件。

3.4.5 复合开关控制的三相交流电动机点动/连续控制电路

由复合开关控制的三相交流电动机点动/连续控制电路既能点动控制又能连续控制。当需要短时运转时，按住点动控制按钮，电动机转动；松开点动控制按钮，电动机停止转动；当需要长时间运转时，按下连续控制按钮后再松开，电动机进入持续运转状态。

图 3-31 为由复合开关控制的三相交流电动机点动/连续控制电路的结构组成。该电路主要由电源总开关 QS、点动控制按钮 SB1、连续控制按钮 SB2、停止按钮 SB3、熔断器 FU1 ~ FU4、交流接触器 KM1、三相交流电动机等构成。

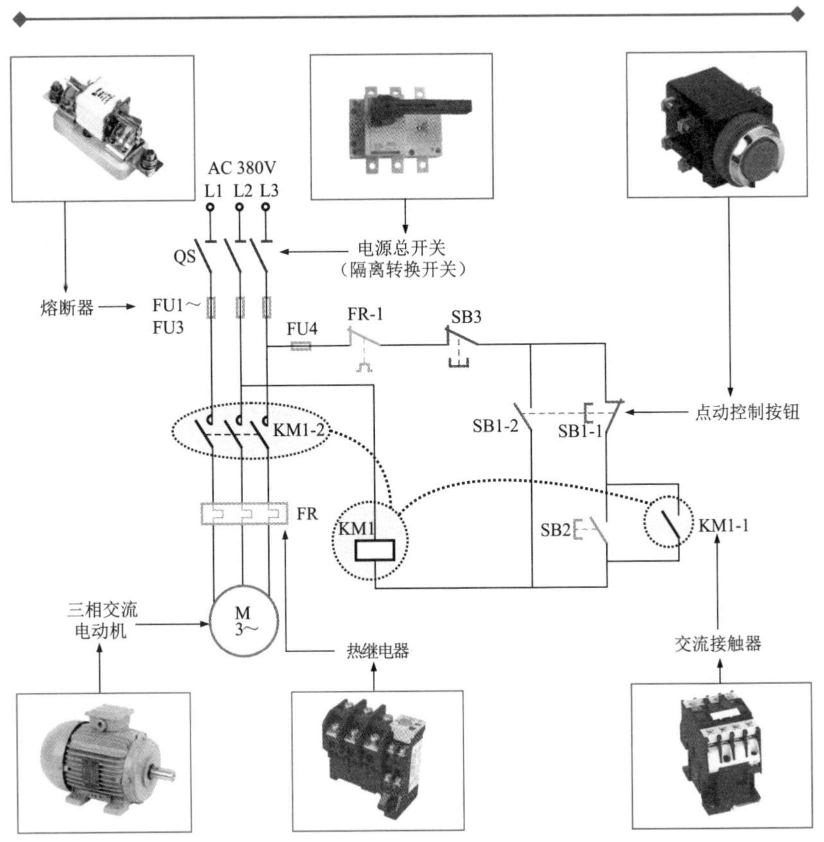
AC 380V
L1 L2 L3
QS
电源总开关
（隔离转换开关）
熔断器
FU1～
FU3
FU4
FR-1
SB3
KM1-2
SB1-2
SB1-1
点动控制按钮
FR
KM1
SB2
KM1-1
三相交流
电动机
M
3～
热继电器
交流接触器

图 3-31 由复合开关控制的三相交流电动机点动/连续控制电路的结构组成

相关资料

在电路中，熔断器 FU1～FU4 起保护电路的作用。其中，FU1～FU3 为主电路熔断器，FU4 为支路熔断器。若 L1、L2 两相中的任意一相熔断器熔断，接触器线圈就会因失电而被迫释放，切断电源，电动机停止运转。另外，若接触器的线圈出现短路等故障时，支路熔断器 FU4 也会因过电流而熔断，切断电动机电源，起到保护电路的作用，如采用具有过电流保护功能的交流接触器，则 FU4 可以省去不用。

3.4.6 两台三相交流电动机先后起动的控制电路

图3-32是一种两台三相交流电动机先后起动的控制电路，它将三相交流电动机M2的起、停按钮安装在电动机M1的起动和停止按钮之后，并串接起来。

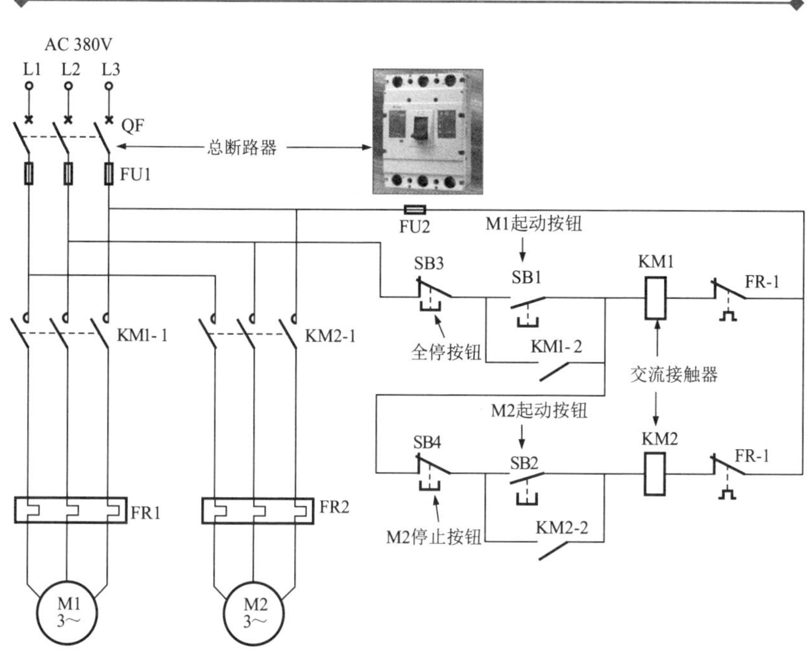
AC 380V
L1 L2 L3
QF
总断路器
FU1
FU2
M1起动按钮
SB3
SB1
KM1
FR-1
KM1-1
KM2-1
全停按钮
KM1-2
交流接触器
M2起动按钮
SB4
KM2
SB2
FR-1
FR1
FR2
M2停止按钮
KM2-2
M1 3~
M2 3~

图3-32 两台三相交流电动机先后起动的控制电路

闭合总断路器QF，接入三相电源，为电路进入工作状态做好准备。按下电动机M1的起动按钮SB1，其常开触点闭合。

交流接触器KM1线圈得电。常开主触点KM1-1闭合，电动机M1得电旋转。常开辅助触点KM1-2闭合，实现自锁。

按下电动机M2的起动按钮SB2，其常开触点闭合。常开主触点KM2-1闭合，电动机M2得电旋转。常开辅助触点KM2-2闭合，实现自锁。

在电动机M1和M2工作时，操作电动机M2停机按钮SB4，其常闭触点断开。

交流接触器KM2线圈失电，其所有触点复位，电动机M2停机。

在电动机 M1 和 M2 工作时，若操作全停按钮 SB3，KM1、KM2 线圈同时失电，电动机 M1、M2 都可停机。

如在停机状态，误操作 SB2，则由于 KM1-2 是在断路状态，M2 也不会起动，确保电动机 M2 必须在电动机 M1 起动之后才能起动的顺序控制关系。

3.4.7 时间继电器控制的三相交流电动机顺序起动逆序停止控制电路

在电动机顺序控制电路中，除了可借助控制按钮实现顺序起停控制外，还可借助时间继电器实现自动连锁控制。由时间继电器控制的电动机顺序起动控制电路是指按下起动按钮后，第一台电动机起动，然后由时间继电器控制第二台电动机自动起动。停机时，按下停机按钮，断开第二台电动机，然后由时间继电器控制第一台电动机自动停机。两台电动机的起动和停止时间间隔由时间继电器设定，如图 3-33 所示。

合上电源总开关 QS，按下起动按钮 SB2，交流接触器 KM1 线圈得电，常开辅助触点 KM1-1 接通，实现自锁；常开主触点 KM1-2 接通，电动机 M1 起动运转，同时时间继电器 KT1 线圈得电，延时常开触点 KT1-1 延时接通，接触器 KM2 线圈得电，常开主触点 KM2-1 接通，电动机 M2 起动运转。

当需要电动机停机时，按下停止按钮 SB3，常闭触点断开，KM2 线圈失电，常开触点 KM2-1 断开，电动机 M2 停止运转；SB3 的常开触点接通，时间继电器 KT2 线圈得电，常闭触点 KT2-1 断开，接触器线圈 KM1 线圈失电，常开触点 KM1-2 断开，电动机 M1 停止运转。按下 SB3 的同时，过电流继电器 KA 线圈得电，常开触点 KA-1 接通，锁定 KA 继电器，即使停止按钮复位，电动机仍处于停机状态，常闭触点 KA-2 断开，保证线圈 KM2 不会得电。

当电路出现故障，需要立即停止电动机时，按下紧急停止按钮 SB1，两台电动机立即停机。

3.4.8 三相交流电动机反接制动控制电路

三相交流电动机反接制动控制电路是指通过反接电动机的供电相序改变其旋转方向，降低电动机转速，最终达到停机的目的。电动机在反接制动时，电路会改变电动机定子绕组的电源相序，使之有反转趋势而

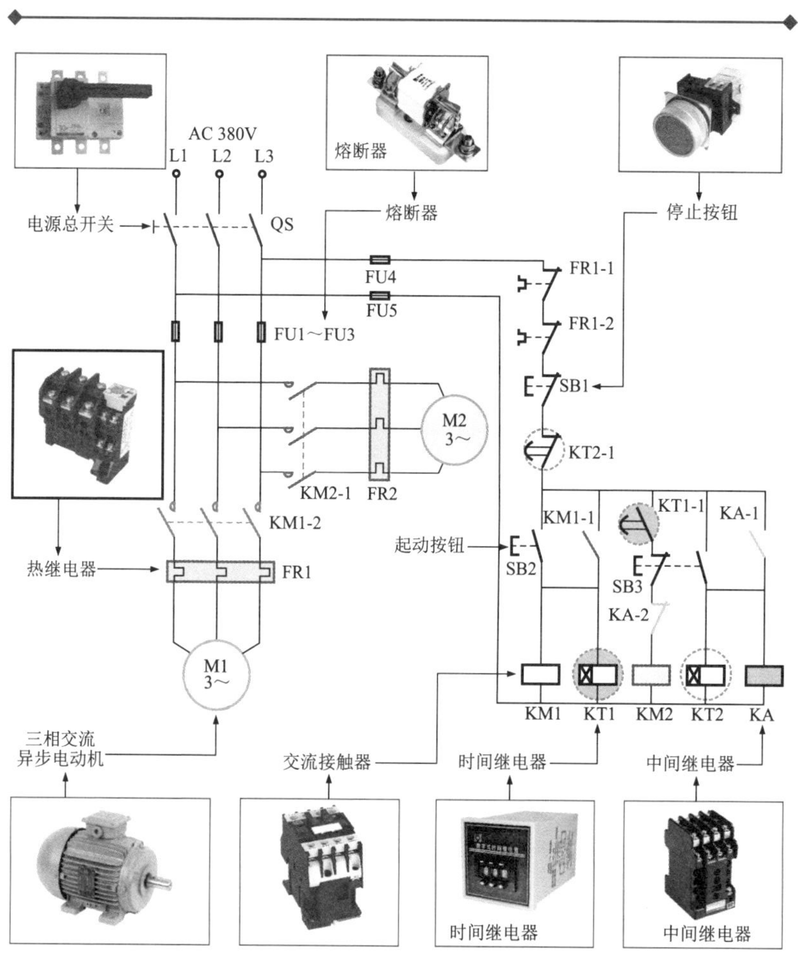
AC 380V
L1 L2 L3
熔断器
电源总开关
QS
熔断器
停止按钮
FU4
FU5
FR1-1
FR1-2
FU1～FU3
SB1
M2
3～
KT2-1
KM2-1 FR2
KM1-2
KM1-1
KT1-1
KA-1
起动按钮
热继电器
FR1
SB2
SB3
KA-2
M1
3～
KM1 KT1 KM2 KT2 KA
三相交流
异步电动机
交流接触器
时间继电器
中间继电器
时间继电器
中间继电器

图 3-33　时间继电器控制的三相交流电动机顺序起动逆序停止控制电路

产生较大制动转矩，使电动机的转速降低，最后通过速度继电器自动切断制动电源，确保电动机不会反转。

图 3-34 为一种简单的三相交流电动机反接制动控制电路。在该电路中，三相交流电动机绕组相序改变由按钮控制，在电路需要制动时，手动操作实现。

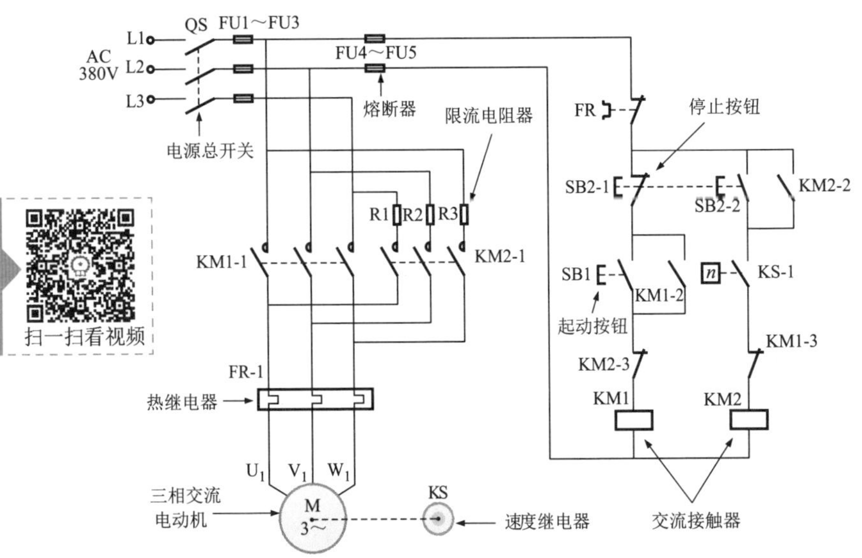
L1
L2
L3
AC
380V
QS
FU1～FU3
FU4～FU5
熔断器
电源总开关
限流电阻器
R1
R2
R3
KM1-1
KM2-1
FR-1
热继电器
U1
V1
W1
三相交流
电动机
M
3～
KS
速度继电器
FR
停止按钮
SB2-1
SB2-2
KM2-2
SB1
KM1-2
起动按钮
KS-1
n
KM1-3
KM2-3
KM1
KM2
交流接触器
扫一扫看视频

图 3-34　简单的三相交流电动机反接制动控制电路

要点说明

当电动机在反接制动转矩的作用下转速急速下降到零后，若反接电源不及时断开，电动机将从零开始反向运转，电路的目标是制动，因此电路必须具备及时切断反接电源的功能。

这种制动方式具有电路简单、成本低、调整方便等优点，缺点是制动能耗较大、冲击较大。对 4kW 以下的电动机制动可不使用反接制动电阻器。

相关资料

速度继电器又称反接制动继电器，主要与接触器配合使用，用来实现电动机的反接制动，主要由转子、定子、支架、胶木摆杆、簧片等组成。

图 3-35 为典型速度继电器的实物外形和内部结构。

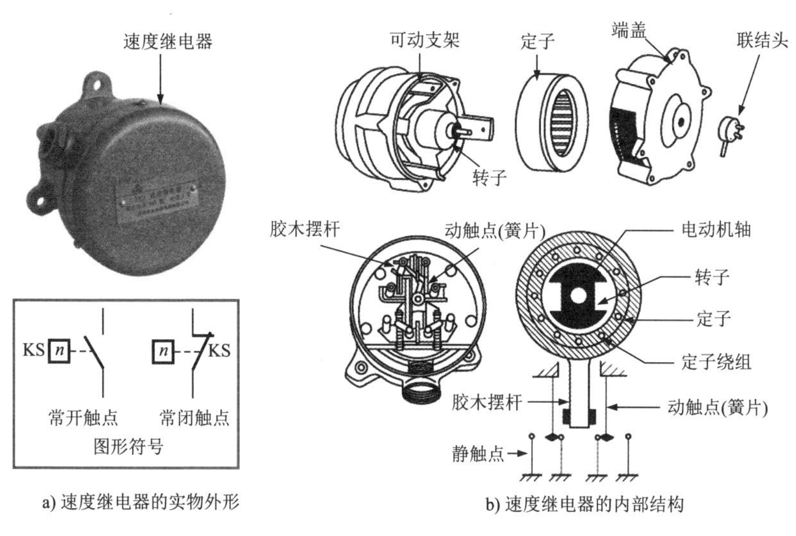
速度继电器
KS
n
常开触点
常闭触点
图形符号
可动支架
定子
端盖
联结头
转子
胶木摆杆
动触点(簧片)
电动机轴
转子
定子
定子绕组
胶木摆杆
动触点(簧片)
静触点

a) 速度继电器的实物外形

b) 速度继电器的内部结构

图 3-35　典型速度继电器的实物外形和内部结构

3.4.9　三相交流电动机串联电阻器减压起动控制电路

三相交流电动机的减压起动是指在电动机起动时，加在定子绕组上的电压小于额定电压，当电动机起动后，再将加在定子绕组上的电压升至额定电压，防止起动电流过大，损坏供电系统中的相关设备。该起动方式适用于功率在 10kW 以上的电动机或由于其他原因不允许直接起动的电动机上。

扫一扫看视频

图 3-36 为按钮控制的三相交流电动机串联电阻器减压起动控制电路。

要点说明

全压起动按钮 SB2 和减压起动按钮 SB1 具有顺序控制的能力，电路中 KM1 的常开触点串联在 SB2、KM2 线圈支路中起顺序控制的作用，也就是说只有 KM1 线圈先接通后，KM2 线圈才能够接通，即电路先进入减压起动状态后，才能进入全压运行状态，达到减压起动、全压运行的控制目的。

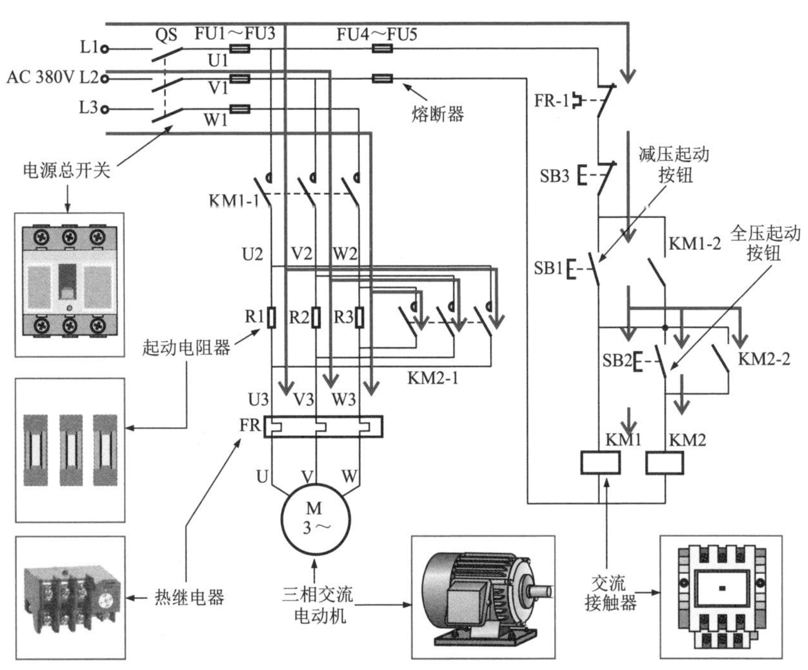

L1
AC 380V L2
L3
QS
FU1～FU3
FU4～FU5
U1
V1
W1
熔断器
电源总开关
KM1-1
U2
V2
W2
R1
R2
R3
起动电阻器
KM2-1
U3
V3
W3
FR
U
V
W
M
3～
热继电器
三相交流
电动机
FR-1
SB3
减压起动
按钮
SB1
KM1-2
全压起动
按钮
SB2
KM2-2
KM1
KM2
交流
接触器

图 3-36　按钮控制的三相交流电动机串联电阻器减压起动控制电路

3.4.10　三相交流电动机Y—Δ减压起动控制电路

图 3-37 为三相交流电动机Y—Δ减压起动控制电路。该电路主要由供电电路、保护电路、控制电路和三相交流感应电动机 M 构成。其中供电电路包括电源总开关 QS；保护电路包括熔断器 FU1～FU5、热继电器 FR；控制电路包括交流接触器 KM1/KMΔ/KMY、停止按钮 SB3、起动按钮 SB1、全压起动按钮 SB2。

该电路工作时，合上电源总开关 QS，接通三相电源。

按下起动按钮 SB1，电动机以Y联结接通电路，电动机减压起动运转。

当电动机转速接近额定转速时，按下全压起动按钮 SB2。接触器 KMΔ的线圈得电。常开触点 KMΔ-1 接通，此时电动机以Δ联结接通电路，电动机在全压状态下开始运转。

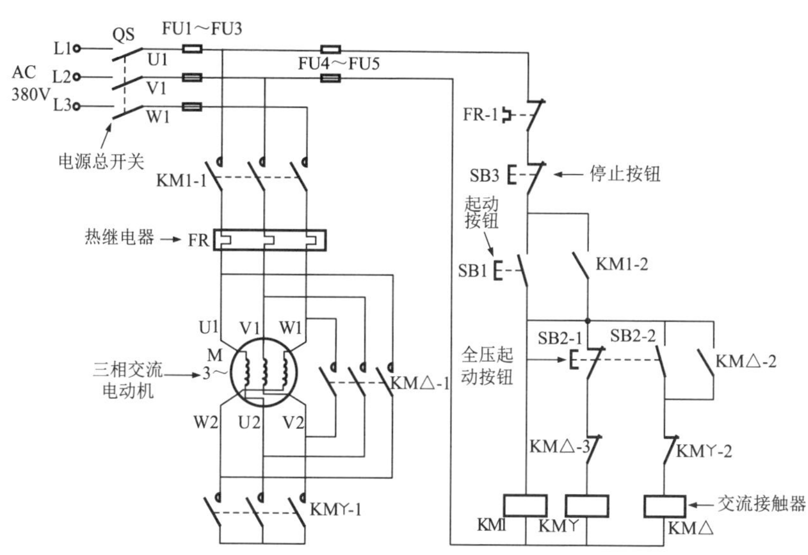
QS
FU1～FU3
L1
L2
L3
AC
380V
U1
V1
W1
FU4～FU5
电源总开关
FR-1
SB3
停止按钮
KM1-1
起动
按钮
热继电器
FR
SB1
KM1-2
U1
V1
W1
M
3～
三相交流
电动机
KM△-1
W2
U2
V2
全压起
动按钮
SB2-1
SB2-2
KM△-2
KM△-3
KMY-2
KMY-1
交流接触器
KM1
KMY
KM△

图 3-37　三相交流电动机Y—Δ减压起动控制电路

相关资料

当三相交流电动机绕组采用Y联结时，三相交流电动机每相绕组承受的电压均为220V；当三相交流电动机绕组采用Δ联结时，三相交流电动机每相绕组承受的电压为380V，如图3-38所示。

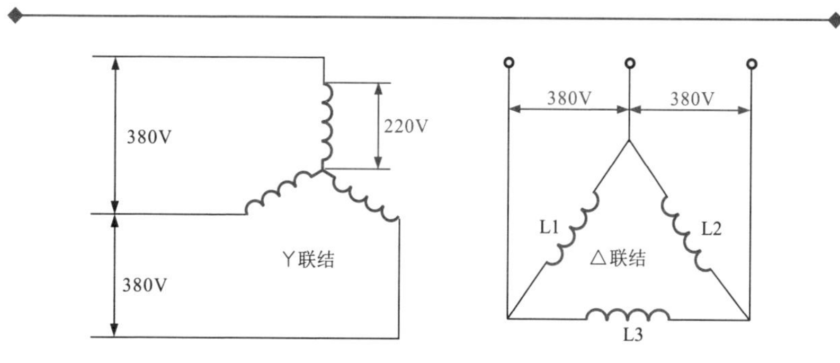
380V
220V
380V
Y联结
380V
380V
L1
L2
△联结
L3

图 3-38　三相交流电动机绕组的联结形式

3.4.11 三相交流电动机定时起停控制电路

扫一扫看视频

三相交流电动机定时起停控制电路是通过时间继电器实现的。当按下电路中的起动按钮后，电动机会根据设定时间自动起动运转，运转一段时间后会自动停机。按下起动按钮后，进入起动状态的时间（定时起动时间）和运转工作的时间（定时停机时间）都是由时间继电器控制的，具体的定时起动时间和定时停机时间可预先对时间继电器进行延时设定。

图 3-39 为三相交流电动机定时起停控制电路的结构。

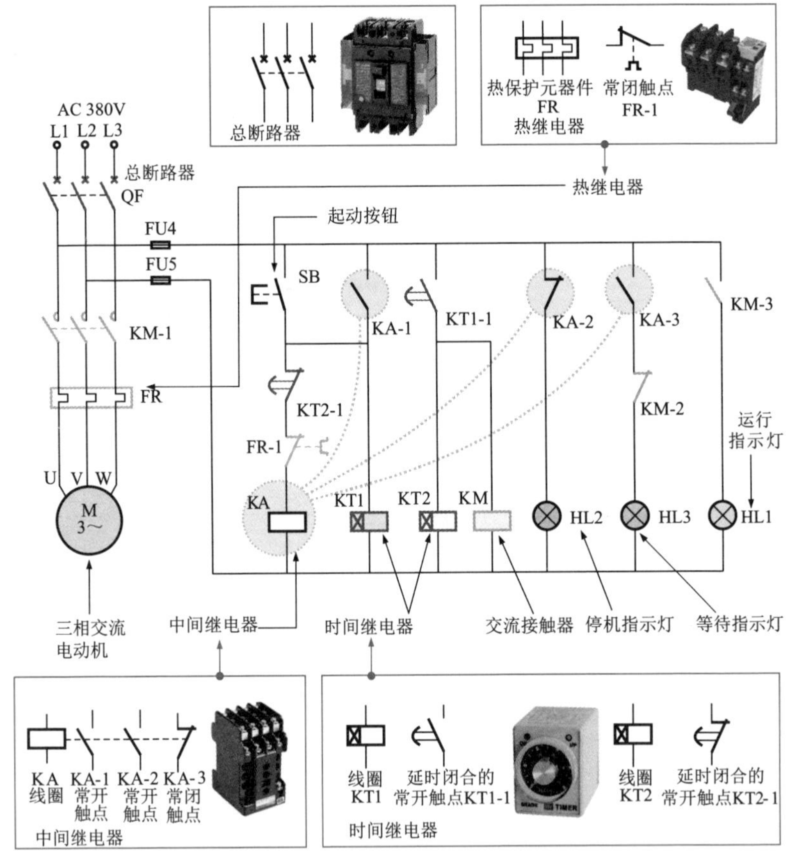

图 3-39 三相交流电动机定时起停控制线路的结构

第 4 章 电动机安装检修的工具和仪表

4.1 电动机常用拆装工具

4.1.1 螺丝刀

在电动机检修操作中，螺丝刀是用来紧固和拆卸螺钉的工具。螺丝刀又称为螺钉旋具，俗称改锥。常用的螺丝刀主要有一字槽螺丝刀和十字槽螺丝刀，如图 4-1 所示。

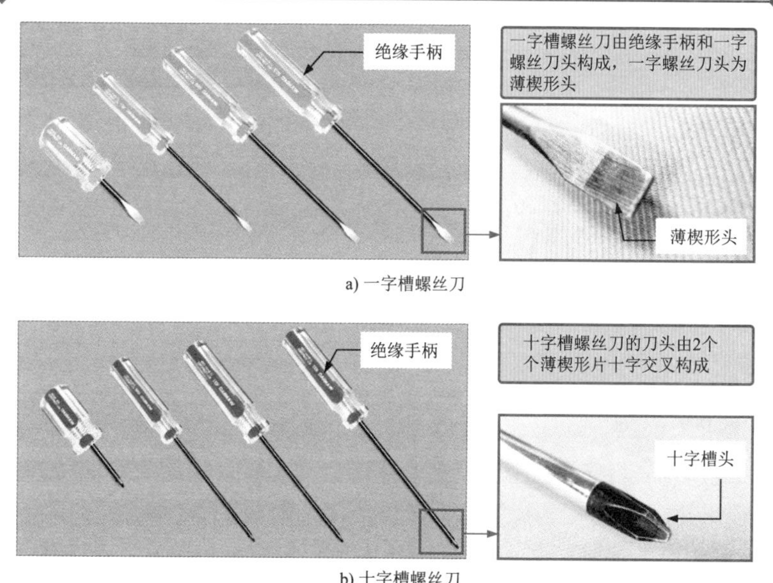

绝缘手柄
一字槽螺丝刀由绝缘手柄和一字螺丝刀头构成，一字螺丝刀头为薄楔形头
薄楔形头
a) 一字槽螺丝刀
绝缘手柄
十字槽螺丝刀的刀头由2个个薄楔形片十字交叉构成
十字槽头
b) 十字槽螺丝刀

图 4-1　螺丝刀的实物外形

使用一字槽螺丝刀或十字槽螺丝刀对螺钉进行紧固和拆卸时，首先选择合适刀口的螺丝刀后，将刀口对准螺钉螺纹口，在压紧的同时，旋动螺丝刀手柄即可实现对螺钉的紧固和拆卸，一般情况下，紧固螺钉时，顺时针拧动螺丝刀的手柄；拆卸螺钉时，逆时针拧动螺丝刀的手柄，另外，一字槽螺丝刀除紧固和拆卸螺钉外，撬动弹簧卡圈或紧固件也是检修电动机时经常进行的操作。

图 4-2 所示为螺丝刀在电动机检修操作中的功能和使用特点。

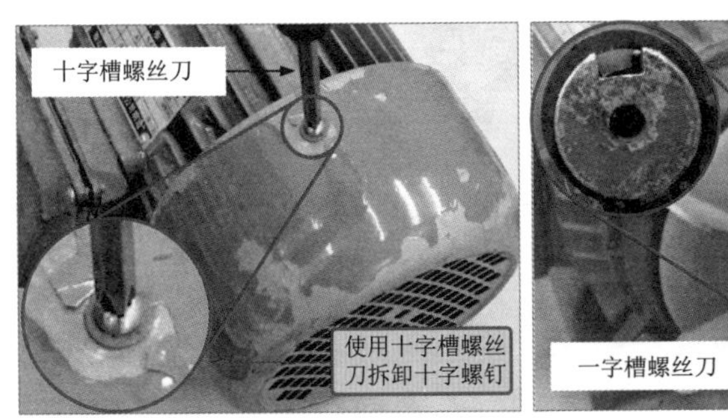
十字槽螺丝刀
使用十字槽螺丝刀拆卸十字螺钉
使用一字槽螺丝刀撬动电动机上的弹簧卡圈
一字槽螺丝刀

图 4-2 螺丝刀在电动机检修操作中的功能和使用特点

要点说明

一字槽螺丝刀和十字槽螺丝刀分别对应不同规格螺纹口的固定螺钉，并且每种规格固定螺钉的螺纹口尺寸不同，操作时，要选择与螺钉螺纹口尺寸对应的螺丝刀；否则会出现螺丝刀无法操作、拧螺钉费力、螺钉溢扣等情况。

4.1.2 扳手

在电动机检修操作中，扳手是用于紧固和拆卸螺栓或螺母的工具。如图 4-3 所示，常用的扳手主要有活扳手、开口扳手和梅花扳手。

活扳手的开口宽度可在一定尺寸范围内随意自行调节，以适应不同规格的螺栓或螺母。图 4-4 为活扳手的功能特点和使用方法。

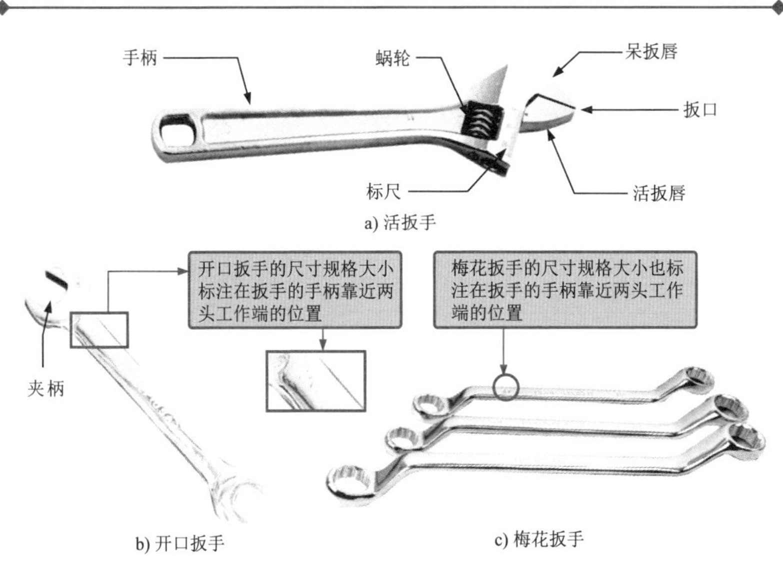
手柄
蜗轮
呆扳唇
扳口
标尺
活扳唇
a) 活扳手
开口扳手的尺寸规格大小标注在扳手的手柄靠近两头工作端的位置
梅花扳手的尺寸规格大小也标注在扳手的手柄靠近两头工作端的位置
夹柄
b) 开口扳手
c) 梅花扳手

图 4-3 各种扳手的实物外形

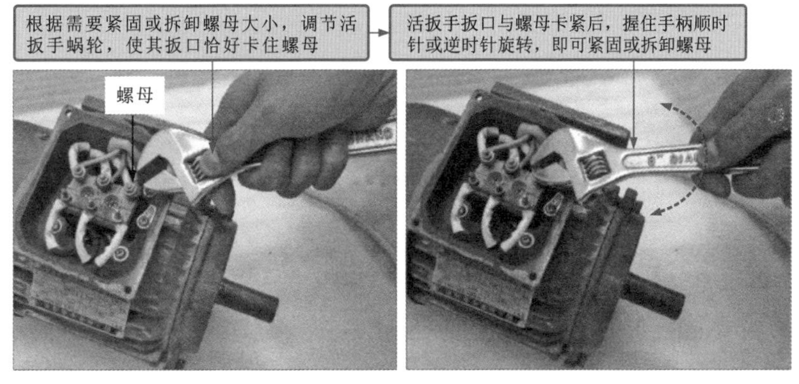
根据需要紧固或拆卸螺母大小，调节活扳手蜗轮，使其扳口恰好卡住螺母
活扳手扳口与螺母卡紧后，握住手柄顺时针或逆时针旋转，即可紧固或拆卸螺母
螺母

图 4-4 活扳手的功能特点和使用方法

开口扳手只能用于与其卡口相对应的螺栓或螺母。使用开口扳手的夹柄夹住需要紧固或拆卸的螺母后，握住手柄，与螺母成水平状态转动开口扳手的手柄即可，如图 4-5 所示。

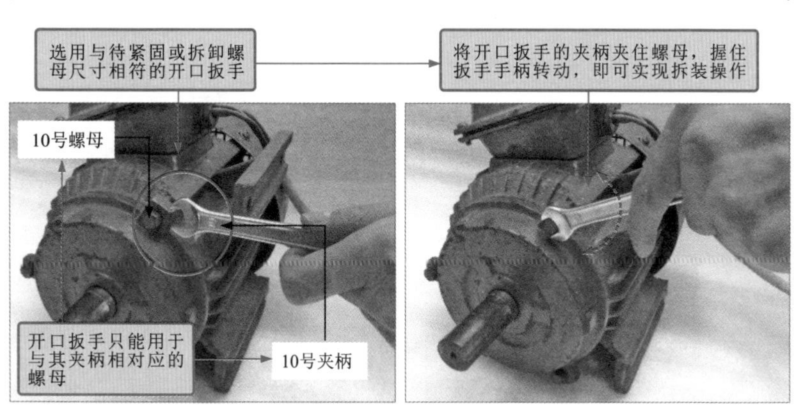
选用与待紧固或拆卸螺母尺寸相符的开口扳手
将开口扳手的夹柄夹住螺母，握住扳手手柄转动，即可实现拆装操作
10号螺母
开口扳手只能用于与其夹柄相对应的螺母
10号夹柄

图 4-5　开口扳手的功能特点和使用方法

梅花扳手的两端通常带有环形的六角孔或十二角孔的工作端，适于工作空间狭小的场合。在使用梅花扳手时，也应当先查看螺母的尺寸，选择合适尺寸的梅花扳手后，将梅花扳手的环孔套在螺母外，转动梅花扳手的手柄即可，如图 4-6 所示。

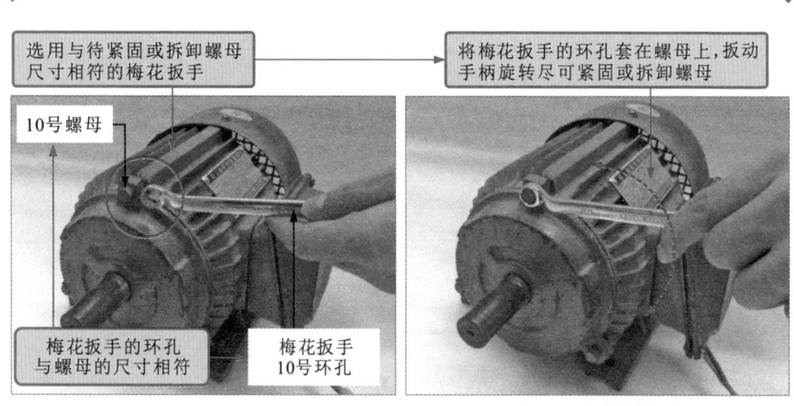
选用与待紧固或拆卸螺母尺寸相符的梅花扳手
将梅花扳手的环孔套在螺母上，扳动手柄旋转尽可紧固或拆卸螺母
10号螺母
梅花扳手的环孔与螺母的尺寸相符
梅花扳手10号环孔

图 4-6　梅花扳手的功能特点和使用方法

4.1.3　钳子

在电动机检修操作中，钳子在电动机引线或绕组的连接、弯制、剪切以及紧固件的夹取等场合都有广泛的应用。如图 4-7 所示，从结构上

看，钳子主要由钳头和钳柄两部分构成。根据钳头设计和功能上的区别，在电动机检修操作中的钳子主要有钢丝钳、斜口钳、尖嘴钳、剥线钳等。

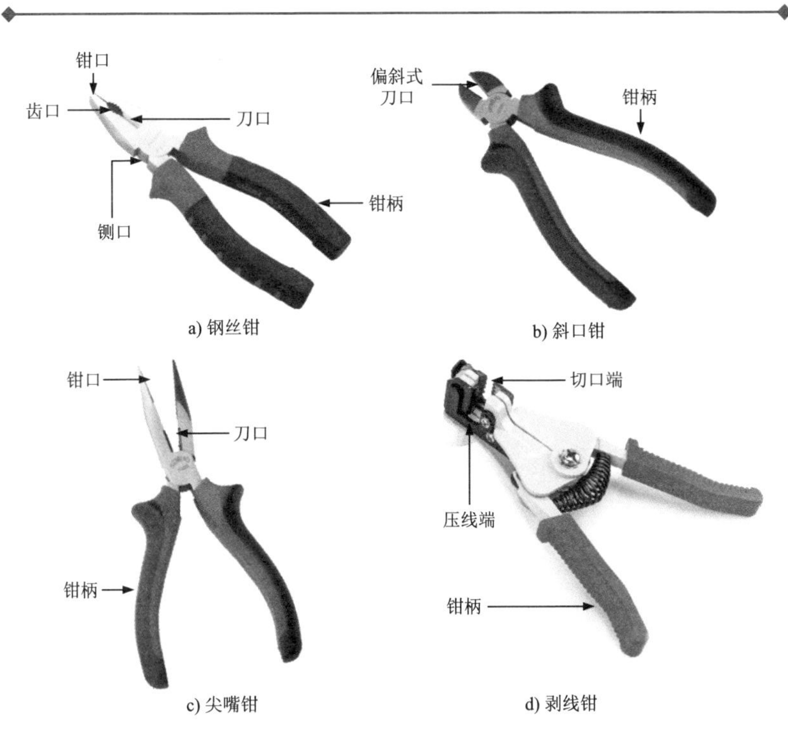
钳口
齿口
刀口
铡口
钳柄
a) 钢丝钳
偏斜式
刀口
钳柄
b) 斜口钳
钳口
刀口
钳柄
c) 尖嘴钳
切口端
压线端
钳柄
d) 剥线钳

图 4-7 电动机检修操作中常用到的钳子的实物外形

不同类型钳子有其特定的适用场合和使用特点，例如，钢丝钳一般用于弯铰、修剪导线；斜口钳主要用于线缆绝缘皮的剥除或线缆的剪切等操作；尖嘴钳可以在较小的空间中进行夹持、弯制导线等操作；剥线钳则多用来剥除线缆的绝缘层等操作。图 4-8 所示为不同钳子的适用场合和使用特点。

4.1.4 锤子和錾子

锤子和錾子在电动机检修过程中是较为常用的手工拆卸工具，一般配合使用。为适应不同的需求，锤子和錾子都有很多种规格，具体应用时可根据实际需要选择适合的规格。图 4-9 为锤子和錾子的实物外形。

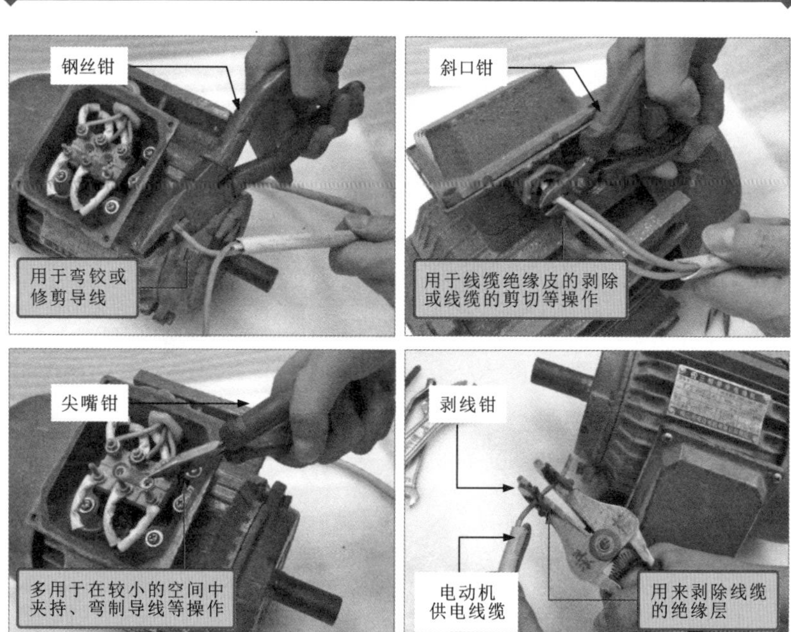
钢丝钳
用于弯铰或
修剪导线
斜口钳
用于线缆绝缘皮的剥除
或线缆的剪切等操作
尖嘴钳
多用于在较小的空间中
夹持、弯制导线等操作
剥线钳
电动机
供电线缆
用来剥除线缆
的绝缘层

图 4-8 不同钳子的适用场合和使用特点

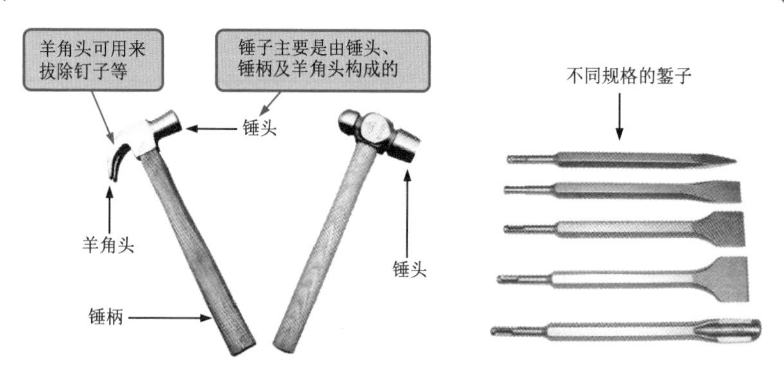
羊角头可用来
拔除钉子等
锤子主要是由锤头、
锤柄及羊角头构成的
锤头
羊角头
锤柄
锤头
不同规格的錾子

图 4-9 锤子和錾子的实物外形

拆卸电动机紧固程度较高的部位时，多使用锤子和錾子作为辅助工具。例如，在拆卸电动机端盖时，由于端盖与轴承之间连接紧密，无法直接用手的力量分离，此时可借助锤子和錾子进行操作。

图 4-10 为锤子和錾子的使用方法。

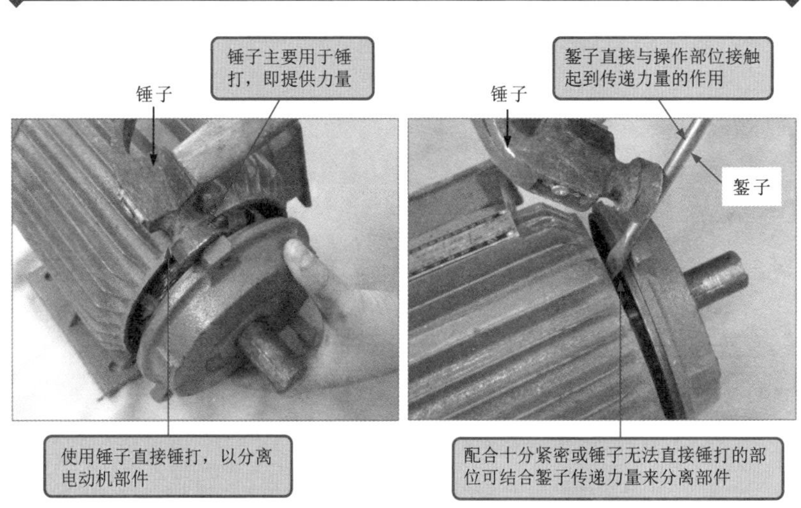
锤子
锤子主要用于锤打，即提供力量
使用锤子直接锤打，以分离电动机部件
锤子
錾子直接与操作部位接触起到传递力量的作用
錾子
配合十分紧密或锤子无法直接锤打的部位可结合錾子传递力量来分离部件

图 4-10　锤子和錾子的使用方法

4.1.5　顶拔器和喷灯

在电动机检修操作中，顶拔器是经常用到拆卸工具，一般用于拆卸电动机轴承、轴承联轴器和带轮（皮带轮）等部件；喷灯是一种利用汽油或煤油作为燃料的加热工具，常用于对部件进行局部加热，可辅助顶拔器对电动机中配合很紧的联轴器或轴承进行拆卸。图 4-11 所示分别为顶拔器和喷灯的实物外形。

检修电动机过程中，轴承部分的拆卸和检修是十分重要的环节，且为确保轴承拆下后还能够使用，需要借助专用的顶拔器进行拆卸。如图 4-12 所示，首先将顶拔器的拉臂放到待拆的轴承处，调整好顶臂的位置，旋转顶拔器的螺杆手柄，使螺杆顶住电动机轴中心，然后，继续旋转螺杆手柄即可将轴承拆下。若拆卸过程过于费力，可借助喷灯对轴承进行加热，使其膨胀，再用顶拔器，易于拆卸。

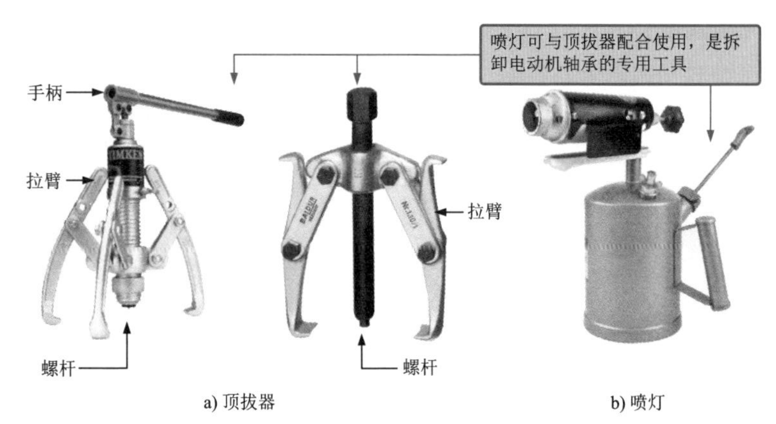
喷灯可与顶拔器配合使用，是拆卸电动机轴承的专用工具
手柄
拉臂
螺杆
拉臂
螺杆
a) 顶拔器
b) 喷灯

图 4-11 顶拔器和喷灯的实物外形

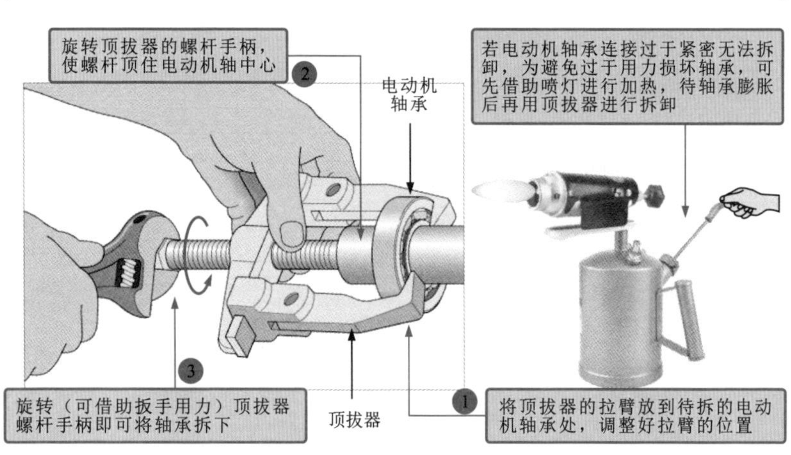
旋转顶拔器的螺杆手柄，使螺杆顶住电动机轴中心
2
电动机轴承
若电动机轴承连接过于紧密无法拆卸，为避免过于用力损坏轴承，可先借助喷灯进行加热，待轴承膨胀后再用顶拔器进行拆卸
3
旋转（可借助扳手用力）顶拔器螺杆手柄即可将轴承拆下
顶拔器
1
将顶拔器的拉臂放到待拆的电动机轴承处，调整好拉臂的位置

图 4-12 顶拔器和喷灯的适用场合和使用特点

4.2 电动机绕组维修工具

4.2.1 绕线机

绕线机是用于绕制电动机绕组的设备，是电动机检修操作中的重要

工具之一。当电动机定子或转子绕组损坏，需要重新绕制和装配时可借助绕线机完成。目前，常见的电动机绕组绕线机主要有手摇式和数控自动式两种，如图 4-13 所示。

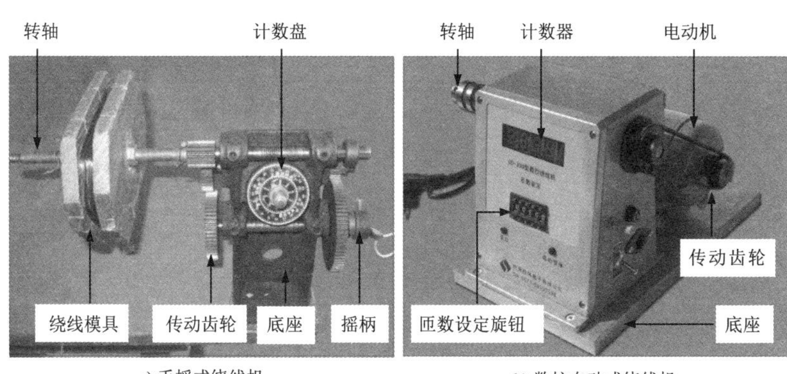
转轴
计数盘
绕线模具
传动齿轮
底座
摇柄
转轴
计数器
电动机
传动齿轮
匝数设定旋钮
底座

a) 手摇式绕线机　b) 数控自动式绕线机

图 4-13　绕线机的实物外形

4.2.2　绕线模具

绕线机需要配合尺寸符合要求的绕线模才能绕制绕组。常见的绕线模主要有椭圆形绕线模和菱形绕线模。

绕线模的尺寸可通过测量旧绕组尺寸确定，也可通过准确计算来确定。

1. 通过测量旧绕组尺寸确定绕线模的尺寸

如图 4-14 所示，拆除旧绕组时，保留一个较完整的绕组线圈，取其中较小的一匝作为绕线模的模板。根据原始绕组线圈，在干净的纸上描出绕线模的尺寸，根据描出的尺寸自制绕线模具。

要点说明

绕组线圈的大小直接决定嵌线的质量和电动机的性能。一般绕制的绕组尺寸过大，不仅浪费材料，还会使绕组端部过大，顶住端盖，影响绝缘，且会导致绕组电阻增大，铜损耗增加，影响电动机的运行性能；尺寸过小，将绕组嵌入定子铁心槽内会比较困难，甚至不能嵌入槽内，因此正确、合理确定绕线模的尺寸十分关键。

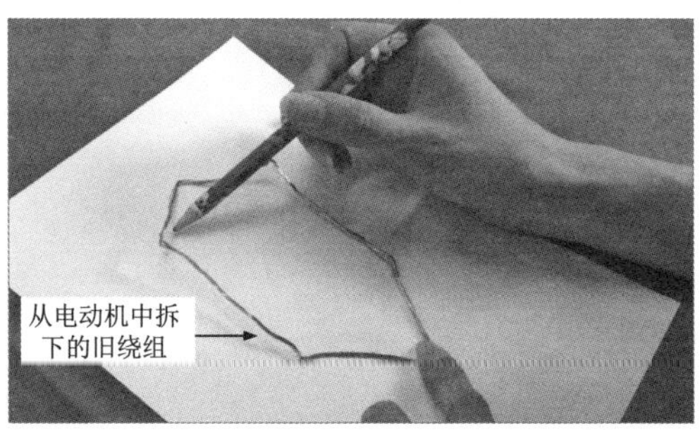
从电动机中拆
下的旧绕组

图 4-14 通过测量旧绕组尺寸确定绕线模的尺寸

2. 椭圆形绕线模尺寸的计算

借助所拆除的旧绕组确定绕线模尺寸的方法只能粗略确定绕线模的尺寸，若要更加精确地确定绕线模的尺寸，可通过测量电动机的一些数据计算绕线模的尺寸。

图 4-15 为椭圆形绕线模尺寸的精确计算方法。

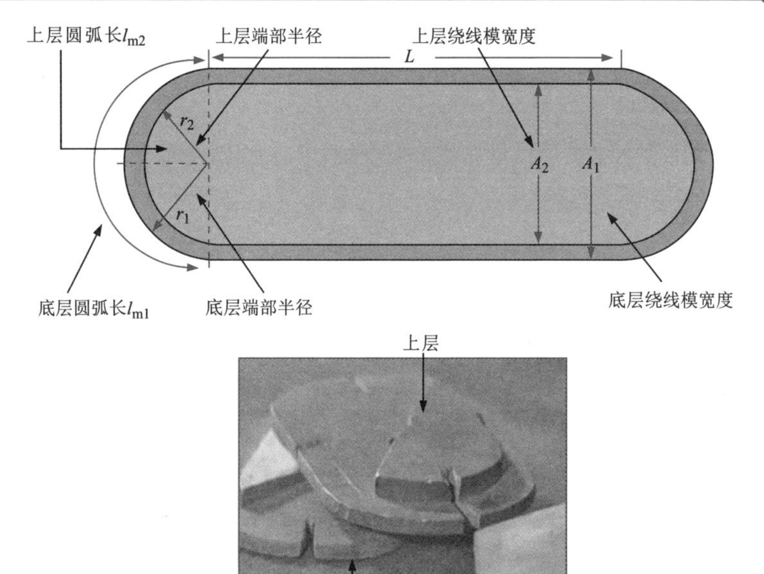
上层圆弧长l_{m2}
上层端部半径
上层绕线模宽度
L
r_2
r_1
A_2
A_1
底层圆弧长l_{m1}
底层端部半径
底层绕线模宽度
上层
底层

图 4-15 椭圆形绕线模尺寸的精确计算方法

相关资料

1）椭圆形绕线模宽度的计算公式为

$$A_1=\frac{(\pi D_{i1}+h_s)}{Q_1}(y_1-k) \qquad A_2=\frac{(\pi D_{i1}+h_s)}{Q_1}(y_2-k)$$

式中，A_1、A_2 分别代表上层、底层绕线模的宽度；D_{i1} 是定子铁心内径；h_s 是定子槽高度；Q_1 是定子槽数；y_1、y_2 是绕组节距；k 是修正系数。在一般情况下，电动机极数为 2，修正系数可取 2~3，4 极的修正系数可取 0.5~0.7，6 极的修正系数可取 0.5，8 极以上的修正系数可取 0。

2）椭圆形绕线模直线长度的计算公式为

$$L=L_{Fe}+2d$$

式中，L_{Fe} 代表定子铁心的长度；d 代表绕组伸出铁心的长度，具体数字可参见表 4-1。

表 4-1　绕组伸出铁心的长度

电动机极数	2 极	4 极	6、8、10 极
小型电动机绕组伸出铁心的长度	12~18mm	10~15mm	10~13mm
大型电动机绕组伸出铁心的长度	20~25mm	18~20mm	12~15mm

3）椭圆形绕线模底层端部半径和上层端部半径计算公式分别为

$$R_1=A_1/2+(5\sim8),R_2=A_2/2+(5\sim8)$$

4）椭圆形绕线模底层端部圆弧长度和上层端部圆弧长度计算公式分别为

$$l_{m1}=KA_1$$

$$l_{m2}=KA_2$$

式中，K 是指系数；2 极电动机 K 取 1.20~1.25；4 极电动机 K 取 1.25~1.30；6~8 极电动机 K 取 1.30~1.40。

5）椭圆形绕线模模芯板厚度计算公式为 $b=(\sqrt{N_e}+1.5)d_m$。

模芯厚度是指绕线模模板的厚度，通常用 b 表示。式中，N_e 表示绕组的匝数；d_m 表示绝缘导线的外径。

3. 菱形绕线模尺寸的计算

图 4-16 为菱形绕线模尺寸的精确计算方法。

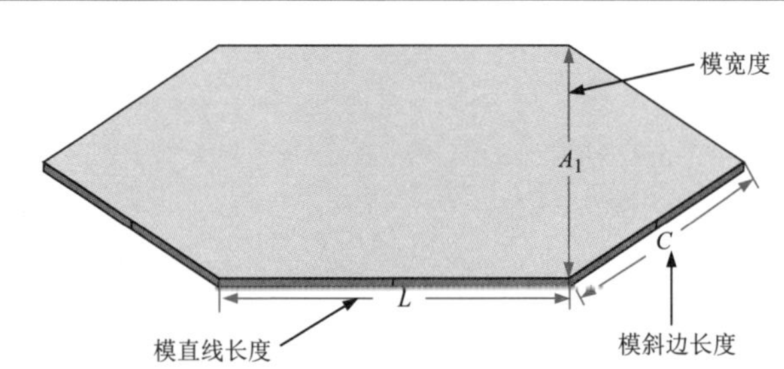
模宽度
A_1
C
L
模直线长度
模斜边长度

图 4-16 菱形绕线模尺寸的精确计算方法

相关资料

1）菱形绕线模宽度的计算公式为

$$A_1=\frac{\pi(D_i+h)}{Z}y$$

式中，D_i 为定子铁心的内径（mm）；y 为绕组节距（槽）；Z 为定子总槽数（槽）；h 为定子槽深度（mm）。

2）菱形绕线模直线长度公式为

$$L=l+2a$$

式中，a 为绕组直线部分伸出铁心的单边长度，通常 a 的值为 10~20mm；l 为定子铁心的长度。

3）菱形绕线模斜边长公式为

$$C=\frac{A}{t}$$

式中，t 为经验因数，一般 2 极电动机，$t\approx1.49$；4 极电动机，$t\approx1.53$；6 极电动机 $t\approx1.58$。

4）绕线模模芯厚度的计算公式为

单层绕组 $b=(0.40\sim0.58)h$；双层绕组 $b=(0.37\sim0.41)h$

4.2.3 压线板

如图 4-17 所示，压线板可用来压紧嵌入电动机定子铁心槽内的绕组边缘，平整定子绕组，有利于槽绝缘封口和打入槽楔。

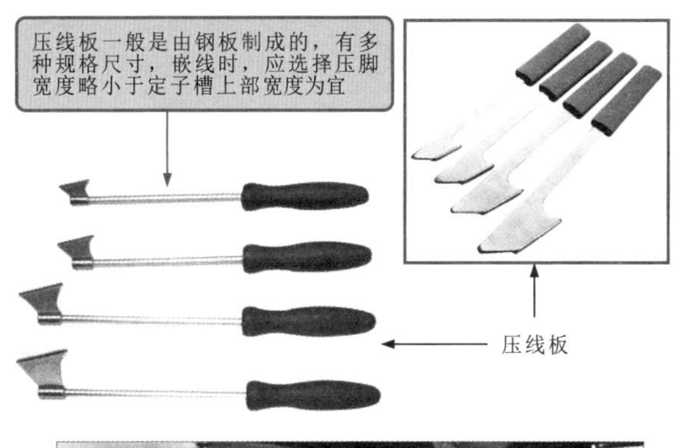
压线板一般是由钢板制成的，有多种规格尺寸，嵌线时，应选择压脚宽度略小于定子槽上部宽度为宜
压线板

图 4-17　压线板的实物外形及使用方法

4.2.4　划线板

如图 4-18 所示，划线板也称刮板、理线板，主要用于在绕组嵌线时整理绕组线圈并将绕组线圈划入定子铁心槽内。另外，嵌线时，也可用划线板劈开槽口的绝缘纸（槽绝缘），将槽口绕组线圈整理整齐，将槽内线圈理顺，避免交叉。

4.2.5　钎焊工具

钎焊即借助焊接用电烙铁，将焊料熔化在电动机绕组的接头处，使接头处均匀覆盖一层焊料，实现绕组绕制和嵌线完成后绕组线圈之间的电气连接。

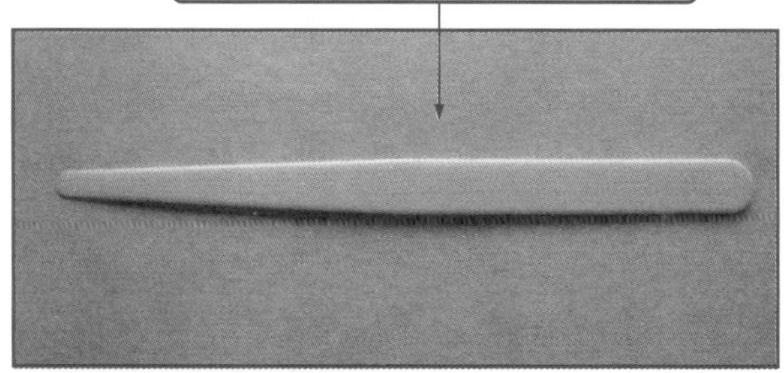
划线板一般用层压玻璃布板或竹板制成，薄厚应适中，应能够划入槽内至少2/3的位置

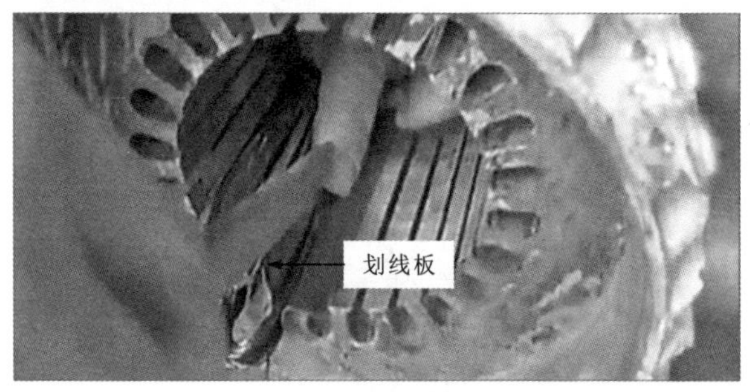
划线板

图 4-18　划线板的实物外形及使用方法

如图 4-19 所示，电烙铁是电动机绕组钎焊过程中必不可少的工具，正确使用电烙铁是保证焊接质量的重要环节。因此，学习电动机绕组钎焊，首先要掌握电烙铁的使用方法。

扫一扫看视频

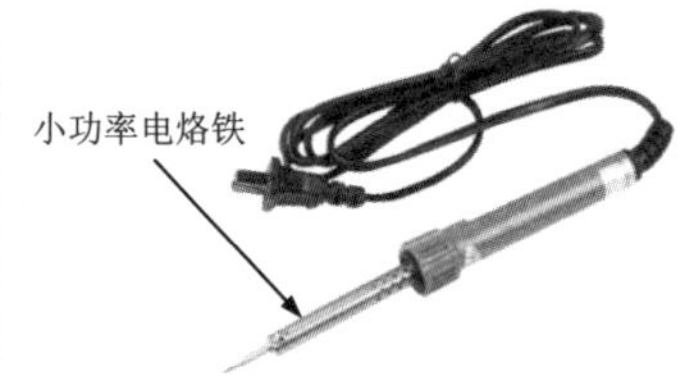
小功率电烙铁

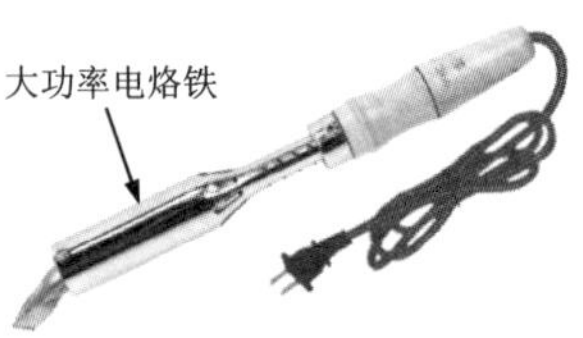
大功率电烙铁

图 4-19　电动机绕组钎焊过程中常用电烙铁的实物外形

如图 4-20 所示，使用电烙铁前，掌握电烙铁的正确握持方式是很重要的。一般电烙铁的握持方法有握笔法、反握法、正握法三种。

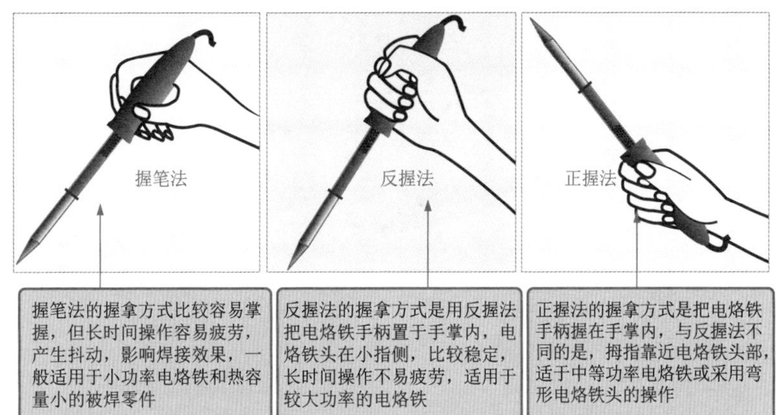
握笔法
反握法
正握法
握笔法的握拿方式比较容易掌握，但长时间操作容易疲劳，产生抖动，影响焊接效果，一般适用于小功率电烙铁和热容量小的被焊零件
反握法的握拿方式是用反握法把电烙铁手柄置于手掌内，电烙铁头在小指侧，比较稳定，长时间操作不易疲劳，适用于较大功率的电烙铁
正握法的握拿方式是把电烙铁手柄握在手掌内，与反握法不同的是，拇指靠近电烙铁头部，适于中等功率电烙铁或采用弯形电烙铁头的操作

图 4-20 电烙铁的握持方法

如图 4-21 所示，使用电烙铁前，应先将电烙铁置于电烙铁架上，通电预热。

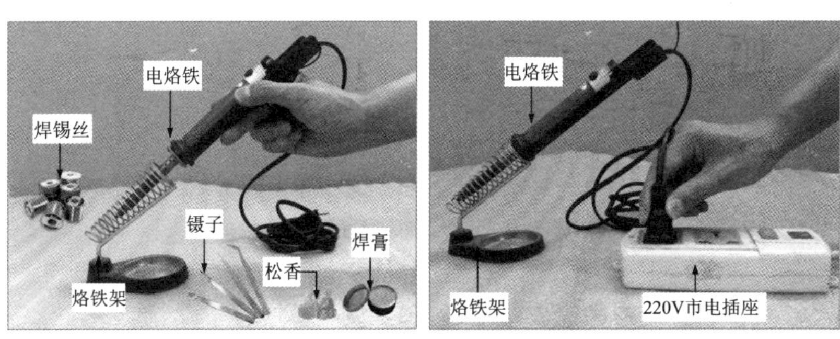
电烙铁
焊锡丝
镊子
焊膏
松香
烙铁架
电烙铁
烙铁架
220V市电插座

图 4-21 电烙铁使用前的通电预热

电烙铁的使用方法如图 4-22 所示。

相关资料

如图 4-23 所示，电动机绕组焊接除了基本的焊接设备外，辅助焊接材料（如焊料、焊剂）的正确选择，也是保证焊接质量的重要因素。

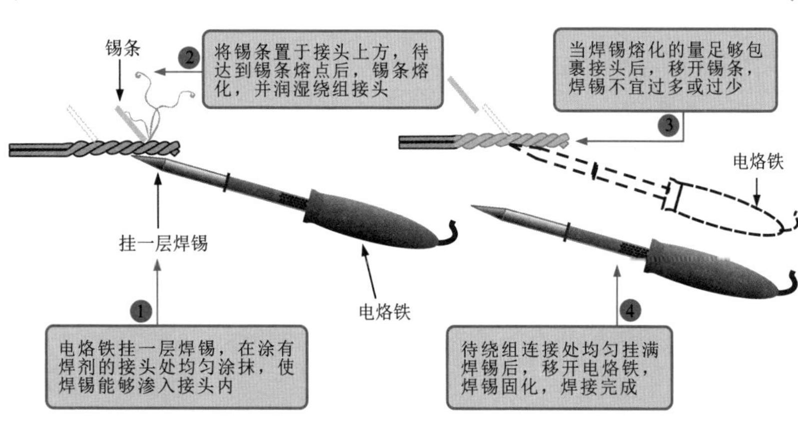
锡条
2 将锡条置于接头上方，待达到锡条熔点后，锡条熔化，并润湿绕组接头
当焊锡熔化的量足够包裹接头后，移开锡条，焊锡不宜过多或过少
3
电烙铁
挂一层焊锡
电烙铁
1
电烙铁挂一层焊锡，在涂有焊剂的接头处均匀涂抹，使焊锡能够渗入接头内
4
待绕组连接处均匀挂满焊锡后，移开电烙铁，焊锡固化，焊接完成

图 4-22　电烙铁的使用方法

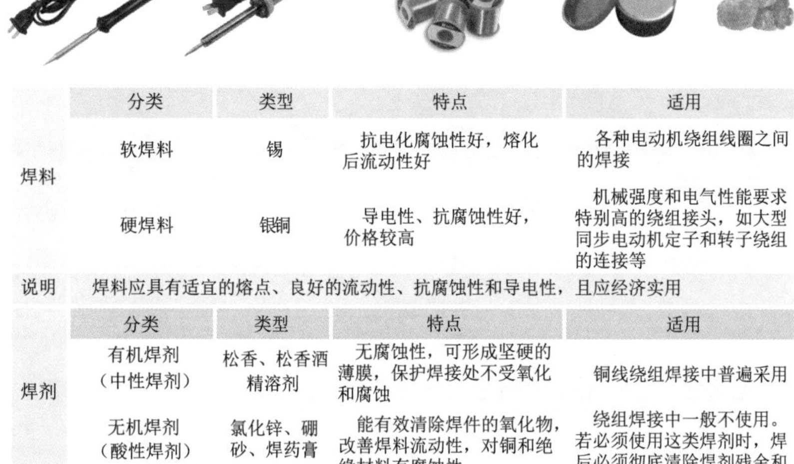
电烙铁
焊料
焊剂
焊剂

	分类	类型	特点	适用
焊料	软焊料	锡	抗电化腐蚀性好，熔化后流动性好	各种电动机绕组线圈之间的焊接
	硬焊料	银铜	导电性、抗腐蚀性好，价格较高	机械强度和电气性能要求特别高的绕组接头，如大型同步电动机定子和转子绕组的连接等
说明	焊料应具有适宜的熔点、良好的流动性、抗腐蚀性和导电性，且应经济实用			
	分类	类型	特点	适用
焊剂	有机焊剂（中性焊剂）	松香、松香酒精溶剂	无腐蚀性，可形成坚硬的薄膜，保护焊接处不受氧化和腐蚀	铜线绕组焊接中普遍采用
	无机焊剂（酸性焊剂）	氯化锌、硼砂、焊药膏	能有效清除焊件的氧化物，改善焊料流动性，对铜和绝缘材料有腐蚀性	绕组焊接中一般不使用。若必须使用这类焊剂时，焊后必须彻底清除焊剂残余和焊渣
说明	焊剂应能够熔解和除去氧化物，使焊接容易进行，能改善焊料对焊件的润湿性，低于焊料的熔点，具有一定的流动性，容易脱渣			

图 4-23　辅助焊接材料

4.3 电动机检测仪表

4.3.1 万用表

万用表是电动机检修操作中最常用的检测仪表之一。万用表是一种多功能、多量程的便携式仪表，主要用来检测直流电流、交流电流、直流电压、交流电压及电阻值等电气参数。图 4-24 所示为万用表的实物外形。

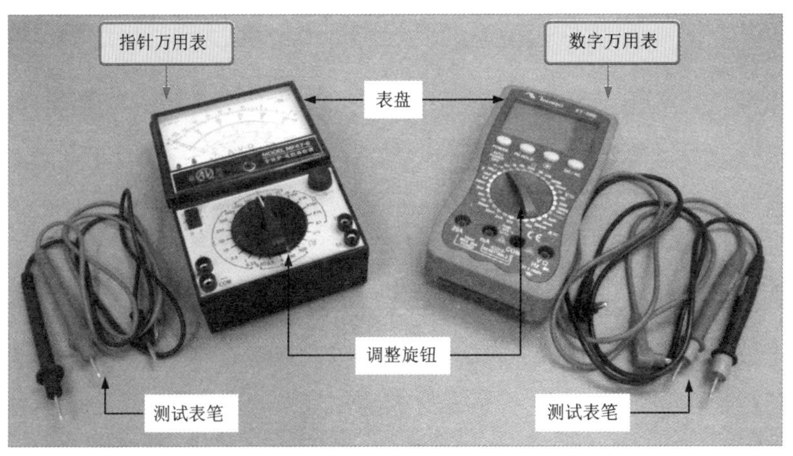
指针万用表
数字万用表
表盘
调整旋钮
测试表笔
测试表笔

图 4-24　万用表的实物外形

图 4-25 为典型指针万用表的结构特征。指针万用表从外观上大致可以分为刻度盘、功能键钮、检测插孔以及表笔插孔等部分，其中刻度盘用来显示测量的读数，功能键钮用来控制万用表，检测插孔用来连接被测晶体管等元器件，表笔插孔用来连接万用表的表笔。

图 4-26 为典型数字万用表的结构特征。数字万用表是一种采用数字电路和液晶显示屏显示测试结果的万用表。数字万用表与指针万用表相比，更加灵敏、准确，凭借更强的过载量、更简单的操作和直观的读数得到了广泛应用。

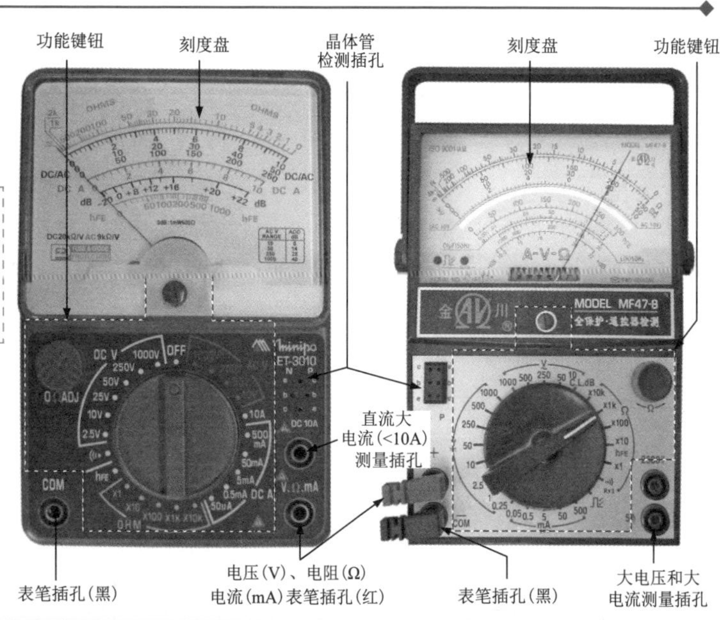
功能键钮
刻度盘
晶体管
检测插孔
刻度盘
功能键钮
直流大
电流(<10A)
测量插孔
表笔插孔(黑)
电压(V)、电阻(Ω)
电流(mA)表笔插孔(红)
表笔插孔(黑)
大电压和大
电流测量插孔
扫一扫看视频

图 4-25 典型指针万用表的结构特征

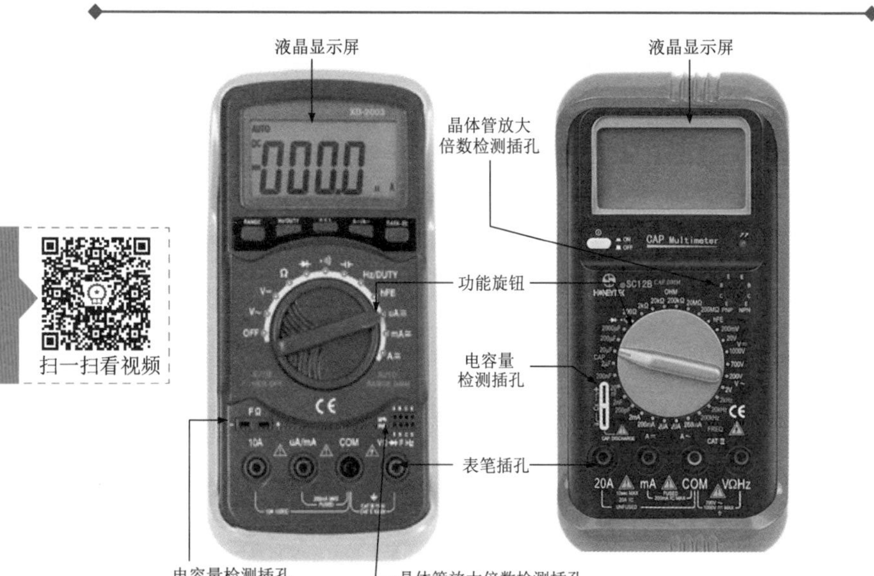
液晶显示屏
液晶显示屏
晶体管放大
倍数检测插孔
功能旋钮
电容量
检测插孔
表笔插孔
电容量检测插孔
晶体管放大倍数检测插孔
扫一扫看视频

图 4-26 典型数字万用表的结构特征

图 4-27 所示为使用万用表测量电动机绕组的实际应用案例。

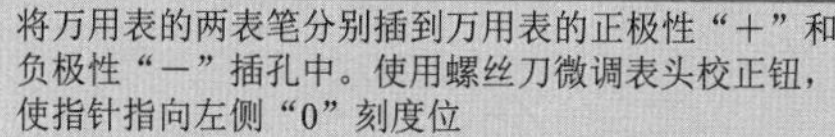
将万用表的两表笔分别插到万用表的正极性“＋”和负极性“－”插孔中。使用螺丝刀微调表头校正钮，使指针指向左侧“0”刻度位

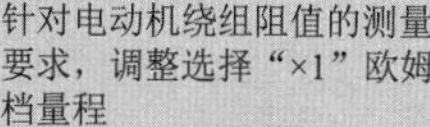
针对电动机绕组阻值的测量要求，调整选择“×1”欧姆档量程

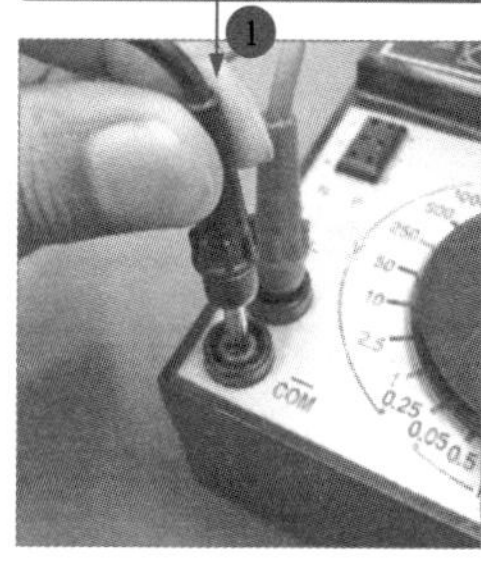
1
COM

MODEL MF47-B

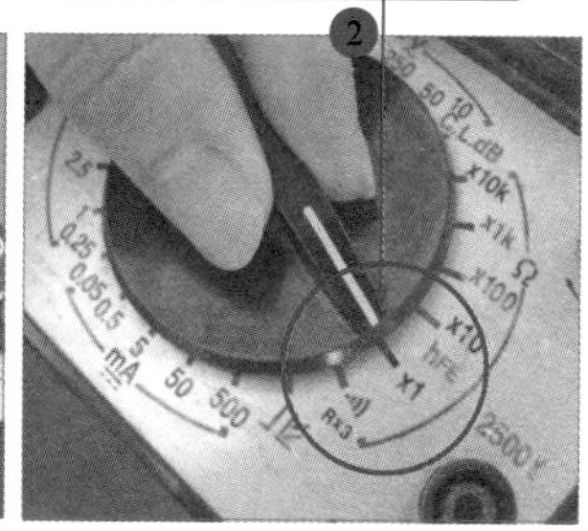
2
x10k
x1k
x100
x10
x1

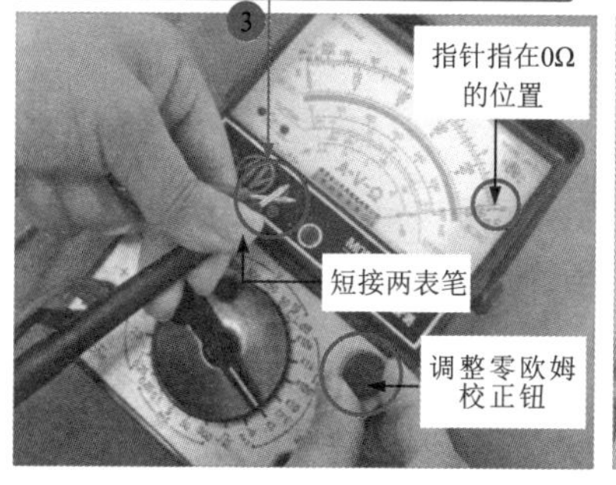
选择好档位及量程后，将两表笔短接，调整调零旋钮，使指针万用表的指针指在0Ω的位置
3
指针指在0Ω的位置
短接两表笔
调整零欧姆校正钮

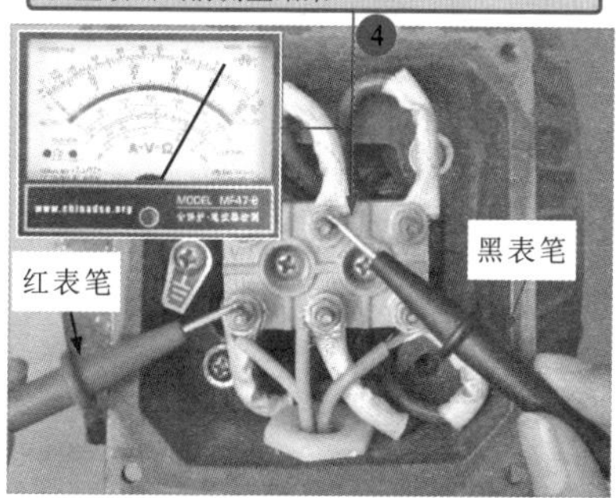
将指针万用表的两表笔分别搭在待测电动机绕组引出线两端，开始测量。根据指针指示位置读出当前测量结果
4
红表笔
黑表笔

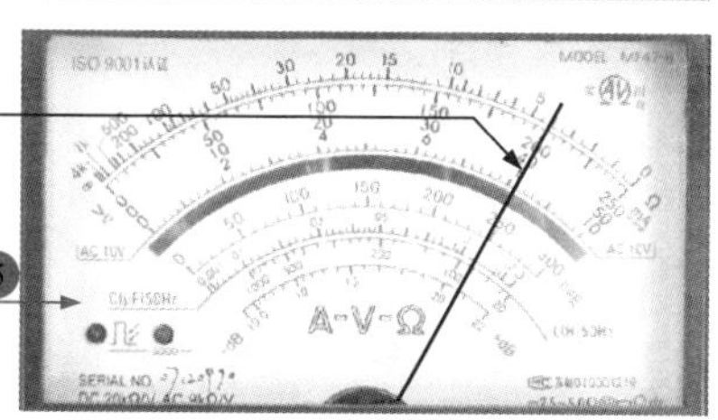
指示数值为4
根据指针指示识读测量结果：
根据测量档位量程，选择电阻刻度读数，即选择最上一行的刻度线，从右向左开始读数，数值为“4”，结合万用表量程旋钮位置，实测结果为4×1Ω=4Ω
5
A-V-Ω

图 4-27　使用万用表检测电动机绕组的应用案例

4.3.2　钳形表

钳形表是一种操作简单、功能强大的检测仪表。在电动机检修操作中可以用于检测电动机或控制电路工作时的电压与电流，图 4-28 所示

为钳形表的结构和功能特点。

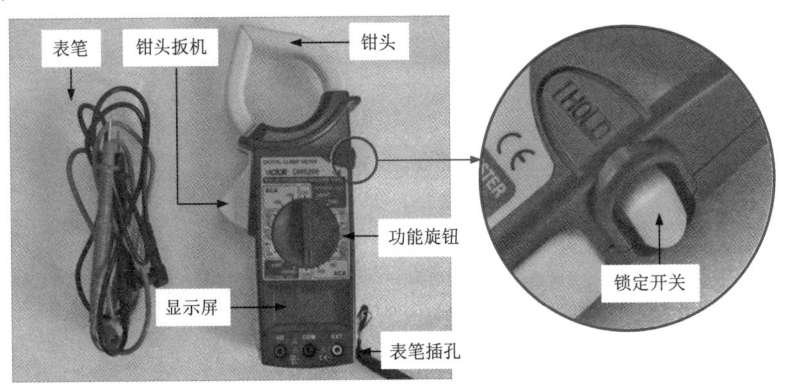
表笔
钳头扳机
钳头
功能旋钮
显示屏
表笔插孔
锁定开关
HOLD

图 4-28 钳形表的结构和功能特点

要点说明

钳形表主要由钳头、钳头扳机、锁定开关、功能旋钮、显示屏、表笔插孔及表笔等构成。

钳头和钳头扳机：用于控制钳头部分开启和闭合的工具，当钳头闭合时可以进行电磁感应，主要用于电流的检测。

锁定开关：用于锁定显示屏上显示的数据，方便在空间较小或黑暗的地方锁定检测数值，便于识读；若需要继续进行检测，则再次按下锁定开关解除锁定功能。

功能旋钮：用于控制钳形表的测量档位，当需要检测的数据不同时，只需要将功能旋钮旋转至对应的档位即可。

显示屏：主要用于显示检测时的量程、单位、检测数值的极性及检测到的数值等。

表笔插孔：位于数字万用表操作面板的下方，用于插接表笔进行测量。

表笔：表笔分别使用红色和黑色标识，一般称为红表笔和黑表笔，用于待测点与钳形表之间的连接。

扫一扫看视频

钳形表的使用方法比较简单，特别是在用钳形表检测电流时，不需要断开电路，如图 4-29 所示。

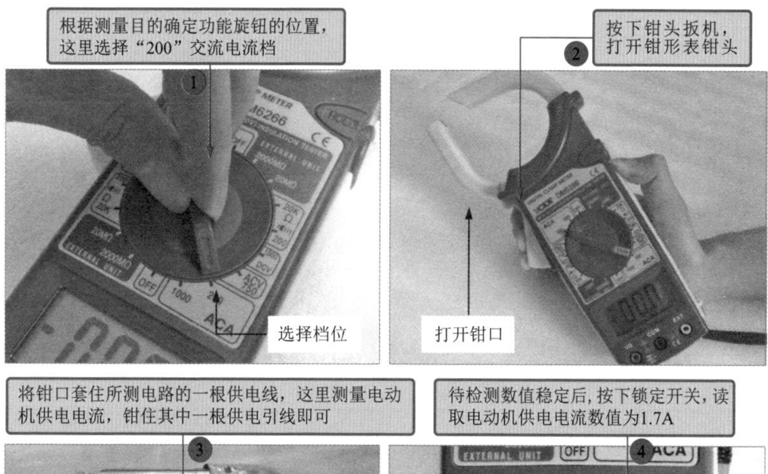
根据测量目的确定功能旋钮的位置，
这里选择“200”交流电流档
1
选择档位
按下钳头扳机，
打开钳形表钳头
2
打开钳口

将钳口套住所测电路的一根供电线，这里测量电动机供电电流，钳住其中一根供电引线即可

3

开始测量

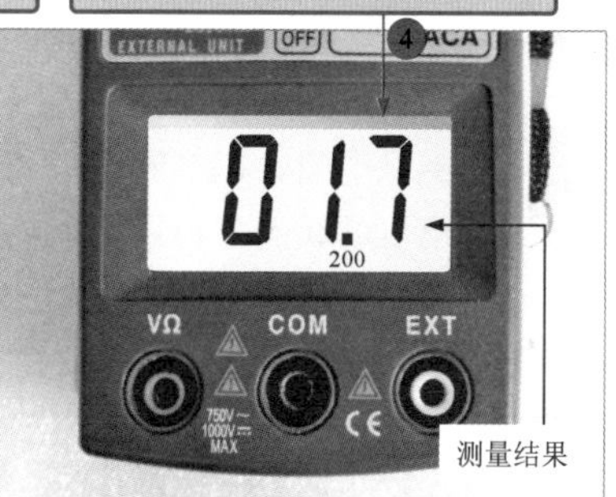
待检测数值稳定后，按下锁定开关，读取电动机供电电流数值为1.7A
4
01.7
200
VΩ
COM
EXT
测量结果

图 4-29 钳形表的使用方法

要点说明

值得注意的是，在使用钳形表带电测量时不可转换量程，否则会损坏钳形表。另外，测量电流中，钳口内只能有一根导线，如果钳口中同时有多根线缆，将无法得到准确的结果。

相关资料

钳形表检测交流电流的原理建立在电流互感器工作原理的基础上。当按下钳形表钳头扳机时，钳头铁心可以张开，被测导线进入钳口内作为电流互感器的一次绕组，在钳头内部二次绕组均匀地缠绕在圆形铁心上，导线通过交流电流时产生的交变磁通，使二次绕组感应产生按比例减小的感应电流，如图 4-30 所示。

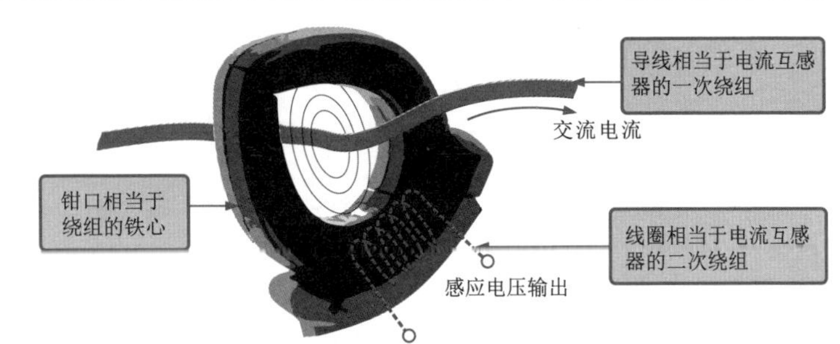
导线相当于电流互感器的一次绕组
交流电流
钳口相当于绕组的铁心
线圈相当于电流互感器的二次绕组
感应电压输出

图 4-30 钳形表检测交流电动机的工作原理示意图

4.3.3 绝缘电阻表

扫一扫看视频

绝缘电阻表通常也称为兆欧表，主要用于检测电动机的绝缘电阻，以判断电动机电气部分的绝缘性能，从而判断电动机的状态，可以有效地避免发生触电伤亡及设备损坏等事故，是检修电动机过程中不可缺少的测量仪表之一。图 4-31 为绝缘电阻表的结构和功能特点。

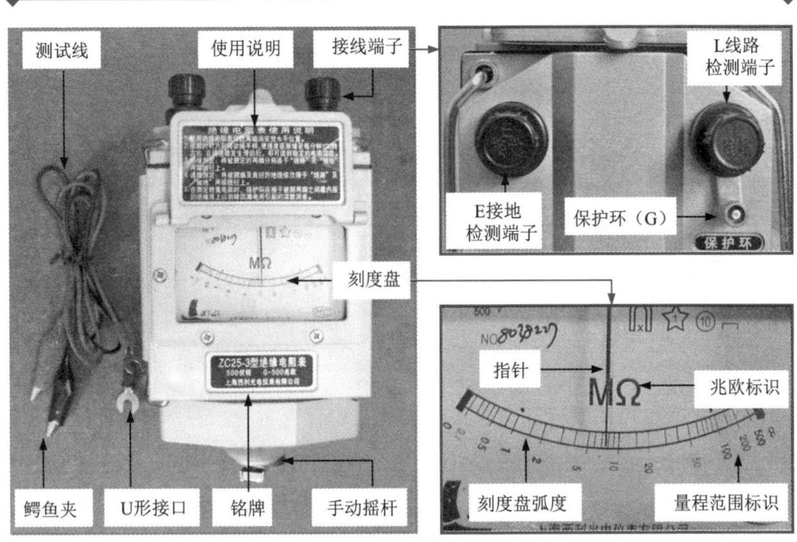
测试线
使用说明
接线端子
L线路检测端子
E接地检测端子
保护环（G）
保护环
刻度盘
ZC25-3型绝缘电阻表
MΩ
指针
兆欧标识
刻度盘弧度
量程范围标识
鳄鱼夹
U形接口
铭牌
手动摇杆

图 4-31 绝缘电阻表的结构和功能特点

绝缘电阻表主要由刻度盘、接线端子、手动摇杆、测试线、铭牌标识及使用说明等部分构成。

刻度盘：绝缘电阻表会以指针指示的方式指示出测量结果，根据指针在刻度线上的指示位置即可读出当前测量的具体数值。

接线端子：用于与测试线进行连接，通过测试线与被测设备进行连接，对其绝缘阻值进行检测。

手动摇杆：手动摇杆与内部的发电机相连，当顺时针摇动摇杆时，绝缘电阻表中的小型发电机开始发电，为检测电路提供高电压。

测试线：分为红色测试线和黑色测试线，用于连接手摇式绝缘电阻表和被测设备。

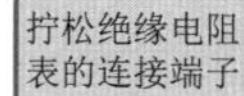

要点说明

铭牌标识和使用说明：位于上盖处，可以通过观察铭牌标识和使用说明对该手摇式绝缘电阻表有所了解。

如图 4-32 所示，使用绝缘电阻表检测绝缘电阻的方法相对比较简单。首先连接好测试线后，将测试线端头的鳄鱼夹夹在被测设备上即可。

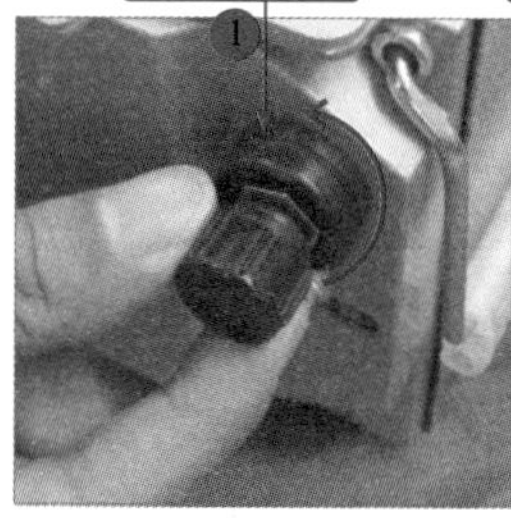
拧松绝缘电阻表的连接端子
1

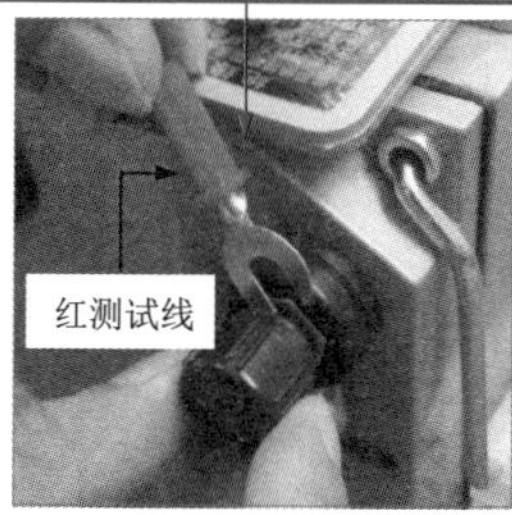
将红测试线U形接口连接到绝缘电阻表的L线路检测端子上，将黑测试线U形接口连接到绝缘电阻表的E接地检测端子上
红测试线

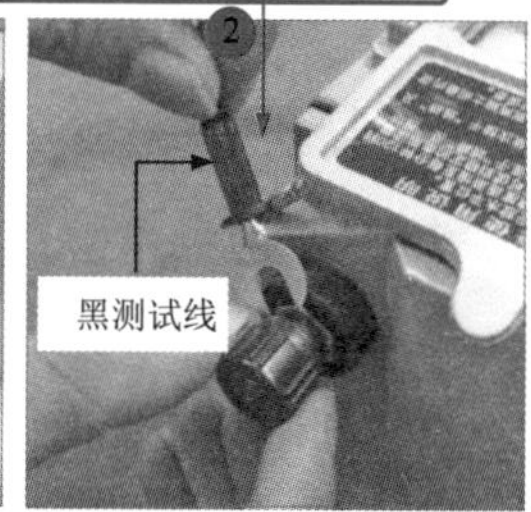
2
黑测试线

图 4-32 绝缘电阻表的使用方法

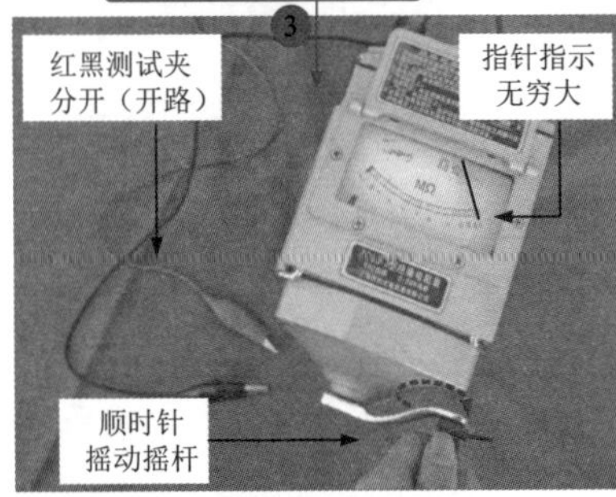
实际测量前，需对绝缘电阻表进行开路测试
3
红黑测试夹分开（开路）
指针指示无穷大
顺时针摇动摇杆

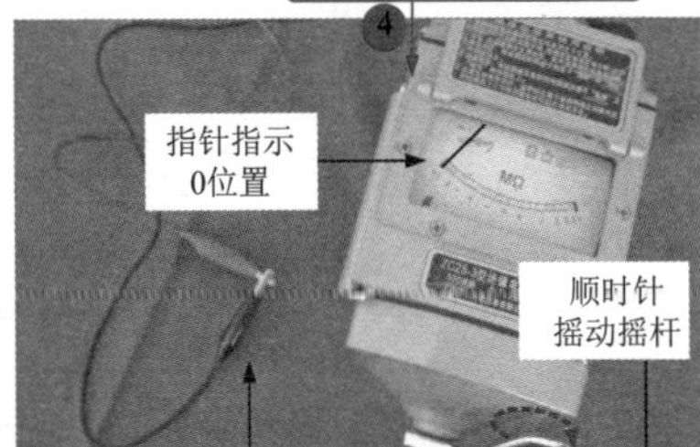
实际测量前，需对绝缘电阻表进行短路测试
4
指针指示0位置
顺时针摇动摇杆
红黑测试夹连接（短路）

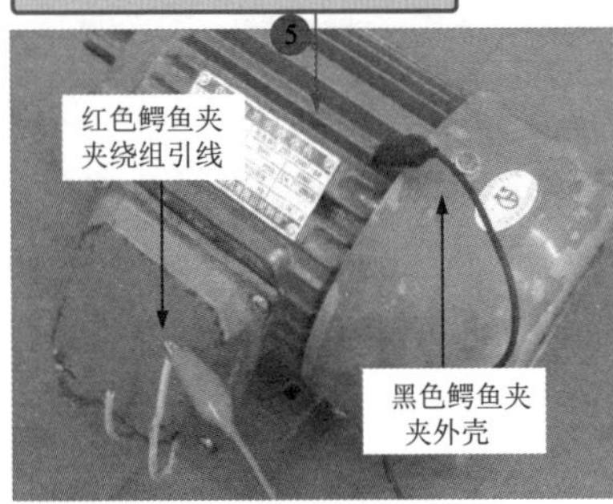
实际测量时，将绝缘电阻表测试线上的鳄鱼夹分别夹在被测部位
5
红色鳄鱼夹夹绕组引线
黑色鳄鱼夹夹外壳

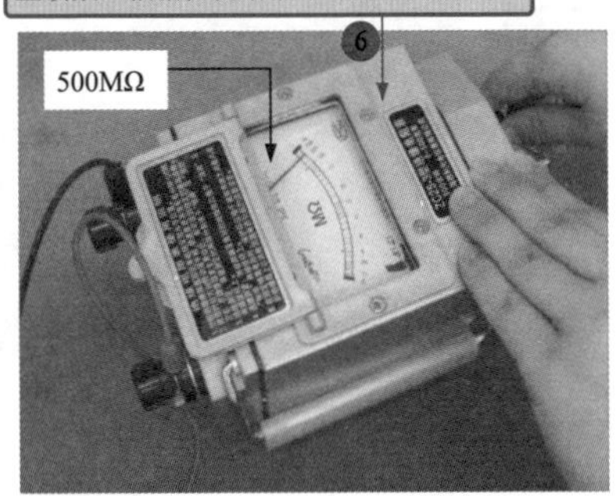
顺时针转动绝缘电阻表手动摇杆，观察表盘读数，根据检测结果即可进行判断
6
500MΩ

图 4-32　绝缘电阻表的使用方法（续）

要点说明

使用绝缘电阻表进行测量时，要保持手持式绝缘电阻表稳定，防止绝缘电阻表在摇动摇杆时晃动。在转动手动摇杆时，应当由慢至快，若发现指针指向零时，则应当立即停止摇动，以防绝缘电阻表损坏。在检测过程中，严禁用手触碰测试端，以防电击。检测结束，进行拆线时，不要触及引线的金属部分。

4.3.4　万能电桥

万能电桥是一种精密的测量仪表，可用于精确测量电容量、电感量和电阻值等电气参数。在电动机检修操作中，主要用于检测电动机绕组的直流电阻值。其可以精确测量出每组绕组的直流电阻值，即使微小偏差也能够发现，是判断电动机的制造工艺和性能是否良好的专用检测仪表。

图 4-33 所示为万能电桥的结构和功能特点。

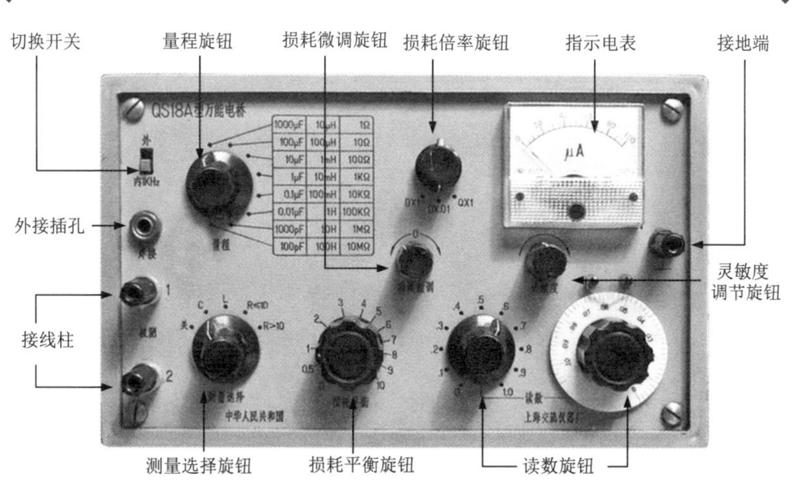
切换开关
量程旋钮
损耗微调旋钮
损耗倍率旋钮
指示电表
接地端
外接插孔
接线柱
灵敏度
调节旋钮
测量选择旋钮
损耗平衡旋钮
读数旋钮

图 4-33　万能电桥的结构和功能特点

要点说明

万能电桥主要是由切换开关、量程旋钮、外接插孔、接线柱、测量选择旋钮、损耗平衡旋钮、损耗微调旋钮、损耗倍率旋钮、指示电表、接地端、灵敏度调节旋钮、读数旋钮等部分构成。

切换开关：可以选择内振荡或外振荡的模式。

量程旋钮：用来选择测量范围。量程旋钮上面所表示的刻度均为电桥在满刻度时的最大值，每一个档位均分为电容量、电感量和电阻值三个数值。

外接插孔：该插孔有两个用途，一个是在测量有极性的电容和铁心电感时，若需要外部叠加直流电压，则可通过该插孔连接；另一个是外接振荡器信号时，通过外接导线连接到该插孔（此时拨动开关应置于“外”上）。

接线柱：该接线柱用来连接被测的元器件，接线柱“1”表示高电位接口，接线柱“2”表示低电位接口，在一般情况下，连接时不必考虑。

测量选择旋钮：用来选择被测元器件的类型，检测电容器时，将旋钮调至“C”处；检测电感器时，调至“L”处；检测10Ω以下的电阻器时，应置于R≤10处；选择10Ω以上的电阻器时，应置于R>10处。

损耗平衡旋钮：在检测电容器或电感器的损耗时，需调整此旋钮，该旋钮的数值乘上损耗倍率的数值，即为被测元器件的损耗值。

损耗微调旋钮：用来选择被测元器件的损耗精度，一般应置于“0”位上。

损耗倍率旋钮：用来扩展损耗平衡旋钮的测量范围，在检测空心电感器时，应将旋钮置于“QX1”位置上；检测一般电容器时，应将旋钮置于“DX.01”位置上；检测大容量电解电容器时，应将旋钮置于“DX1”位置上。

指示电表：电桥平衡时，指示电表的指针应指向“0”位。

接地端：与机壳连接，用来接地。

灵敏度调节旋钮：用来调节内部放大器的倍数，在最初调节电桥平衡时，应降低灵敏度，在使用时，应逐步增大灵敏度，使电桥平衡。

读数旋钮：调整这2个旋钮可以使电桥平衡，读数为这2个值相加。

万能电桥的灵敏度和精确度非常高，检测操作方法也相对较复杂，很多功能旋钮需要配合使用才能完成测量。图4-34所示为使用万能电桥进行测量的基本操作步骤和方法。

要点说明

使用万能电桥进行测量时，测量电阻的最终数值=量程读数×旋钮读数。上述检测过程中电动机绕组的直流电阻为：R=10×0.43Ω=4.3Ω。此外，还可以读出绕组的损耗因数，即损耗因数=损耗倍率×损耗平衡读数=1×1=1。

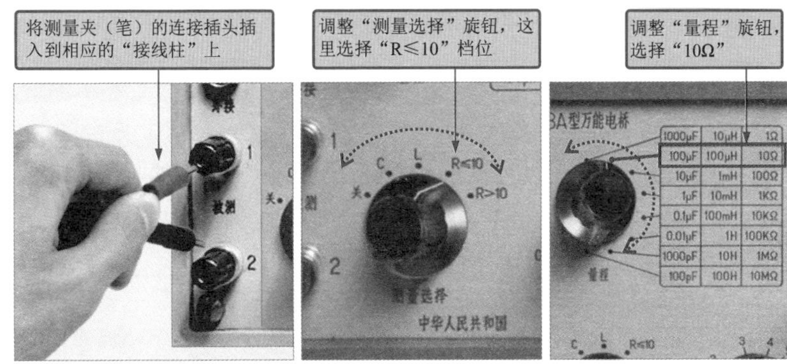
将测量夹（笔）的连接插头插入到相应的“接线柱”上
调整“测量选择”旋钮，这里选择“R≤10”档位
调整“量程”旋钮，选择“10Ω”
1
2
被测
C
L
R≤10
R>10
关
测量选择
中华人民共和国
量程
1000μF 10μH 1Ω
100μF 100μH 10Ω
10μF 1mH 100Ω
1μF 10mH 1KΩ
0.1μF 100mH 10KΩ
0.01μF 1H 100KΩ
1000pF 10H 1MΩ
100pF 100H 10MΩ

使用测量夹（笔）分别接被测对象的测量端（以电动机绕组直流电阻的检测为例）

调整“灵敏度调节”旋钮，使指示电表的指针处于满偏刻度
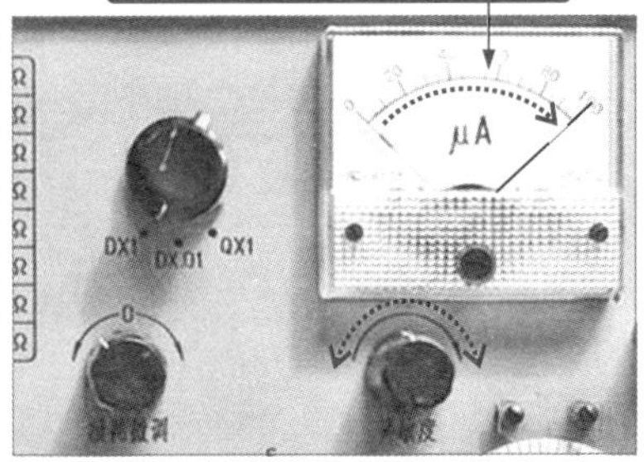
μA
DX1
DX.01
QX1
0

反复调整“损耗平衡”旋钮和“读数”旋钮，直至“指示电表”的指针接近“0”位（即为平衡位置）后，即可对调整值进行识读
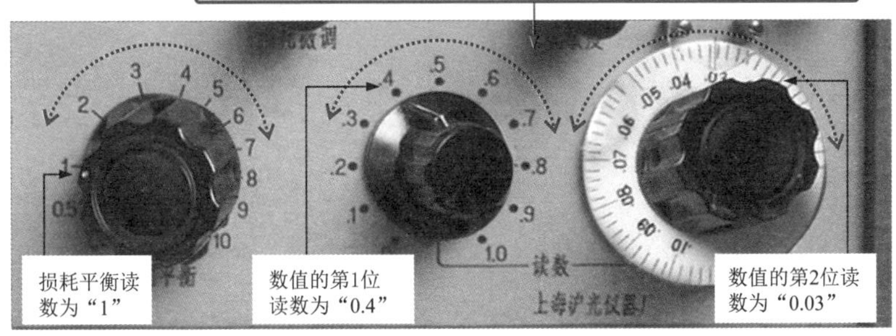
损耗平衡读数为“1”
数值的第1位读数为“0.4”
数值的第2位读数为“0.03”
读数
上海沪光仪器厂

图 4-34 使用万能电桥进行测量的基本操作步骤和方法

4.3.5 转速表

转速表通常用于在电动机工作状态下，检测其旋转速度、线速度或

频率等，从而判断电动机工作是否正常，是电动机检修操作中的必备测量仪表之一。图 4-35 为转速表的结构特点。

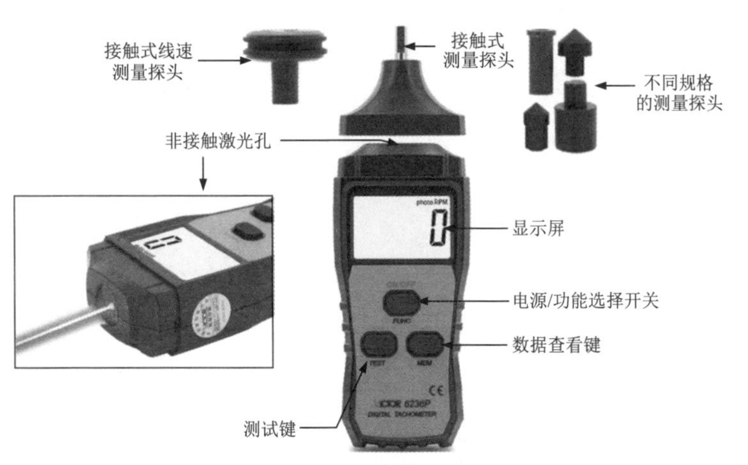
接触式线速
测量探头
接触式
测量探头
不同规格
的测量探头
非接触激光孔
显示屏
电源/功能选择开关
数据查看键
测试键

图 4-35　转速表的结构特点

一般情况下，每只转速表都配备有不同规格的测量探头等配件，以供测量使用。检测时，先将测量探头与转速表连接，然后将测量探头顶住电动机轴的中心部分，使转速表与电动机轴同步旋转即可完成电动机的转速测量，如图 4-36 所示。

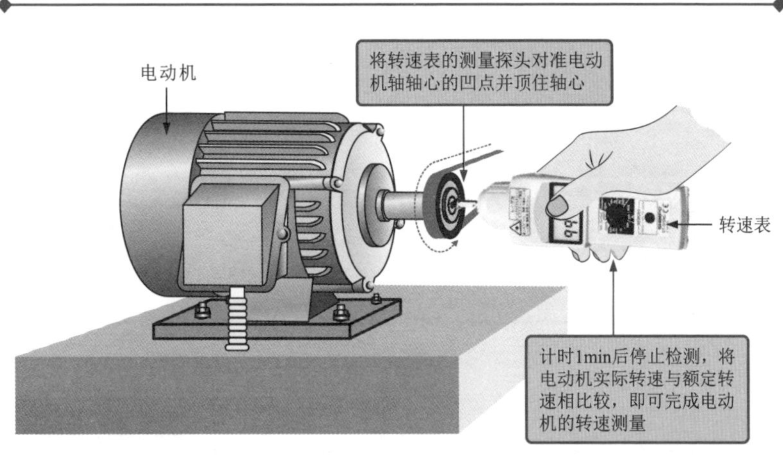
电动机
将转速表的测量探头对准电动
机轴轴心的凹点并顶住轴心
转速表
计时1min后停止检测，将
电动机实际转速与额定转
速相比较，即可完成电动
机的转速测量

图 4-36　转速表的使用方法

4.3.6 相序仪

相序仪也是电动机检修操作中常用的测量仪表之一，通常用来判断三相交流电动机的三相供电线与电源的连接是否正常、相位顺序是否正确等。图 4-37 为相序仪的结构和功能特点。

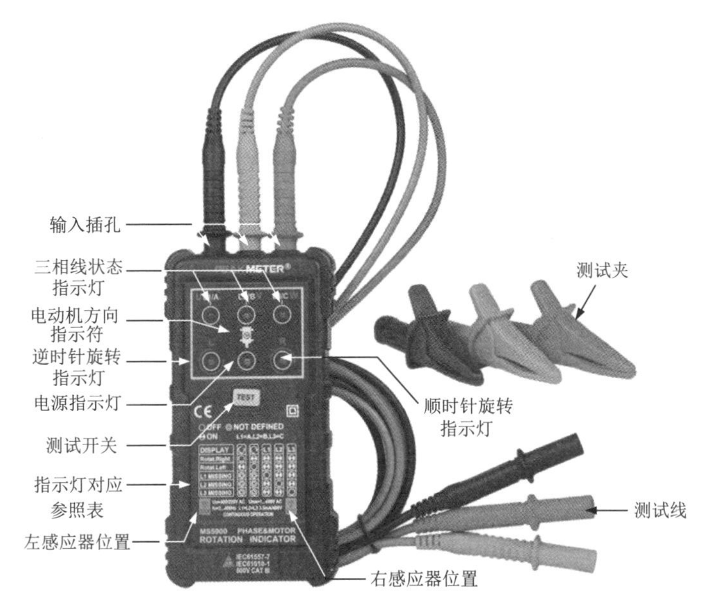
输入插孔
三相线状态指示灯
电动机方向指示符
逆时针旋转指示灯
电源指示灯
测试开关
指示灯对应参照表
左感应器位置
测试夹
顺时针旋转指示灯
测试线
右感应器位置
TEST
MS5900 PHASE&MOTOR ROTATION INDICATOR

图 4-37 相序仪的结构和功能特点

相关资料

不同品牌和型号的相序仪具体的功能和使用方法也不同，图 4-37 所示相序仪可进行接触式相序检测和非接触式相序检测。

接触式相序检测：首先将测试线的一端连接到相序仪（应正确的将 L1、L2、L3 测试线连接到相应的输入插孔中)，另一端连接测试夹。检测三相线时，将测试夹按照顺序夹到三相系统中的三根相线上（如三相交流电动机的 U、V、W 端子)。然后，按下“TEST”按钮，绿色电源指示灯点亮表示相序仪准备完成，可以开始测试。“顺时针旋转（R)”或“逆时针旋转（L)”指示灯，其中有一个点亮，指示三相系统中与相序仪连接的 L1-L2-L3 是“正相序”或“逆相序”。

非接触式检测电动机旋转方向：将相序仪（不需要安装测试线）放在电动机上，与电动机传动轴保持平行，相序仪底部感应器一侧指向电动机的传动轴。按下“TEST”按钮，绿色电源指示灯点亮表示相序仪准备完成，开始测试。“顺时针旋转（R）”或“逆时针旋转（L）”指示灯，其中有一个点亮，指示电动机正处于“顺时针方向”或“逆时针方向”旋转。

相序仪的使用方法相对比较简单，将相序仪的三个连接夹分别与电动机三相电源线连接即可检测出电源相序，如图 4-38 所示。该操作是在进行电动机控制电路连接操作中的重要环节，是确保三相电源与电动机三相绕组连接相序正确的重要仪表。

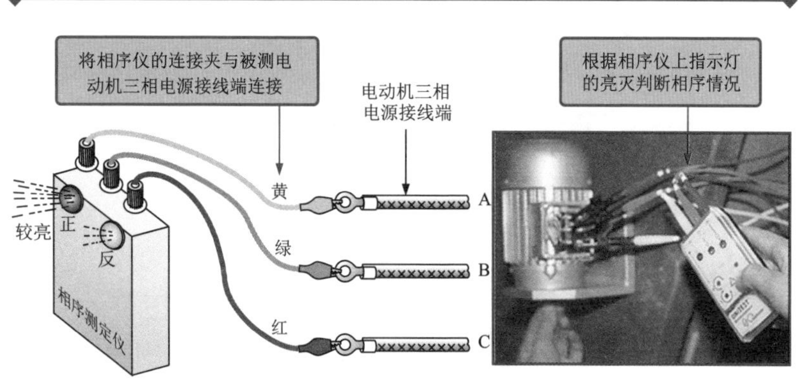
将相序仪的连接夹与被测电动机三相电源接线端连接
电动机三相电源接线端
根据相序仪上指示灯的亮灭判断相序情况
黄
绿
红
A
B
C
较亮
正
反
相序测定仪

图 4-38 相序仪的使用方法

第 5 章 拆卸电动机

5.1 拆卸直流电动机

5.1.1 直流电动机端盖的拆卸

直流电动机在家用电子产品及电动产品中应用广泛。下面以电动自行车中的直流电动机为例，介绍直流电动机端盖的拆卸方法。

如图 5-1 所示，这是需要拆卸的电动自行车中的直流电动机。

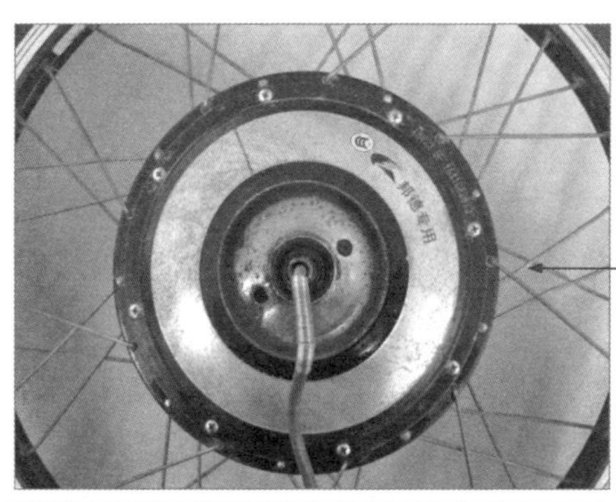
需要拆卸的直流电动机
(电动自行车中的直流
电动机)

扫一扫看视频

图 5-1 需要拆卸的电动自行车中的直流电动机

在对直流电动机进行拆卸前，首先应清洁操作场地，防止杂物吸附到电动机内的磁钢上，影响电动机性能。拆卸时，应先在电动机端盖上用记号笔做好标记，以便重装时能够完全对应。

直流电动机端盖的拆卸方法如图 5-2 所示。

使用记号笔在直流电动机的前后端盖上做好标记

记号笔
电动机前端盖

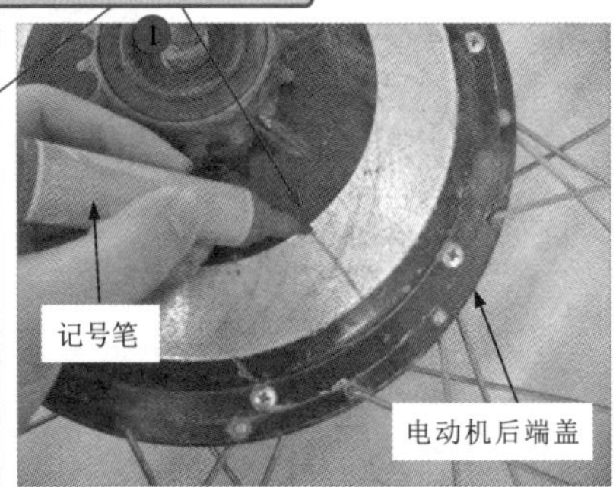
1
记号笔
电动机后端盖

使用螺丝刀将前后端盖的螺钉一一拧下

在拆卸螺钉时应对角拆卸，以免电动机外壳变形，且拧下的螺钉应妥善保存，以免丢失

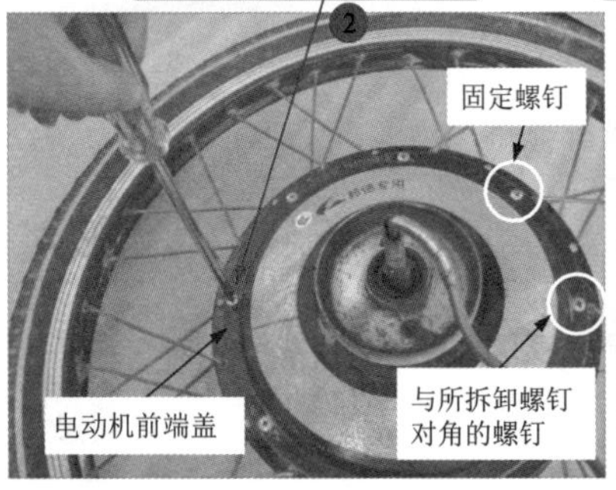
2
固定螺钉
电动机前端盖
与所拆卸螺钉对角的螺钉

拆卸对角固定螺钉

电动机端盖部分装配紧密，直接撬动端盖不易拆卸，因此可在轴承处滴加润滑油

在直流电动机端盖与轴承的衔接处滴加适量润滑油，待过几分钟后再进行拆卸

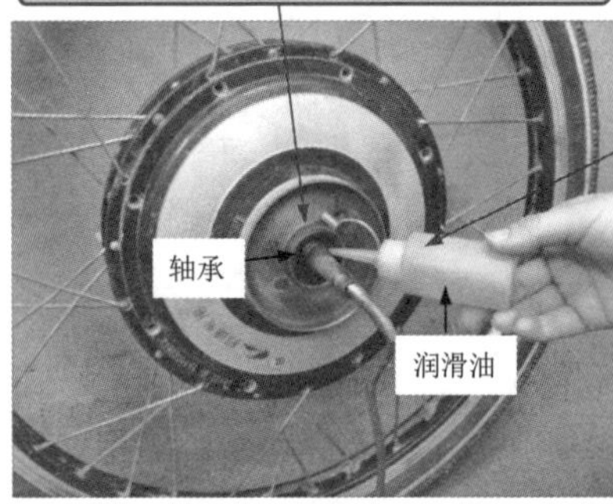
轴承
润滑油

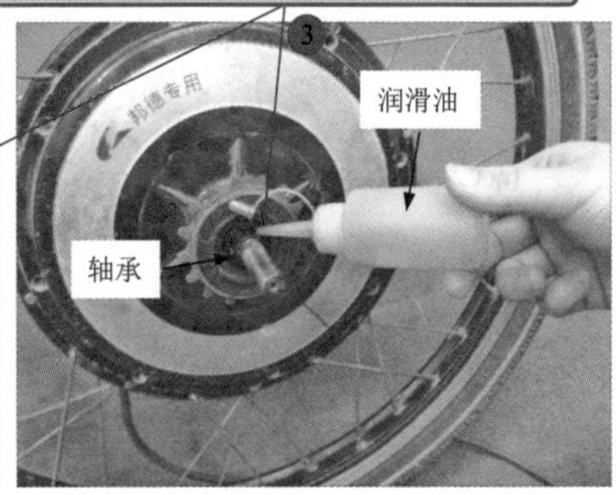
3
润滑油
轴承

图 5-2　直流电动机端盖的拆卸方法

使用一字槽螺丝刀轻轻撬动与电动机前端盖连接的组件，使前端盖松动
4
接着用一字槽螺丝刀插入电动机端盖缝隙，轻轻撬动
5
取下电动机的前端盖
6
将电动机输出引线从前端盖抽出
7
使用螺丝刀刀柄轻轻敲打后端盖
8
取下电动机后端盖
9
电动机的定子和转子部分

图 5-2 直流电动机端盖的拆卸方法（续）

5.1.2 直流电动机定子和转子的拆卸

打开端盖后即可看到直流电动机的定子和转子部分，由于直流电动机的定子与转子之间是通过磁场相互作用，因此可将其直接分离，用力向下按压电动机转子部分即可将其分离。

直流电动机定子及转子部分的拆卸方法如图 5-3 所示。

打开电动机前后端盖后看到的电动机定子及转子部分

1

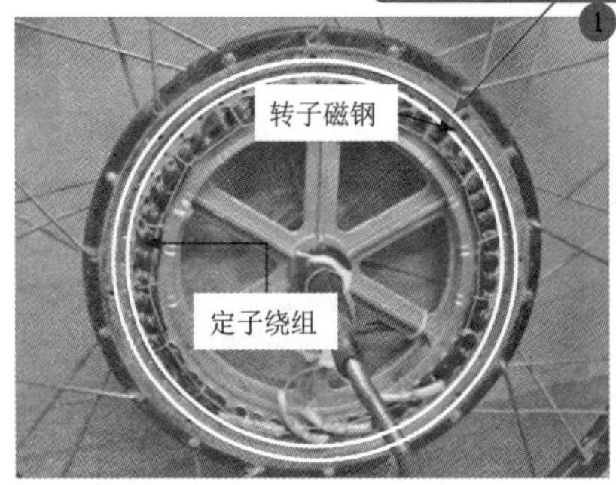
转子磁钢
定子绕组

电动机转轴

向下用力按压电动机转子部分

2

将电动机的定子和转子部分分离

3

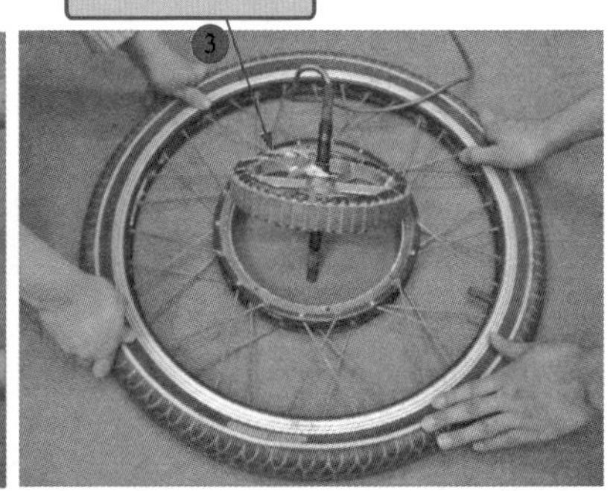

图 5-3 直流电动机定子及转子部分的拆卸方法

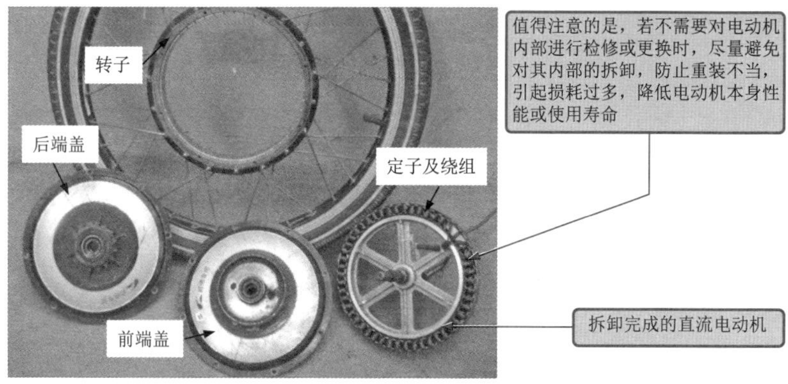
转子
后端盖
定子及绕组
前端盖
值得注意的是，若不需要对电动机内部进行检修或更换时，尽量避免对其内部的拆卸，防止重装不当，引起损耗过多，降低电动机本身性能或使用寿命
拆卸完成的直流电动机

图 5-3　直流电动机定子及转子部分的拆卸方法（续）

5.2 拆卸单相交流电动机

5.2.1 单相交流电动机端盖的拆卸

图 5-4 所示为需要拆卸的电风扇中的单相交流电动机。

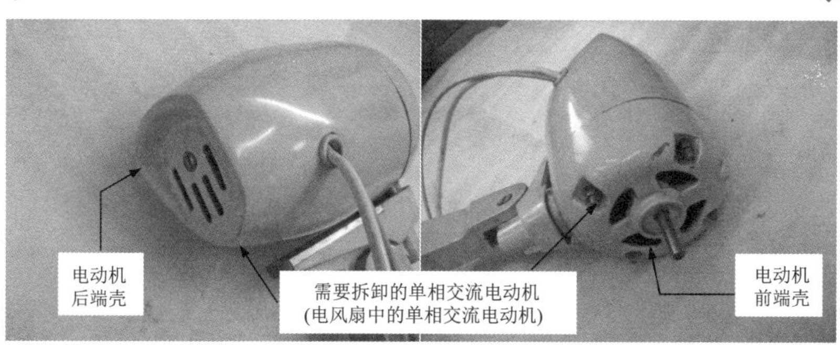
电动机
后端壳
需要拆卸的单相交流电动机
(电风扇中的单相交流电动机)
电动机
前端壳

图 5-4　需要拆卸的电风扇中的单相交流电动机

在对单相交流电动机进行开盖拆卸前，应先注意观察其装接方式和结构特点，并将操作现场进行清洁和整理，防止灰尘杂物吸附到电动机内部磁心或绕组上，影响其性能，然后再进行拆卸操作。

单相交流电动机端盖的拆卸方法如图 5-5 所示。

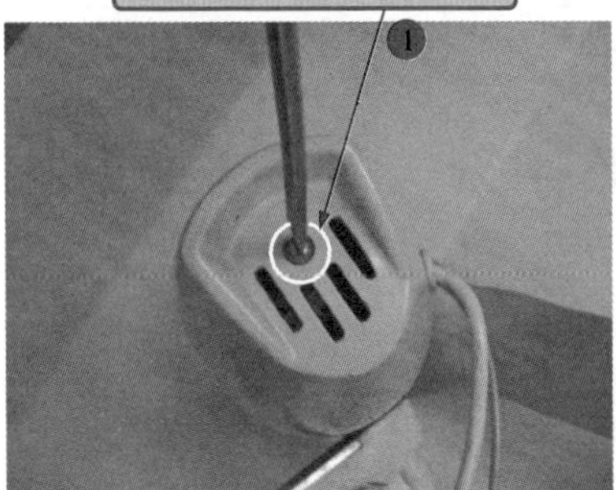
使用一字槽螺丝刀拧下端盖后部(后壳)上的固定螺钉
1

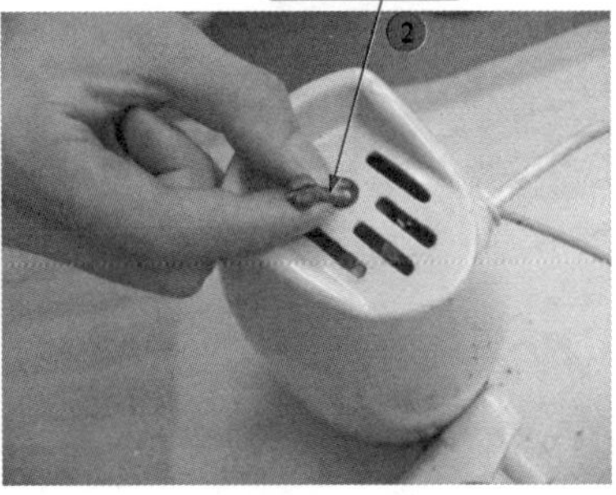
取下拧下来的固定螺钉
2

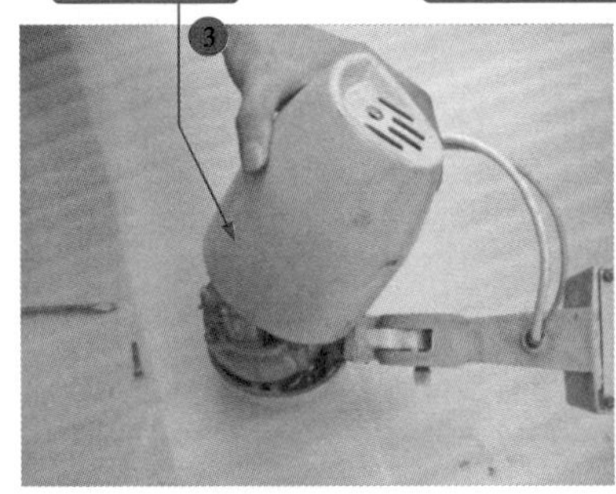
取下电动机的后端盖
3

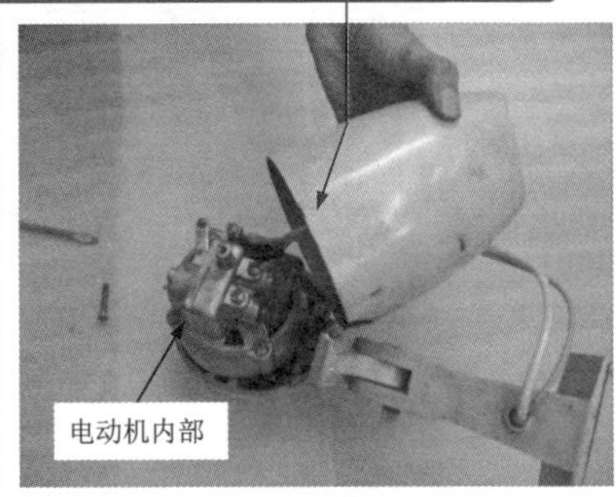
取下后端盖时，应注意由端盖侧面引出的电源线及控制线部分，应避免用力过猛拉断引线或将引线连接端子部分断开
电动机内部

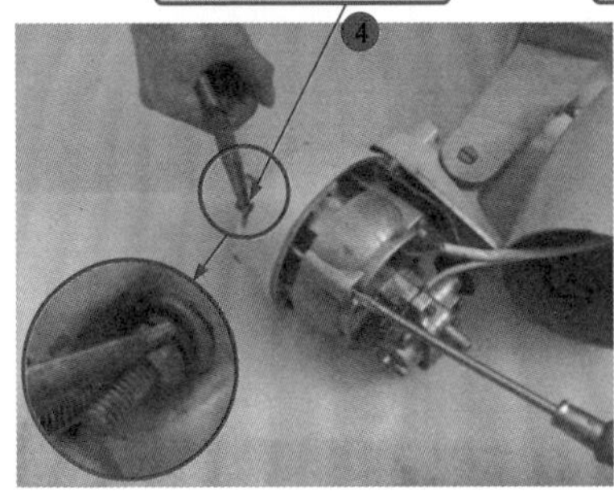
使用尖嘴钳固定前端盖固定螺栓的螺母端
4

使用一字槽螺丝刀顶住前端盖固定螺栓的螺杆的一字端头上，拧动螺杆，将其拆下
5
6
使用同样的方法拆除前端盖的其他固定螺栓

图 5-5 单相交流电动机端盖的拆卸方法

使用尖嘴钳子将电动机固定前端盖拉杆的销子夹直

7

将固定拉杆的销子抽出

8

使用尖嘴钳子将拉杆取下

9

用锤子轻轻敲打电动机轴承，使前端盖与电动机定子和转子部分松动

10

用双手握住电动机的前端盖及定子和转子部分，用力均匀轻轻地晃动，将电动机的前端盖取下

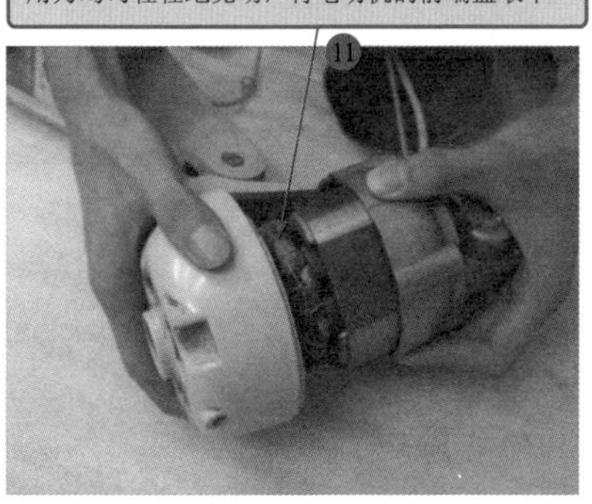
11

拆卸下来的电动机定子和转子部分

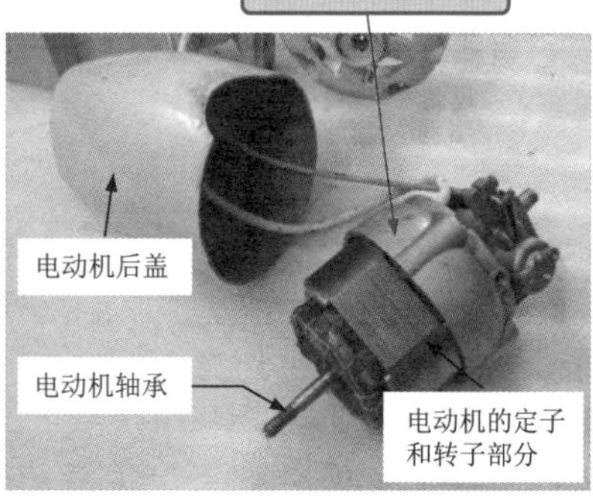
电动机后盖
电动机轴承
电动机的定子和转子部分

图 5-5 单相交流电动机端盖的拆卸方法（续）

5.2.2 单相交流电动机定子和转子的拆卸

打开端盖后即可看到单相交流电动机的定子和转子部分，双手用力晃动定子和转子部分即可将其定子部分、转子部分以及电动机内壳分离。

单相交流电动机定子及转子部分的拆卸方法如图 5-6 所示。

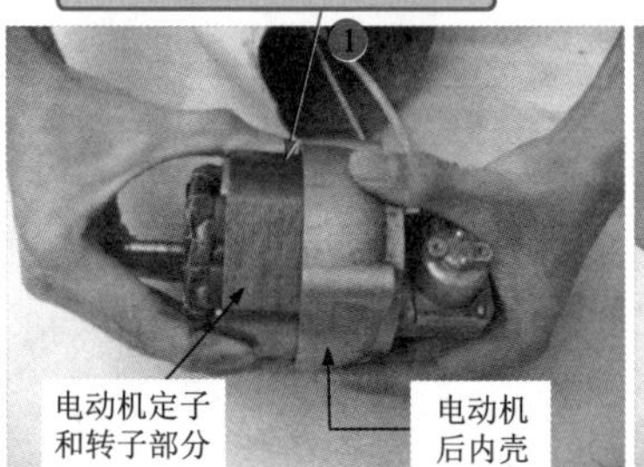
双手握住电动机的后内壳和定子部分，用力均匀的向外轻轻晃动
1
电动机定子和转子部分
电动机后内壳

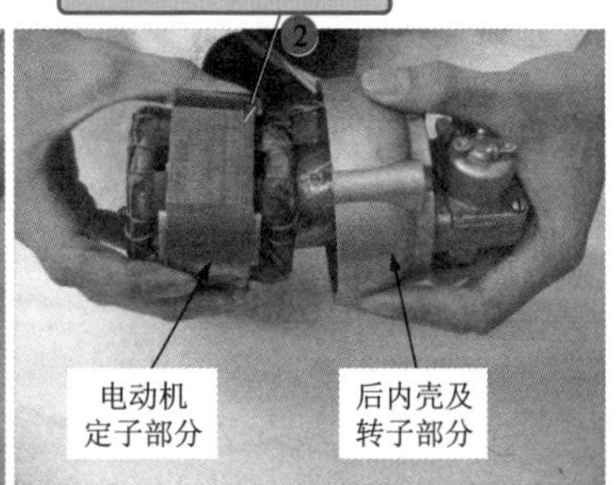
将电动机的定子部分与转子部分及后内壳分离开
2
电动机定子部分
后内壳及转子部分

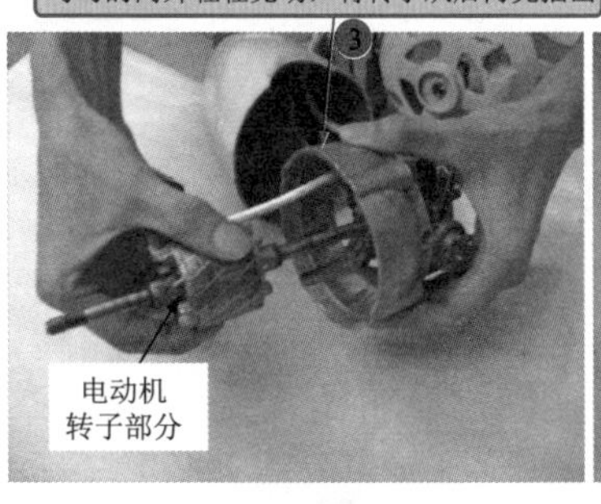
双手握住电动机的后内壳和转子部分，用力均匀的向外轻轻晃动，将转子从后内壳抽出
3
电动机转子部分

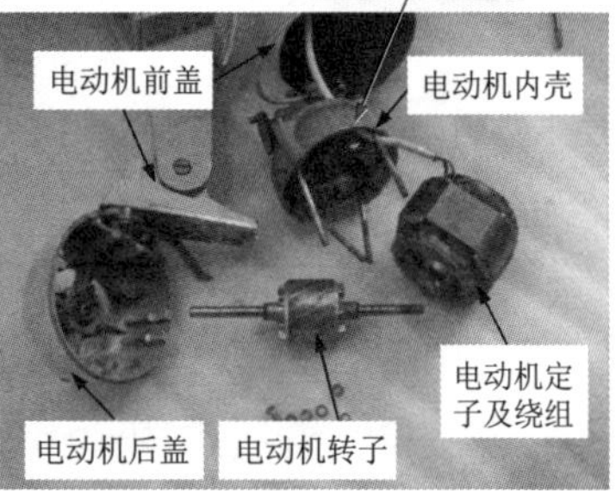
拆卸完成的单相交流电动机
电动机前盖
电动机内壳
电动机定子及绕组
电动机后盖
电动机转子

图 5-6 单相交流电动机定子及转子部分的拆卸方法

5.3 拆卸三相交流电动机

5.3.1 三相交流电动机联轴器的拆卸

如图 5-7 所示为需要拆卸的三相单相交流电动机。

图 5-7 需要拆卸的三相单相交流电动机

拆卸三相交流电动机的联轴器时可借助顶拔器进行。若电动机联轴器与电动机转轴连接十分牢固，直接使用顶拔器很难将联轴器拔出，此时可借用喷灯对联轴器进行加热，加热的同时拔出联轴器即可，如图 5-8 所示。

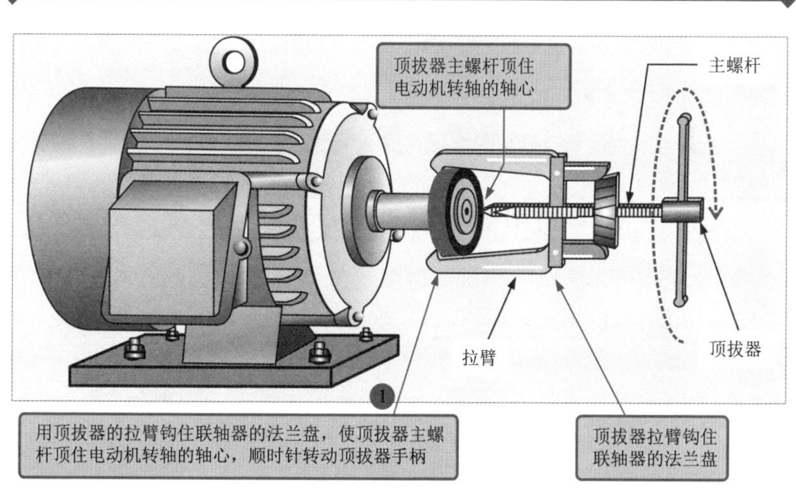
顶拔器主螺杆顶住
电动机转轴的轴心
主螺杆
拉臂
顶拔器
1
用顶拔器的拉臂钩住联轴器的法兰盘，使顶拔器主螺杆顶住电动机转轴的轴心，顺时针转动顶拔器手柄
顶拔器拉臂钩住
联轴器的法兰盘

图 5-8 三相交流电动机联轴器的拆卸

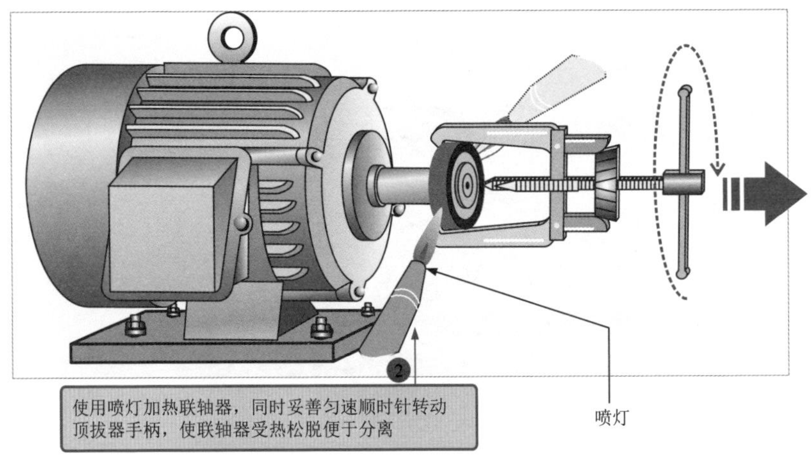
2
使用喷灯加热联轴器，同时妥善匀速顺时针转动顶拔器手柄，使联轴器受热松脱便于分离
喷灯

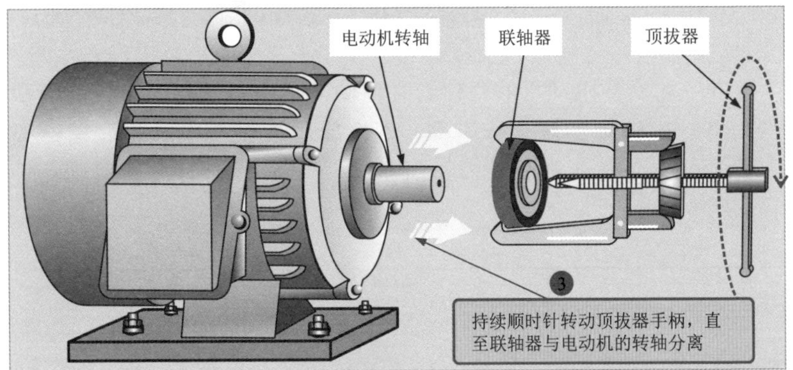
电动机转轴
联轴器
顶拔器
3
持续顺时针转动顶拔器手柄，直至联轴器与电动机的转轴分离

图 5-8　三相交流电动机联轴器的拆卸（续）

5.3.2　三相交流电动机接线盒的拆卸

扫一扫看视频

三相交流电动机的接线盒安装在电动机的侧端，由 4 个固定螺钉固定，拆卸时将固定螺钉拧下即可将接线盒外壳取下。三相交流电动机的风扇安装在电动机的后端风扇罩中，拆卸时需先将风扇罩取下，再将风扇拆下，如图 5-9 所示。

5.3.3　三相交流电动机散热叶片的拆卸

三相交流电动机的散热叶片安装在电动机的后端叶片护罩中，拆卸时，需先将叶片护罩取下，再拆下散热叶片，具体方法如图 5-10 所示。

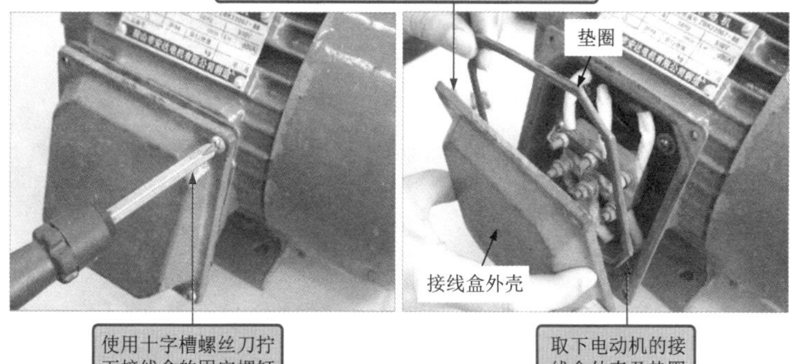
电动机与外部控制电路的连接引线由该线盒引出。若需要拆卸电动机的控制电路时，则应注意记录引线的连接方式和连接位置
垫圈
接线盒外壳
使用十字槽螺丝刀拧下接线盒的固定螺钉
取下电动机的接线盒外壳及垫圈

图 5-9　三相交流电动机接线盒的拆卸

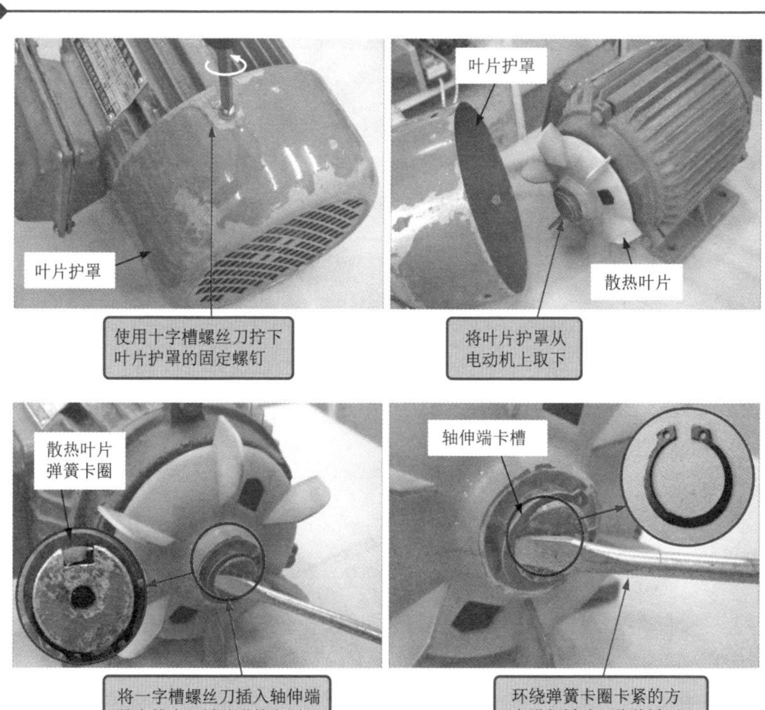
叶片护罩
使用十字槽螺丝刀拧下叶片护罩的固定螺钉
叶片护罩
散热叶片
将叶片护罩从电动机上取下
散热叶片弹簧卡圈
将一字槽螺丝刀插入轴伸端的卡槽中，撬动弹簧卡圈
轴伸端卡槽
环绕弹簧卡圈卡紧的方向进行撬动，将其撬下

图 5-10　三相交流电动机散热叶片的拆卸

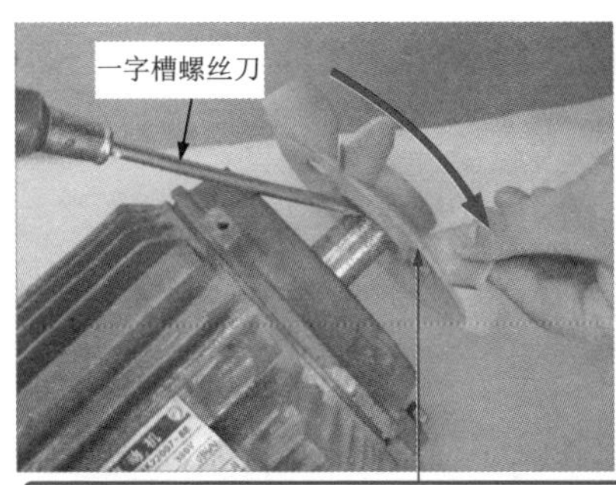
一字槽螺丝刀
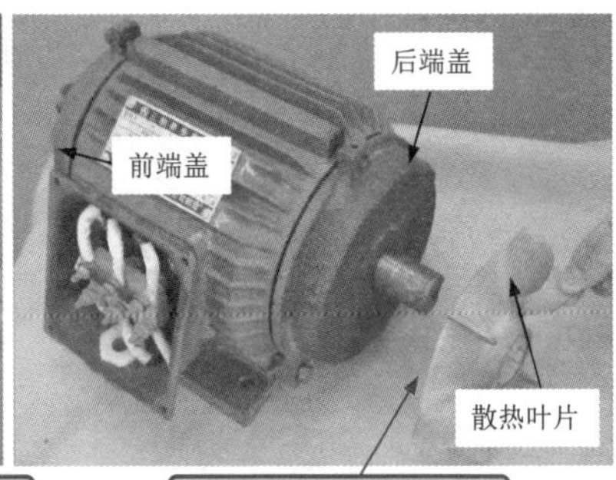
后端盖
前端盖
散热叶片
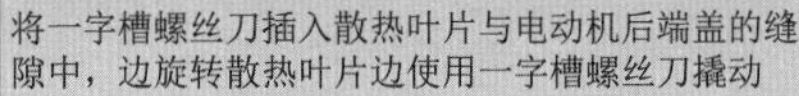
将一字槽螺丝刀插入散热叶片与电动机后端盖的缝隙中，边旋转散热叶片边使用一字槽螺丝刀撬动
风扇撬动松动后，将其从电动机轴上取下

图 5-10 三相交流电动机散热叶片的拆卸（续）

5.3.4 三相交流电动机端盖的拆卸

扫一扫看视频

三相交流电动机端盖部分由前端盖和后端盖构成，都是由固定螺钉固定在电动机外壳上的，拆卸时拧下固定螺钉，然后借助锤子和凿子进行击打拆卸，如图 5-11 所示。

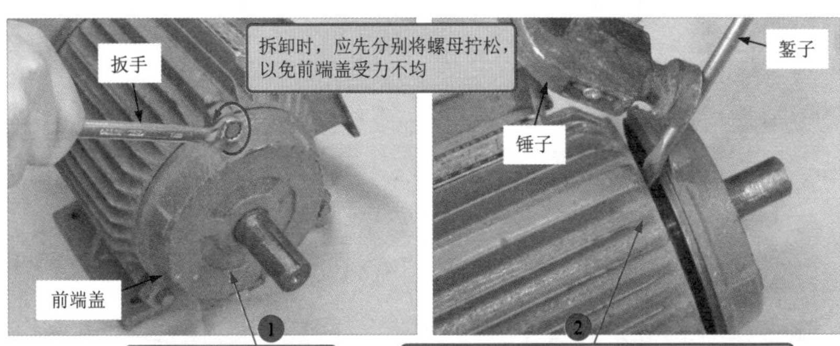
扳手
拆卸时，应先分别将螺母拧松，以免前端盖受力不均
錾子
锤子
前端盖
1
2
使用扳手将电动机前端盖的固定螺母拧下
将錾子插入前端盖和定子的缝隙处，从多个方位均匀地撬开端盖，使端盖与机身分离

图 5-11 三相交流电动机端盖的拆卸

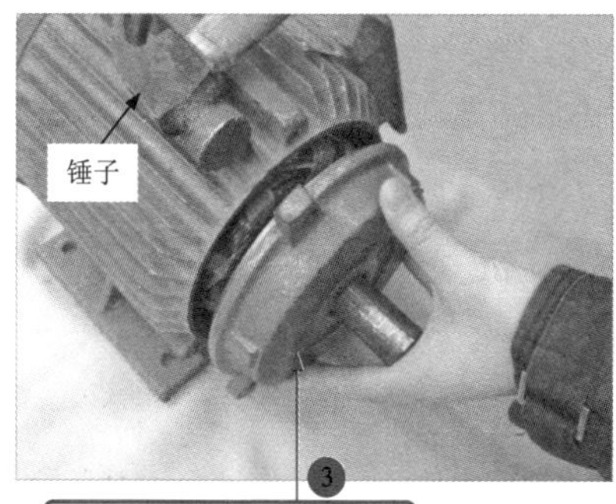
锤子
3
取下前端盖后，即可看到电动机绕组和轴承部分

轴承
前端盖
4
待前端盖松动后，用锤子轻轻敲打，将前端盖取下

扳手
5
用扳手拧动另一个端盖上的固定螺母，并撬动使其松动

三相异步电动机
后端盖
6
由于前端盖已经被拆下，因此该端盖没有紧固力，后端盖无法与轴承分离，这里先连同转子一同取下

图 5-11 三相交流电动机端盖的拆卸（续）

要点说明

三相交流电动机的转子部分插装在定子中心部分，从一侧稍用力，即可将转子抽出。三相交流电动机定子和转子部分的分离操作如图 5-12 所示。

5.3.5 三相交流电动机轴承的拆卸

拆卸三相交流电动机轴承时，应先将后端盖从轴承上取下，然后再分别对转轴两端的轴承进行拆卸。在拆卸前首先记录轴承在转轴上的位置，为安装时做好准备，如图 5-13 所示。

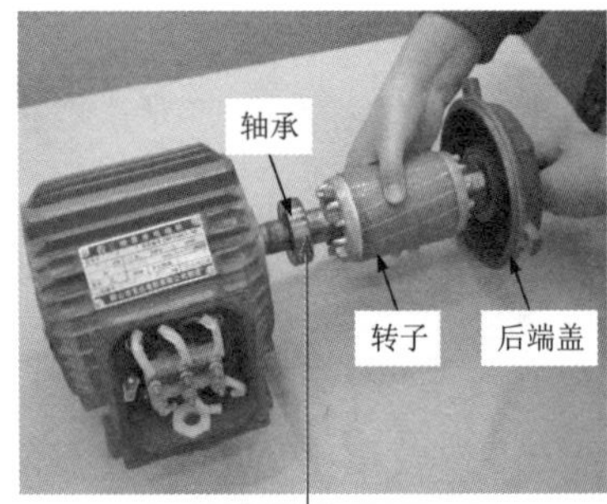
轴承
转子
后端盖
将电动机转子连同后端盖、轴承部分从定子中抽出

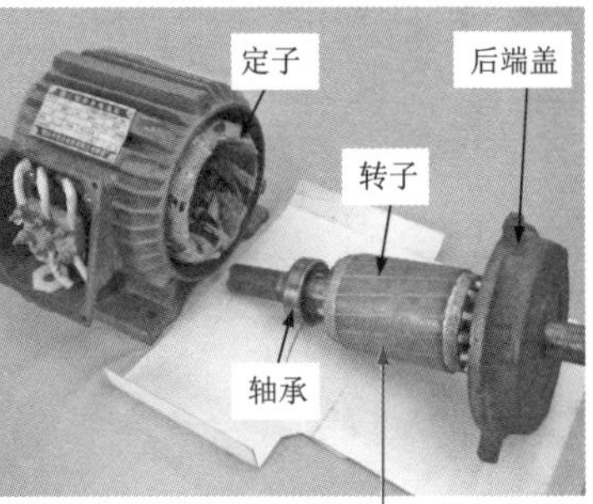
定子
后端盖
转子
轴承
三相交流电动机定子与转子分离完成

图 5-12　三相交流电动机定子和转子部分的分离操作

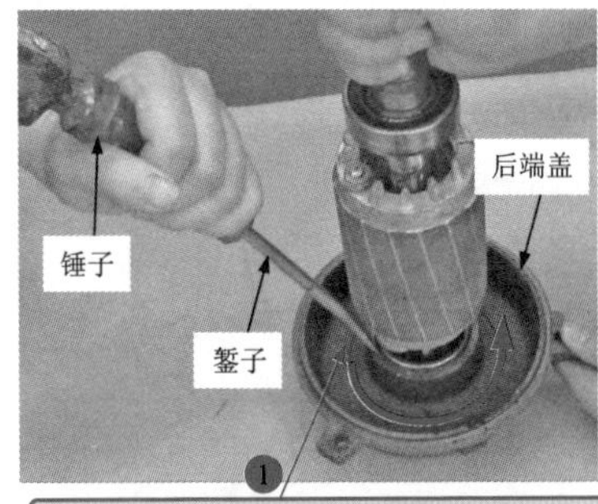
后端盖
锤子
錾子
1
錾子放置在端盖的中心处用锤子敲打凿子，敲打时,旋转端盖，使端盖击打处受力均匀

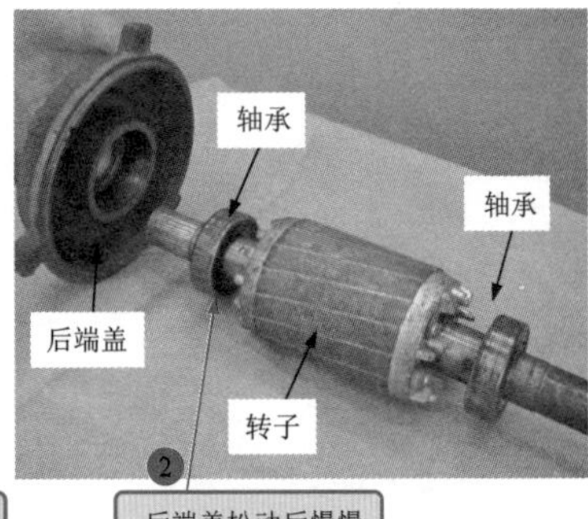
轴承
轴承
后端盖
转子
2
后端盖松动后慢慢旋转，将其取下

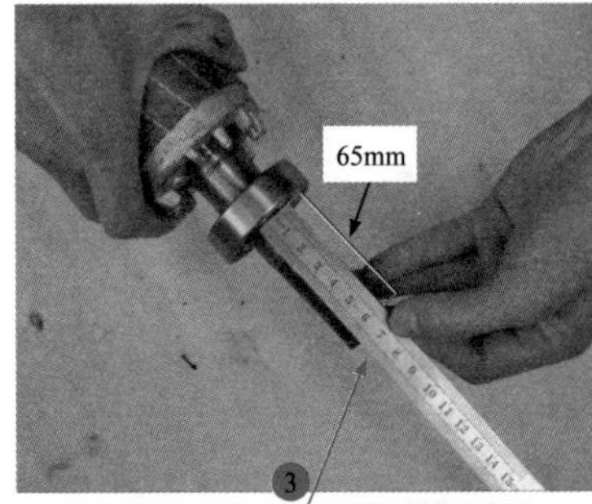
65mm
3
使用钢尺测量一侧轴承外端到转轴端头的距离，记录轴承在转轴上的位置

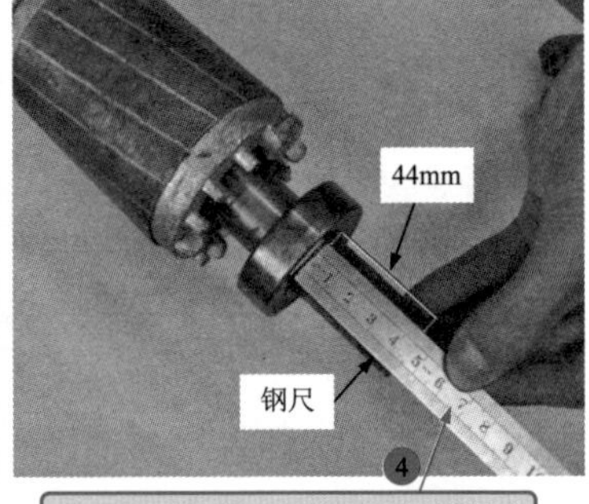
44mm
钢尺
4
使用钢尺测量另一侧轴承外端到转轴端头的距离，记录轴承在转轴上的位置

图 5-13　三相交流电动机轴承的拆卸

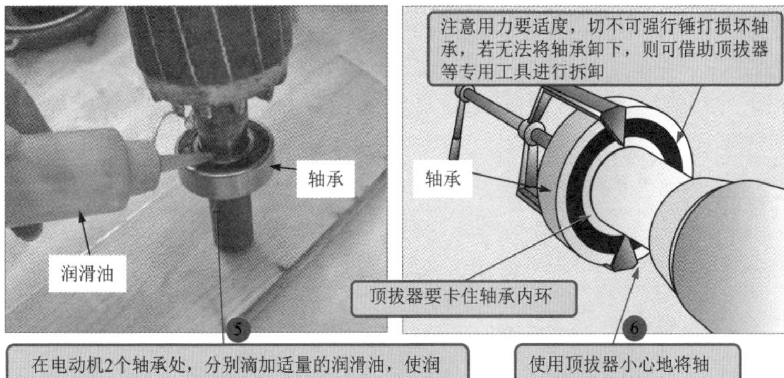
轴承
润滑油
5
在电动机2个轴承处，分别滴加适量的润滑油，使润滑油浸入轴承与转轴衔紧的缝隙中，对其进行润滑
注意用力要适度，切不可强行锤打损坏轴承，若无法将轴承卸下，则可借助顶拔器等专用工具进行拆卸
轴承
顶拔器要卡住轴承内环
6
使用顶拔器小心地将轴承从电动机转轴上卸下

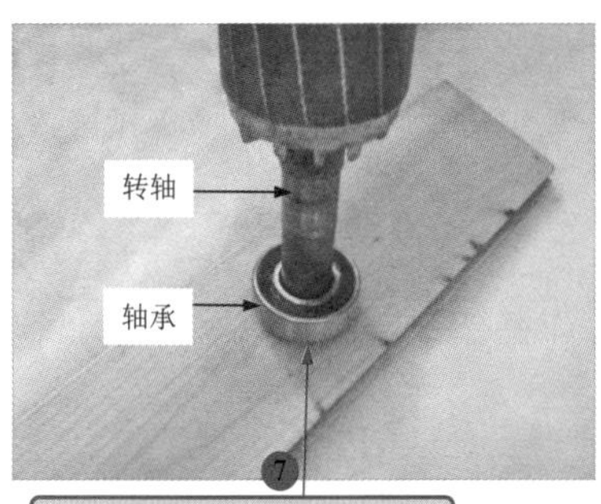
转轴
轴承
7

将轴承从转轴上分离，并使用同样的方法将另一侧轴承拆下

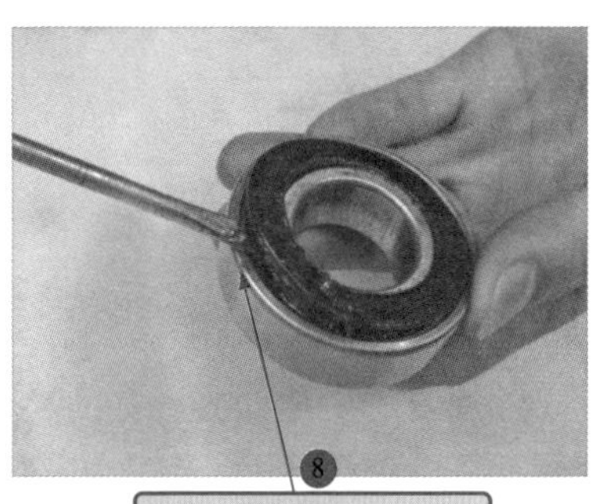
8

使用一字槽螺丝刀，将轴承两侧的橡胶垫圈撬起

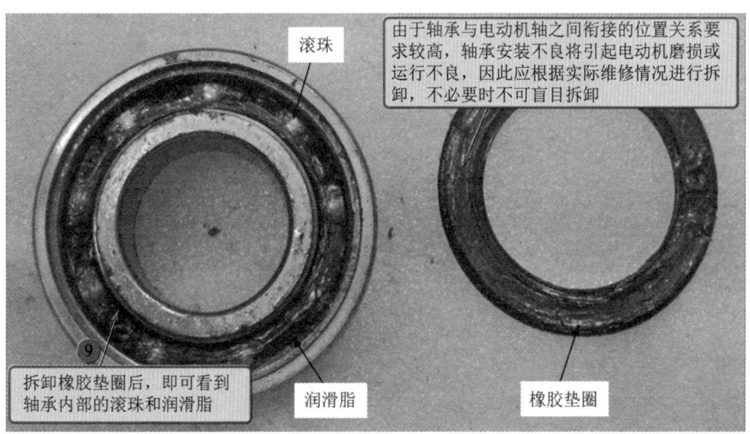
滚珠
由于轴承与电动机轴之间衔接的位置关系要求较高，轴承安装不良将引起电动机磨损或运行不良，因此应根据实际维修情况进行拆卸，不必要时不可盲目拆卸
9
拆卸橡胶垫圈后，即可看到轴承内部的滚珠和润滑脂
润滑脂
橡胶垫圈

图 5-13　三相交流电动机轴承的拆卸（续）

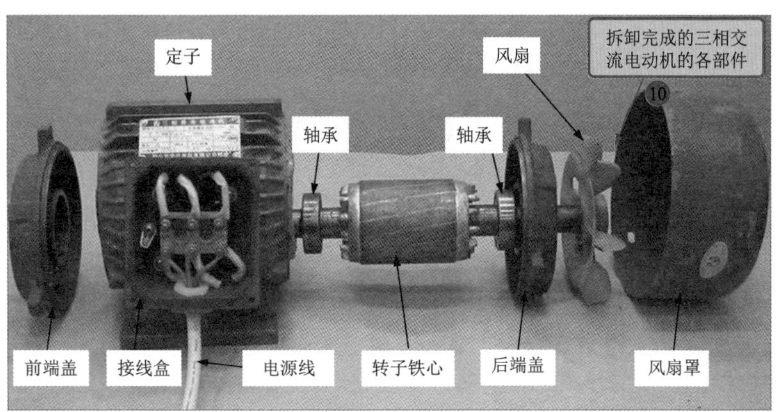
定子
风扇
拆卸完成的三相交流电动机的各部件
10
轴承
轴承
前端盖
接线盒
电源线
转子铁心
后端盖
风扇罩

图 5-13　三相交流电动机轴承的拆卸（续）

第 6 章 检修电动机

6.1 检修直流电动机

6.1.1 直流电动机的检测方法

绕组是电动机的主要组成部件，在电动机的实际应用中，损坏的机率相对较高。检测时，可使用万用表检测电动机绕组的阻值，根据检测结果可大致判断出电动机绕组有无短路或开路故障。

图 6-1 为万用表检测直流电动机绕组阻值的方法。

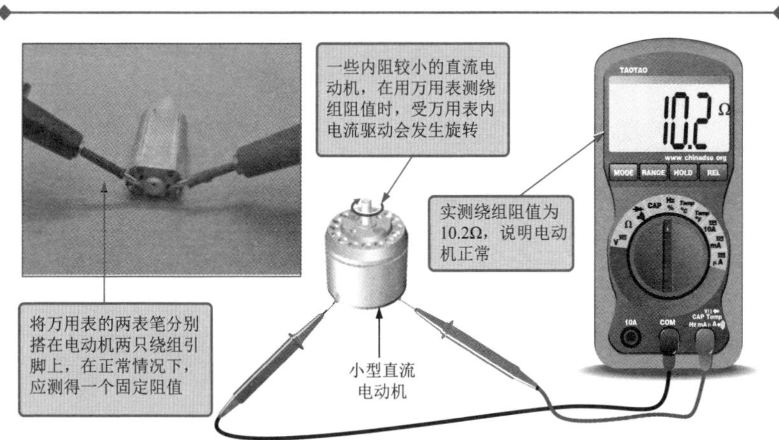
一些内阻较小的直流电动机，在用万用表测绕组阻值时，受万用表内电流驱动会发生旋转
实测绕组阻值为10.2Ω，说明电动机正常
将万用表的两表笔分别搭在电动机两只绕组引脚上，在正常情况下，应测得一个固定阻值
小型直流电动机
TAOTAO
10.2 Ω
MODE
RANGE
HOLD
REL
COM
10A

图 6-1 万用表检测直流电动机绕组阻值的方法

在正常情况下，应能够测得一个固定阻值。直流电动机绕组线圈匝数、粗细不同，使用万用表检测的阻值结果也会不同。若测得的结果是零或无穷大，则说明电动机绕组存在短路或断路的情况。

要点说明

检测直流电动机绕组阻值相当于检测一个电感线圈的阻值，应能检测到一个固定的数值。当检测一些小功率直流电动机时，若被测直流电动机正常，会受万用表内电流的驱动而旋转。

6.1.2 直流电动机的检修实例

采用直流电动机驱动的电气产品，在通电后，电动机不起动，也无任何反应，则可能是由于供电异常、电动机绕组异常或换向器表面脏污等原因引起的。

如图 6-2 所示，怀疑电源供电线路异常，在排除外接供电引线异常的情况下，可先用万用表粗略测量电动机绕组间的阻值，检查绕组及回路有无短路或断路情况。

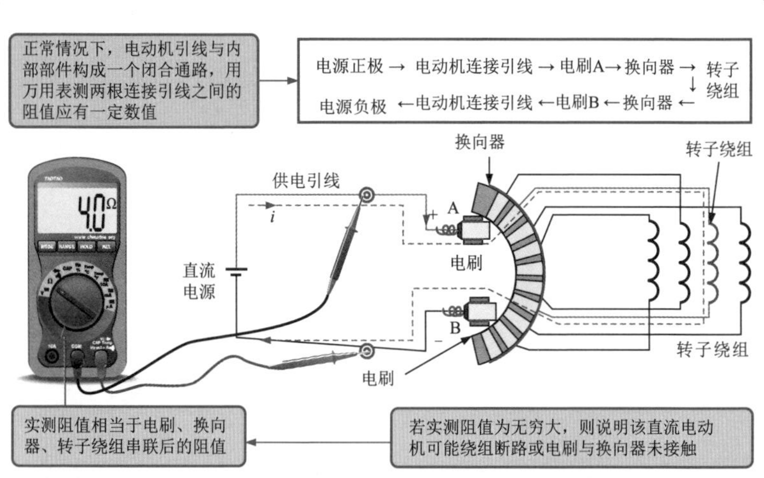
正常情况下，电动机引线与内部部件构成一个闭合通路，用万用表测两根连接引线之间的阻值应有一定数值
电源正极 → 电动机连接引线 → 电刷A → 换向器 → 转子绕组
电源负极 ← 电动机连接引线 ← 电刷B ← 换向器 ←
换向器
转子绕组
供电引线
i
A
电刷
直流电源
B
转子绕组
电刷
4.0Ω
实测阻值相当于电刷、换向器、转子绕组串联后的阻值
若实测阻值为无穷大，则说明该直流电动机可能绕组断路或电刷与换向器未接触

图 6-2 检测直流电动机绕组或绕组回路的阻值

若在改变引线状态时，发现万用表测量其阻值有明显的变化，则一般说明引线中可能存在短路或断路故障，应更换引线或将引线重新连接好。

如图 6-3 所示，经检测，直流电动机绕组回路阻值异常，则接下来逐一检查回路中的电气部件，如检查电动机供电引线的连接情况。若连接正常，则需要拆卸直流电动机，清洁内部换向器的表面，以排除绕组回路接触不良的故障。

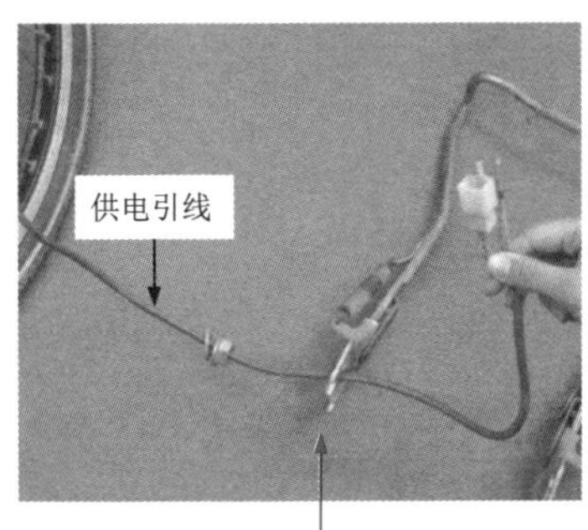
供电引线
检查直流电动机的供电引线连接情况是否良好，经检查正常

直流电动机转子部分
换向器
清理换向器表面的电刷粉，将电动机安装好，调试，直流电动机能正常起动，故障被排除

图 6-3　检查回路中的电气部件

要点说明

电动机不起动故障，大多是由其供电及电动机本身部件异常引起的。当排查故障后，将电动机安装好，调试，若电动机能正常起动，则说明故障被排除；若检查完上述部分，电动机仍然还不能正常起动，则此时需要检查直流电动机的其他可能的故障原因，例如，励磁回路断开，电刷回路断开，电路发生故障使电动机未通电，电枢（转子）绕组断路，励磁绕组回路断路或接错，电刷与换向器接触不良或换向器表面不清洁，换向极或串励绕组接反，起动器故障，电动机过载，负载机械被卡住，使负载转矩大于电动机堵转转矩，负载过重，起动电流太小，直流电源容量太小，电刷不在中性线上等。

上述情况均可能引起直流电动机不能起动的故障，可在排除故障的过程中根据实际环境情况，具体分析，逐步排查，直到找到故障点。

6.2 检修单相交流电动机

6.2.1 单相交流电动机的检测方法

单相交流电动机有 3 个接线端子。对单相交流电动机的检测可使用万用表分别检测任意 2 个接线端子之间的阻值，然后对测量值进行比对，根据比对结果判断绕组的情况。图 6-4 为单相交流电动机绕组阻值的检测方法。

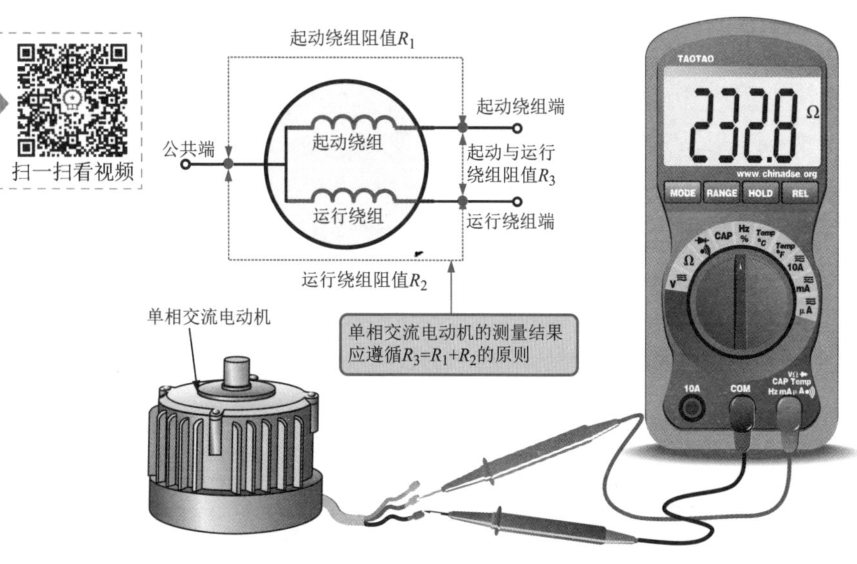
扫一扫看视频
起动绕组阻值R_1
公共端
起动绕组
运行绕组
起动绕组端
起动与运行绕组阻值R_3
运行绕组端
运行绕组阻值R_2
单相交流电动机
单相交流电动机的测量结果应遵循$R_3=R_1+R_2$的原则
TAOTAO
232.8 Ω
www.chinadse.org
MODE RANGE HOLD REL
10A COM

图 6-4 单相交流电动机绕组阻值的检测方法

在正常情况下，用万用表红、黑表笔分别接起动绕组端和运行绕组端，测得的阻值应为起动绕组阻值与运行绕组阻值之和。

6.2.2 单相交流电动机的检修实例

扫一扫看视频

单相交流电动机应用广泛，例如洗衣机、吸尘器、电风扇等家用电子产品中都采用单相交流电动机。当单相交流电动机出现故障时，应结合单相交流电动机的结构和工作特点，对单相交流电动机的起动电路、供电电路通断以及绕组等进行检测。

如图 6-5 所示，首先排查单相交流电动机以外可能的故障原因，即检查单相交流电动机的起动电路部分。根据单相交流电动机所在电路关系，了解到该单相交流电动机是由起动电容器控制起动的，这里重点检查起动电容器是否正常。

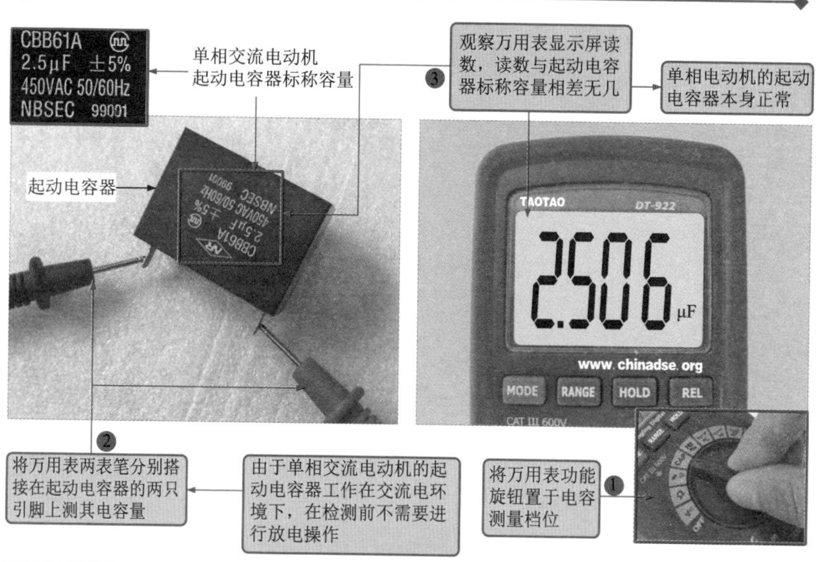
CBB61A
2.5μF ±5%
450VAC 50/60Hz
NBSEC 99001
单相交流电动机
起动电容器标称容量
观察万用表显示屏读数，读数与起动电容器标称容量相差无几
单相电动机的起动电容器本身正常
起动电容器
TAOTAO
DT-922
2.506
μF
www.chinadse.org
MODE
RANGE
HOLD
REL
将万用表两表笔分别搭接在起动电容器的两只引脚上测其电容量
由于单相交流电动机的起动电容器工作在交流电环境下，在检测前不需要进行放电操作
将万用表功能旋钮置于电容测量档位

图 6-5　检测单相交流电动机起动电路中的起动电容器

如图 6-6 所示，起动电容器正常，继续对其他可能的故障原因进行排查。检查该单相交流电动机的供电线路有无断路、插座或插头是否接触不良。

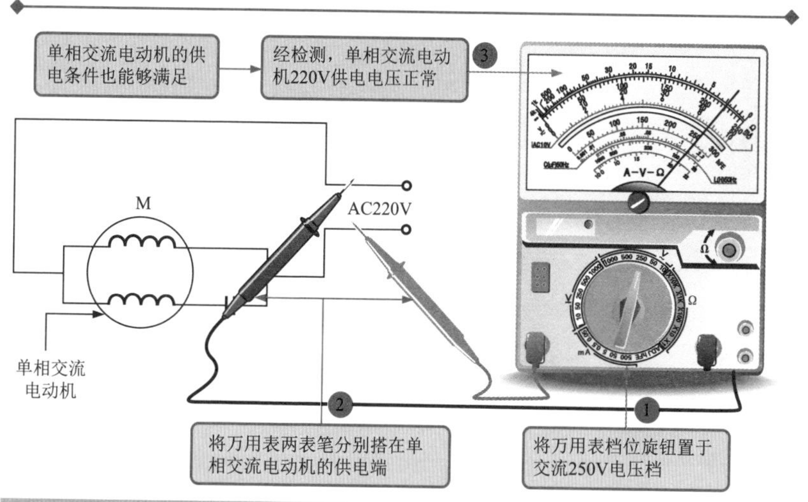
单相交流电动机的供电条件也能够满足
经检测，单相交流电动机220V供电电压正常
M
AC220V
A-V-Ω
单相交流电动机
将万用表两表笔分别搭在单相交流电动机的供电端
将万用表档位旋钮置于交流250V电压档

图 6-6　检查单相交流电动机的供电条件

若单相交流电动机供电正常，则重点检查单相交流电动机内部是否损坏。如图6-7所示，断开电动机电源后，检查其内部绕组的阻值情况，判断绕组及绕组之间有无断路故障。

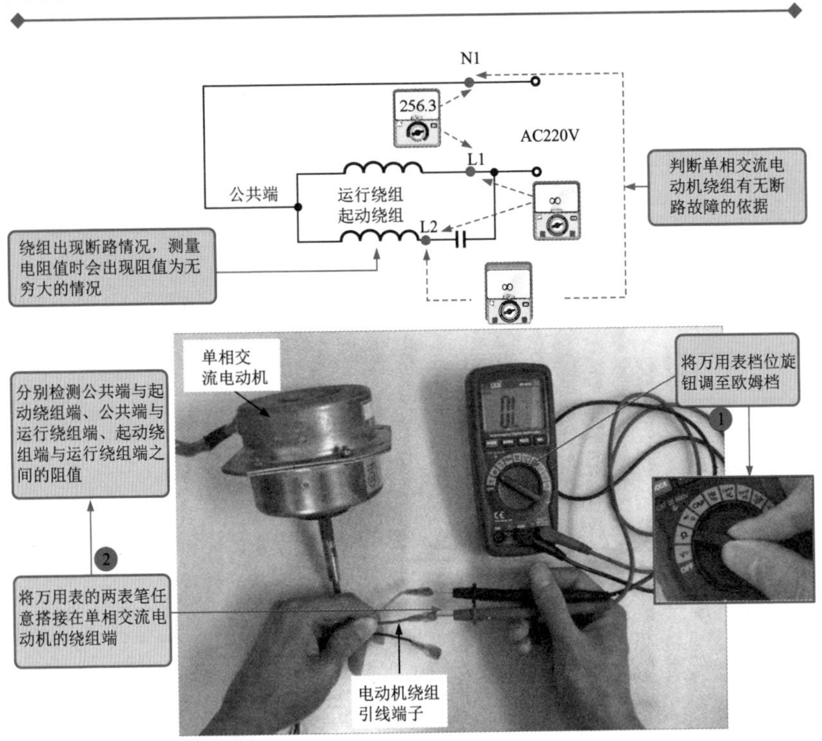
N1
256.3
AC220V
L1
公共端
运行绕组
起动绕组
L2
∞
判断单相交流电动机绕组有无断路故障的依据
绕组出现断路情况，测量电阻值时会出现阻值为无穷大的情况
单相交流电动机
将万用表档位旋钮调至欧姆档
分别检测公共端与起动绕组端、公共端与运行绕组端、起动绕组端与运行绕组端之间的阻值
将万用表的两表笔任意搭接在单相交流电动机的绕组端
电动机绕组引线端子

图6-7 检查单相交流电动机内部绕组

6.3 检修三相交流电动机

6.3.1 检测三相交流电动机的绕组阻值

用万用表检测三相交流电动机绕组阻值的操作与检测单相交流电动机的方法类似，如图6-8所示。三相交流电动机每两个引线端子的阻值测量结果应基本相同。若R1、R2、R3任意一阻值为无穷大或零，则说明绕组内部存在断路或短路故障。

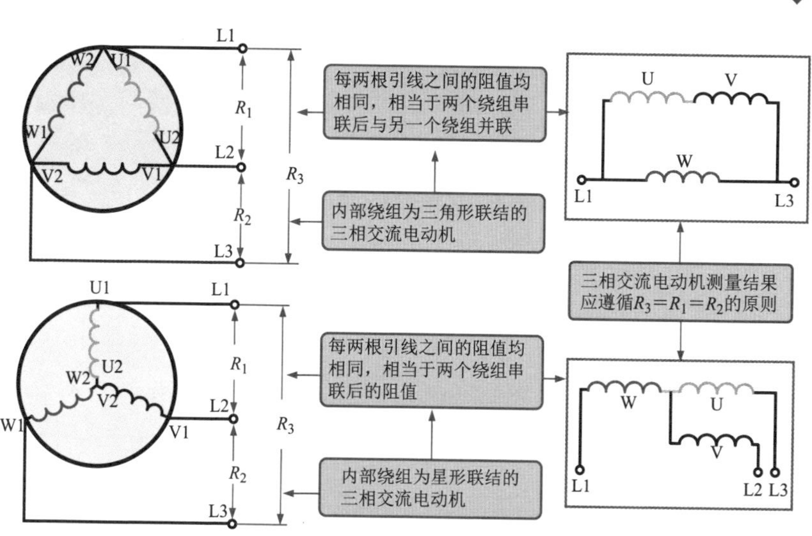
L1
W2
U1
W1
U2
L2
V2
V1
R1
R3
R2
L3
每两根引线之间的阻值均相同，相当于两个绕组串联后与另一个绕组并联
内部绕组为三角形联结的三相交流电动机
U
V
W
L1
L3
三相交流电动机测量结果应遵循R3=R1=R2的原则
U1
L1
U2
W2
V2
W1
V1
L2
每两根引线之间的阻值均相同，相当于两个绕组串联后的阻值
内部绕组为星形联结的三相交流电动机
W
U
V
L1
L2
L3

图 6-8　万用表检测三相交流电动机的绕组阻值

除采用万用表粗略检测三相交流电动机绕组阻值外，还可以借助万能电桥精确测量出每组绕组的阻值。这样即使有微小的偏差也能够被发现，因此，使用万能电桥检测三相交流电动机绕组阻值是判断电动机制造工艺和性能是否良好的有效测试方法。图 6-9 为万能电桥检测三相交流电动机绕组阻值的操作方法。

扫一扫看视频

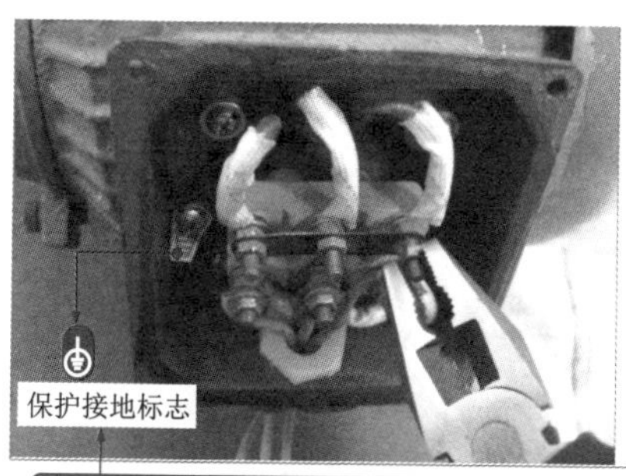
保护接地标志

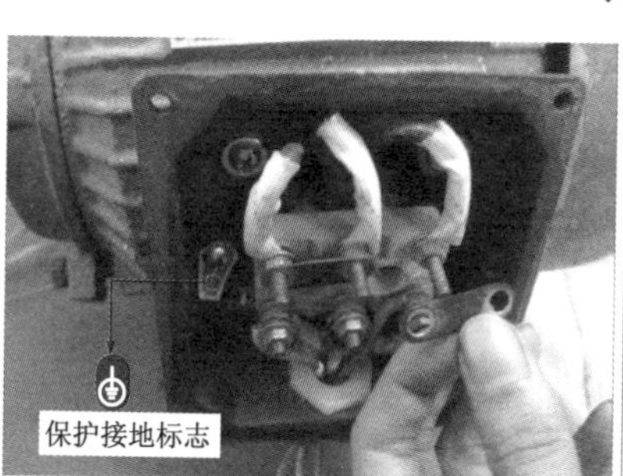
保护接地标志

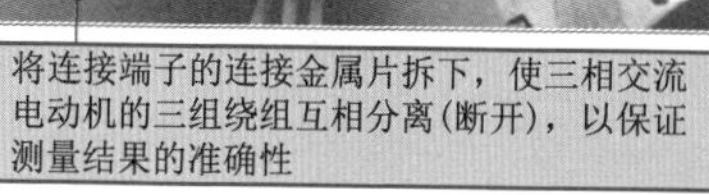
将连接端子的连接金属片拆下，使三相交流电动机的三组绕组互相分离(断开)，以保证测量结果的准确性
1

图 6-9　万能电桥检测三相交流电动机绕组阻值的操作方法

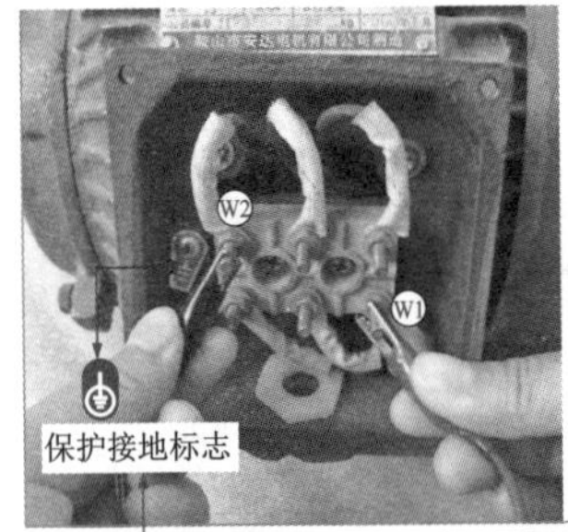
W2
W1
保护接地标志

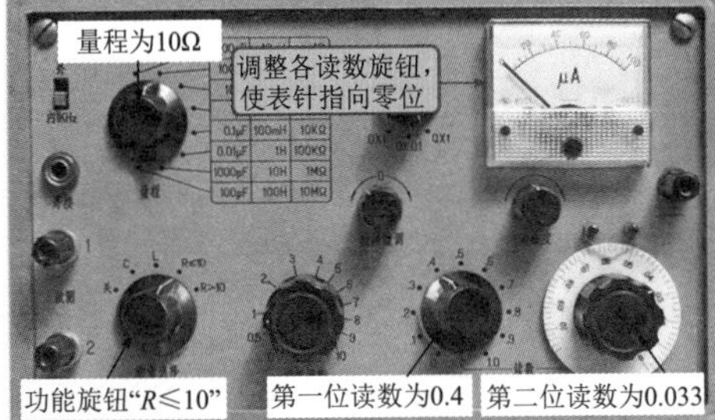
量程为10Ω
调整各读数旋钮，使表针指向零位
功能旋钮"R≤10"
第一位读数为0.4
第二位读数为0.033

将万能电桥测试线上的鳄鱼夹夹在电动机一相绕组的两端引出线上检测阻值。本例中，万能电桥实测数值为0.433×10Ω=4.33Ω，属于正常范围 ②

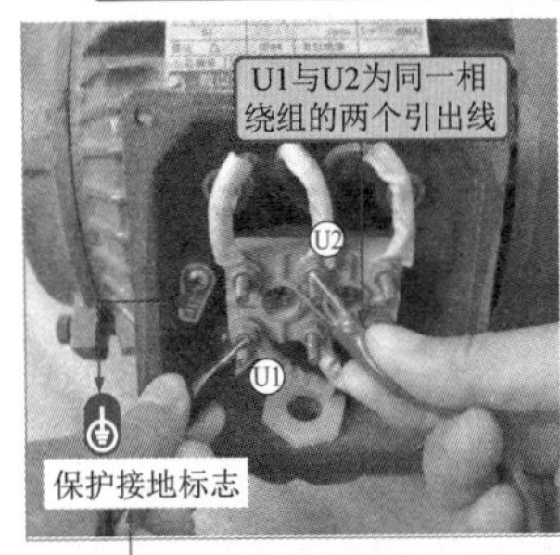
U1与U2为同一相绕组的两个引出线
U2
U1
保护接地标志

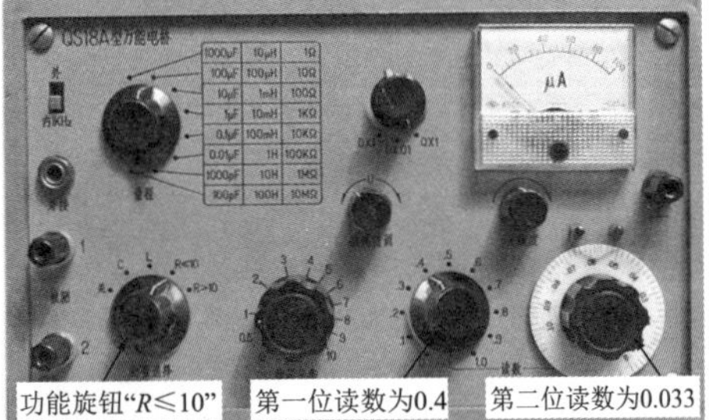
功能旋钮"R≤10"
第一位读数为0.4
第二位读数为0.033

使用相同的方法，将鳄鱼夹夹在电动机第二相绕组的两端引出线上检测阻值。本例中，万能电桥实测数值为0.433×10Ω=4.33Ω，属于正常范围 ③

图 6-9 万能电桥检测三相交流电动机绕组阻值的操作方法（续）

6.3.2 检测三相交流电动机的绝缘电阻

扫一扫看视频

电动机绝缘电阻的检测主要可用来判断电动机绕组间的绝缘性能及是否存在漏电（对外壳短路）现象。图 6-10 为使用绝缘电阻表检测电动机绕组与外壳之间绝缘电阻的操作方法。

要点说明

为确保测量值的准确，需要等待绝缘电阻表的指针慢慢回到初始位置后，再顺时针摇动绝缘电阻表的手柄，检测其他绕组与外壳的绝缘电阻是否正常。若测得结果远小于1MΩ，则说明电动机绝缘性能不良或内部导电部分与外壳之间有漏电情况。

图 6-11 为电动机绕组与绕组之间绝缘电阻的检测。

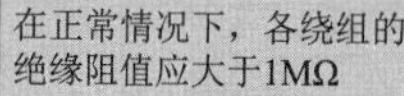
在正常情况下，各绕组的
绝缘阻值应大于1MΩ

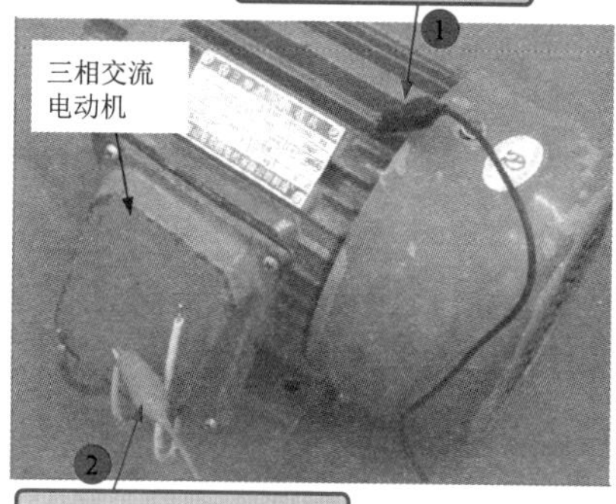
将绝缘电阻表黑色鳄鱼
夹夹在电动机的外壳上
1
三相交流
电动机
2
红色鳄鱼夹依次夹在电动
机各相绕组的引出线上

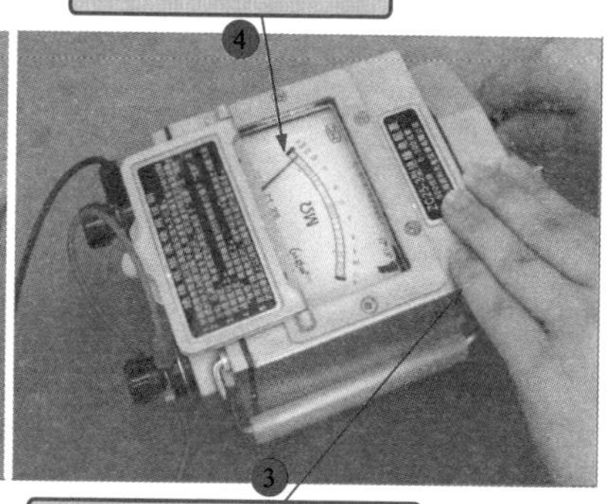
4
3
匀速转动绝缘电阻表的手柄，观
察绝缘电阻表指针的摆动变化

图 6-10 使用绝缘电阻表检测电动机绕组与外壳之间绝缘电阻的操作方法

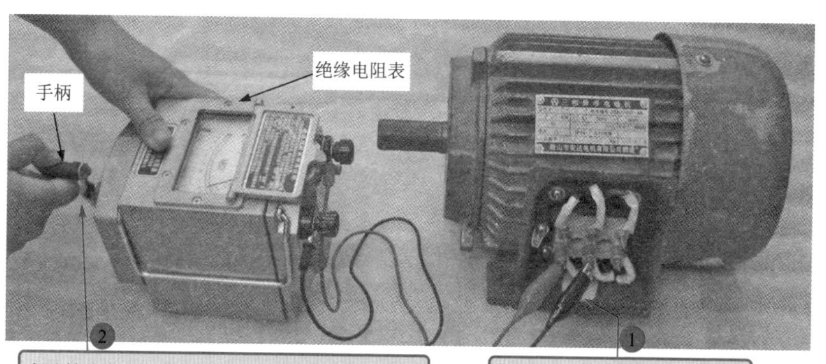
绝缘电阻表
手柄
2
1
匀速转动绝缘电阻表的手柄，不相连的任意两
相绕组之间的阻值应大于1MΩ(绝缘)
将两只鳄鱼夹分别夹在电动机
不相连的两相绕组引线上

图 6-11 电动机绕组与绕组之间绝缘电阻的检测

检测绕组间绝缘电阻时，需要打开电动机接线盒，取下接线片，即确保电动机绕组之间没有任何连接关系。若测得电动机的绕组与绕组之间的绝缘电阻值远小于1MΩ，则说明电动机绕组与绕组之间绝缘性能不良，可能存在绕组间短路现象。

6.3.3 检测三相交流电动机的空载电流

扫一扫看视频

检测电动机的空载电流，即在电动机未带任何负载的运行状态下，检测绕组中的运行电流。为方便检测，通常使用钳形表进行测试。图 6-12 为三相交流电动机空载电流的检测方法。

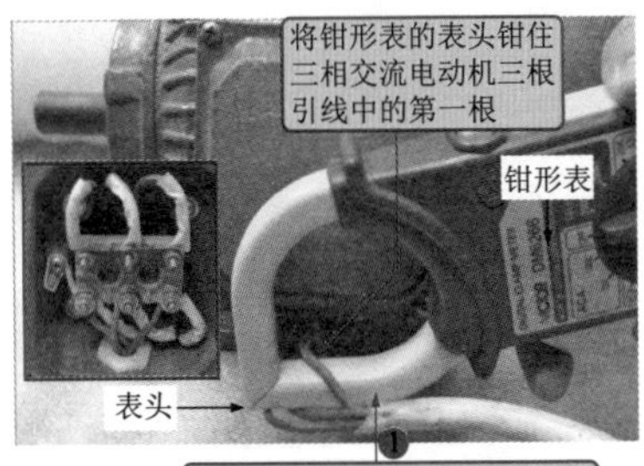
将钳形表的表头钳住三相交流电动机三根引线中的第一根
钳形表
表头
1
使用钳形表检测三相交流电动机第一根引线的空载电流值

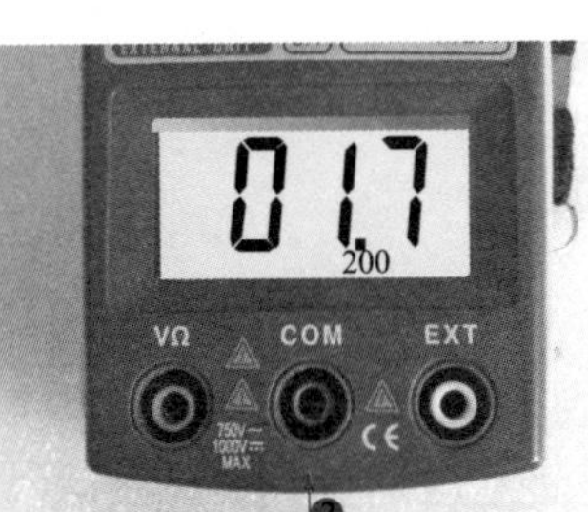
01.7
200
VΩ
COM
EXT
2
本例中，钳形表实际测得稳定后的空载电流值为1.7A

将钳形表的表头钳住三相交流电动机三根引线中的第二根
钳形表
表头
3
使用钳形表检测三相交流电动机第二根引线的空载电流值

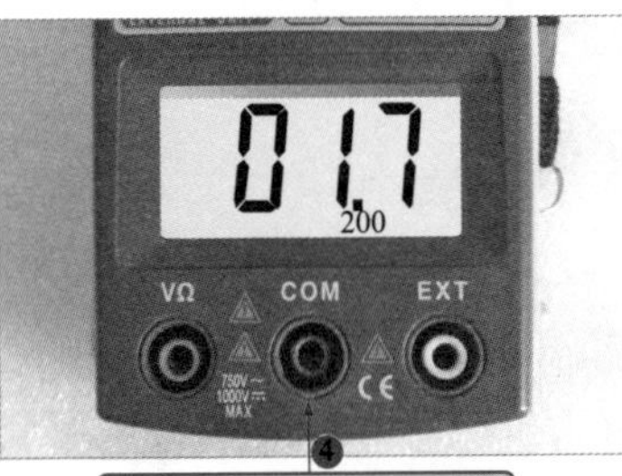
01.7
200
VΩ
COM
EXT
4
本例中，钳形表实际测得稳定后的空载电流值为1.7A

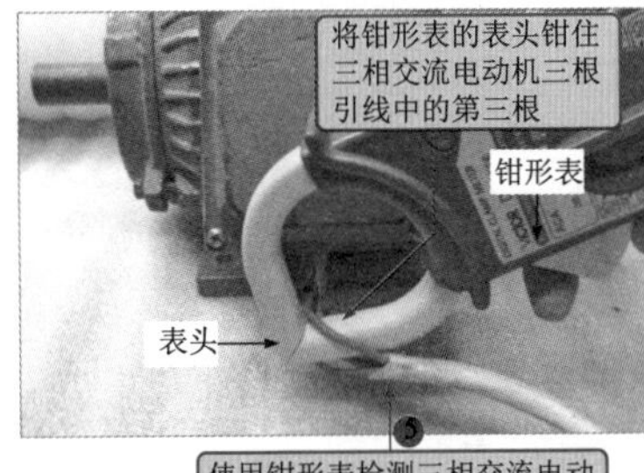
将钳形表的表头钳住三相交流电动机三根引线中的第三根
钳形表
表头
5
使用钳形表检测三相交流电动机第三根引线的空载电流值

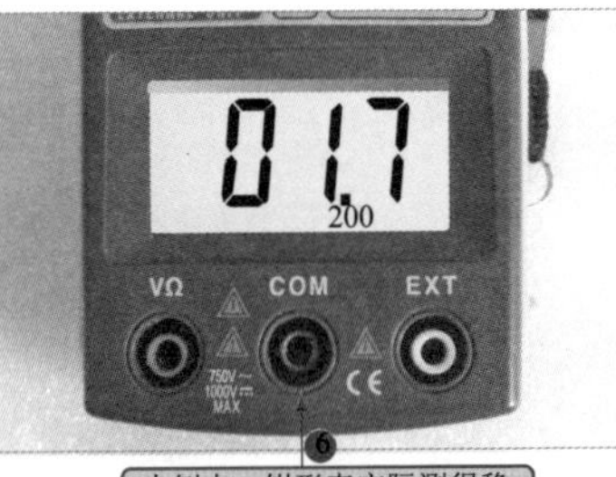
01.7
200
VΩ
COM
EXT
6
本例中，钳形表实际测得稳定后的空载电流值为1.7A

图 6-12 三相交流电动机空载电流的检测方法

要点说明

若测得的空载电流过大或三相空载电流不均衡，则说明电动机存在异常。一般情况下，空载电流过大的原因主要是电动机内部铁心不良、电动机转子与定子之间的间隙过大、电动机绕组线圈的匝数过少、电动机绕组连接错误。所测电动机为2极1.5kW容量的电动机，其空载电流一般为额定电流的40%~55%。

6.3.4 检测三相交流电动机的转速

电动机的转速是指电动机运行时每分钟旋转的次数，测试电动机的实际转速并与铭牌上的额定转速对照比较，可判断出电动机是否存在超速或堵转现象。检测电动机的转速一般使用专用的电动机转速表。图6-13所示为电动机转速的检测。

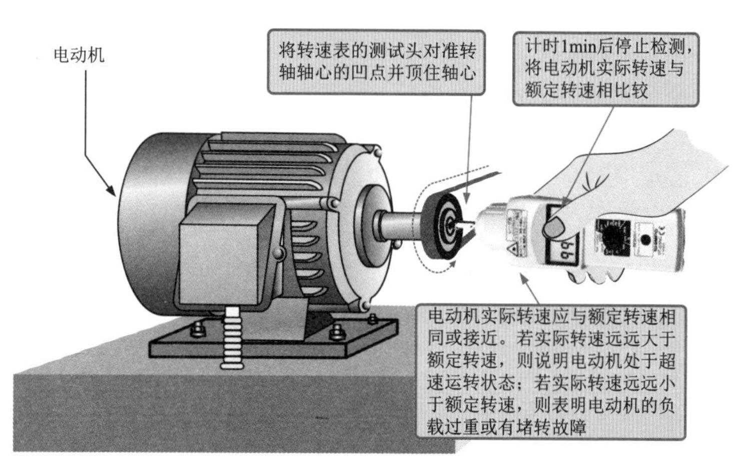
电动机
将转速表的测试头对准转轴轴心的凹点并顶住轴心
计时1min后停止检测，将电动机实际转速与额定转速相比较
电动机实际转速应与额定转速相同或接近。若实际转速远远大于额定转速，则说明电动机处于超速运转状态；若实际转速远远小于额定转速，则表明电动机的负载过重或有堵转故障

图6-13 电动机转速的检测

要点说明

对于没有铭牌的电动机，要先确定其额定转速。通常可用指针万用表进行简单判断，如图6-14所示。

首先将电动机各绕组之间的连接金属片取下，使各绕组之间保持绝缘；再将万用表量程调至50μA档，将两表笔分别接在某一绕组的两端；匀速转动电动机主轴一周，观察一周内万用表指针左右摆动的次数。

当万用表指针摆动一次时，表明电流正负变化一个周期，为2极电动机；当万用表指针摆动两次时，则为4极电动机，依此类推，三次则为6极电动机。

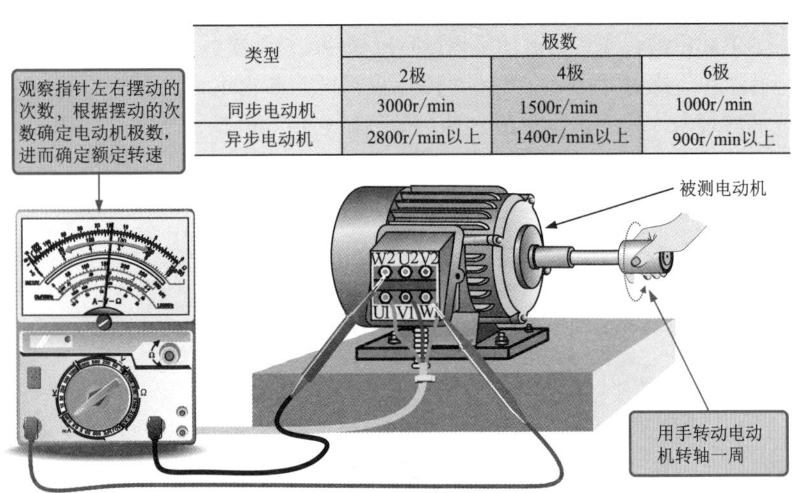

类型	极数		
	2极	4极	6极
同步电动机	3000r/min	1500r/min	1000r/min
异步电动机	2800r/min以上	1400r/min以上	900r/min以上

观察指针左右摆动的次数，根据摆动的次数确定电动机极数，进而确定额定转速
被测电动机
W2 U2 V2
U1 V1 W1
用手转动电动机转轴一周

图6-14 使用万用表检测电动机转速

6.4 检修电动机铁心和转轴

6.4.1 检修电动机铁心

铁心是电动机中磁路的重要组成部分，在电动机的运转过程中起到举足轻重的作用。电动机中的铁心通常包含定子铁心和转子铁心两个部分。定子通常作为不转动的部分，转子通常固定在定子的中央部位。图6-15为铁心在电动机中的位置。

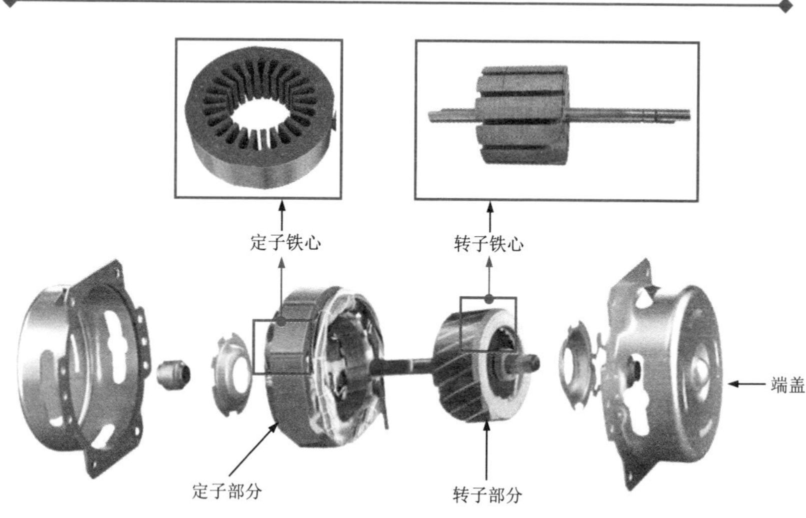
定子铁心
转子铁心
端盖
定子部分
转子部分

图 6-15 铁心在电动机中的位置

要点说明

将电动机拆开后，可看到定子铁心与电动机的外壳制成一体。转子固定在转轴上，转轴两端固定在轴承上，使转子位于定子中心处，且不与定子相接触。

相关资料

在不同类型的电动机中，定子和转子的外形和结构不同，因此铁心部分的结构也有所差异。图 6-16 为几种不同类型电动机中铁心的实物外形。

电动机定子铁心是电动机定子磁路的一部分，由 0.35~0.5mm 厚的表面涂有绝缘漆的薄硅钢片（冲压片）叠压而成。图 6-17 为典型电动机定子铁心的结构。

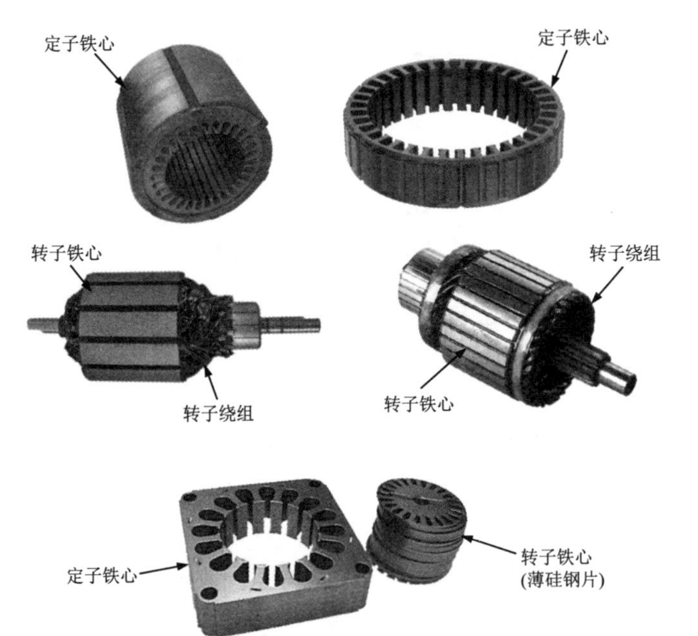
定子铁心
定子铁心
转子铁心
转子绕组
转子绕组
转子铁心
定子铁心
转子铁心
(薄硅钢片)

图 6-16　几种不同类型电动机中铁心的实物外形

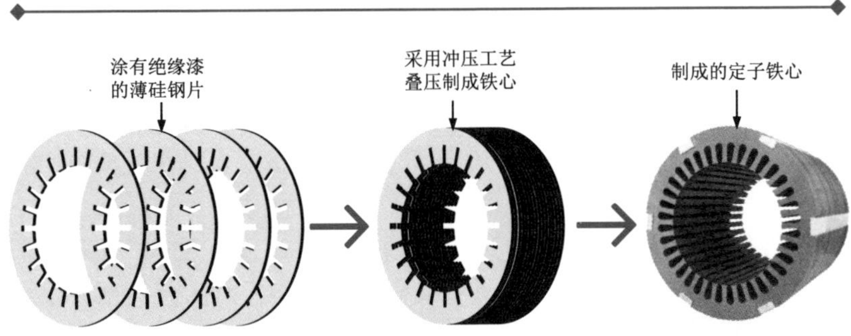
涂有绝缘漆
的薄硅钢片
采用冲压工艺
叠压制成铁心
制成的定子铁心

图 6-17　典型电动机定子铁心的结构

要点说明

定子铁心所采用的硅钢片较薄，片与片之间是绝缘的，可以极大地减少由于交变磁通通过而引起的铁心涡流损耗。

定子铁心兼有定子绕组骨架的功能，因此在定子铁心内设有均匀分布的凹槽，用于缠绕定子绕组，组成电动机的定子部分。图 6-18 为定子铁心上的凹槽。

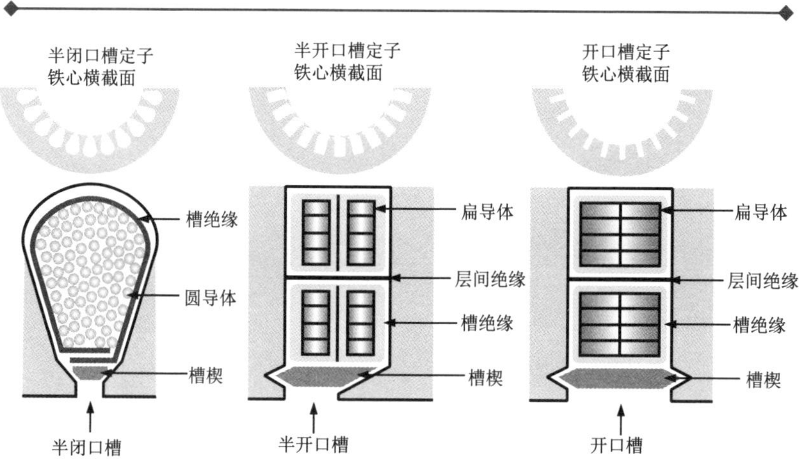
半闭口槽定子
铁心横截面
半开口槽定子
铁心横截面
开口槽定子
铁心横截面
槽绝缘
圆导体
槽楔
半闭口槽
扁导体
层间绝缘
槽绝缘
槽楔
半开口槽
扁导体
层间绝缘
槽绝缘
槽楔
开口槽

图 6-18　定子铁心上的凹槽

定子铁心上的凹槽根据槽口（槽齿）的类型来分主要有 3 种，即半闭口槽、半开口槽和开口槽。

要点说明

从提高电动机的效率和功率方面考虑，半闭口槽最好，但绕组的绝缘和嵌线工艺比较复杂，常用于小容量和中型低压异步电动机；半开口槽的槽口略大于槽宽的一半，可以嵌放成型线圈，适用于大型低压异步电动机；开口槽适用于高压异步电动机，以保证绝缘的可靠性和下线方便。

转子铁心由薄硅钢片绝缘叠压而成，是主磁极的重要组成部分。图 6-19 为典型电动机转子铁心的结构。

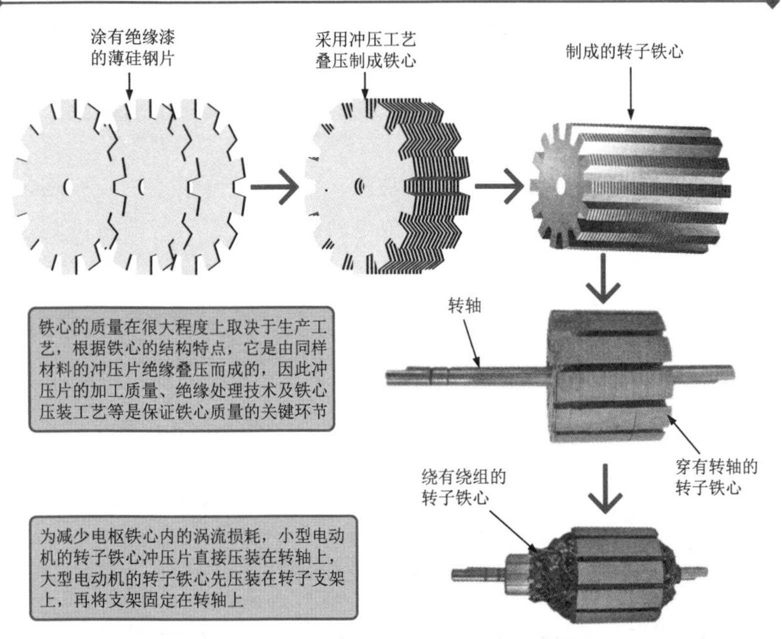
涂有绝缘漆
的薄硅钢片
采用冲压工艺
叠压制成铁心
制成的转子铁心
转轴
铁心的质量在很大程度上取决于生产工艺，根据铁心的结构特点，它是由同样材料的冲压片绝缘叠压而成的，因此冲压片的加工质量、绝缘处理技术及铁心压装工艺等是保证铁心质量的关键环节
绕有绕组的
转子铁心
穿有转轴的
转子铁心
为减少电枢铁心内的涡流损耗，小型电动机的转子铁心冲压片直接压装在转轴上，大型电动机的转子铁心先压装在转子支架上，再将支架固定在转轴上

图 6-19　典型电动机转子铁心的结构

要点说明

若铁心在压装过程中过松，则一定长度内冲压片的数量减少，将导致磁极截面积不足，进而引起振动噪声等；若铁心压装过紧，则可能造成冲压片间绝缘性能降低，增大损耗。因此，如何改善铁心冲压片的材质、提高材质的磁导率、控制好铁损的大小等，便成为直接提升电动机铁心性能的重要方面。一般来说，性能良好的电动机铁心由精密的冲压模具成型，再采用自动铆接的工艺，然后利用高精密度冲压机冲压完成，由此可以最大程度地保证产品平面的完整度和产品精度。

铁心不仅是电动机中磁路的重要组成部分，在电动机的运作过程中还要承受机械振动与电磁力、热的综合作用。因此，电动机铁心出现异常的情况较多，比较常见的故障主要有铁心表面锈蚀、铁心松弛、铁心烧损、铁心槽齿弯曲变形、铁心扫膛等。

1. 铁心表面锈蚀的检修

如图 6-20 所示，当电动机长期处于潮湿、有腐蚀气体的环境中时，

电动机铁心表面的绝缘性能会逐渐变差，容易出现锈蚀情况。若铁心出现锈蚀，则可通过打磨和重新绝缘等手段进行修复。

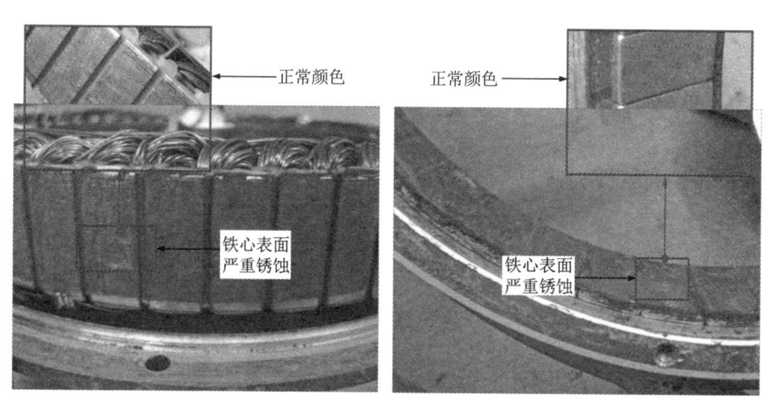
正常颜色
正常颜色
铁心表面
严重锈蚀
铁心表面
严重锈蚀

a) 铁心表面锈蚀示意图

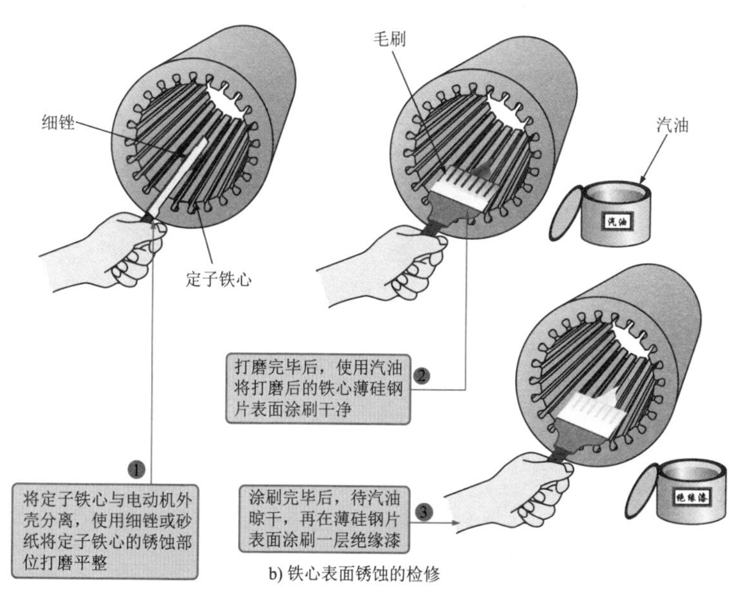
细锉
定子铁心
毛刷
汽油
汽油
绝缘漆
1 将定子铁心与电动机外壳分离，使用细锉或砂纸将定子铁心的锈蚀部位打磨平整
2 打磨完毕后，使用汽油将打磨后的铁心薄硅钢片表面涂刷干净
3 涂刷完毕后，待汽油晾干，再在薄硅钢片表面涂刷一层绝缘漆

b) 铁心表面锈蚀的检修

图 6-20　铁心表面锈蚀的检修

电动机在运行时，铁心由于受热膨胀会受到附加压力，将绝缘漆膜压平，薄硅钢片间密度降低，从而产生松动现象。当铁心之间收缩 0.3%时，铁心之间的压力将会降至原始值的一半。铁心松动后将会产

生振动，使绝缘层变薄，从而使松动现象变得更明显。

2. 铁心松弛的检修

图6-21为定子铁心松弛的检修方法。当电动机定子铁心出现松动现象时，通常松动的部位多为铁心两端，铁心中间及整体松动较少。检修时，一般可在电动机外壳上钻孔攻螺纹，然后拧入固定螺钉进行修复。

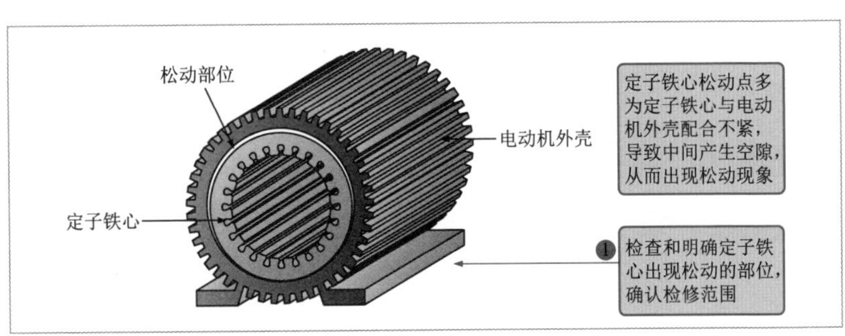
松动部位
电动机外壳
定子铁心
定子铁心松动点多为定子铁心与电动机外壳配合不紧，导致中间产生空隙，从而出现松动现象
1 检查和明确定子铁心出现松动的部位，确认检修范围

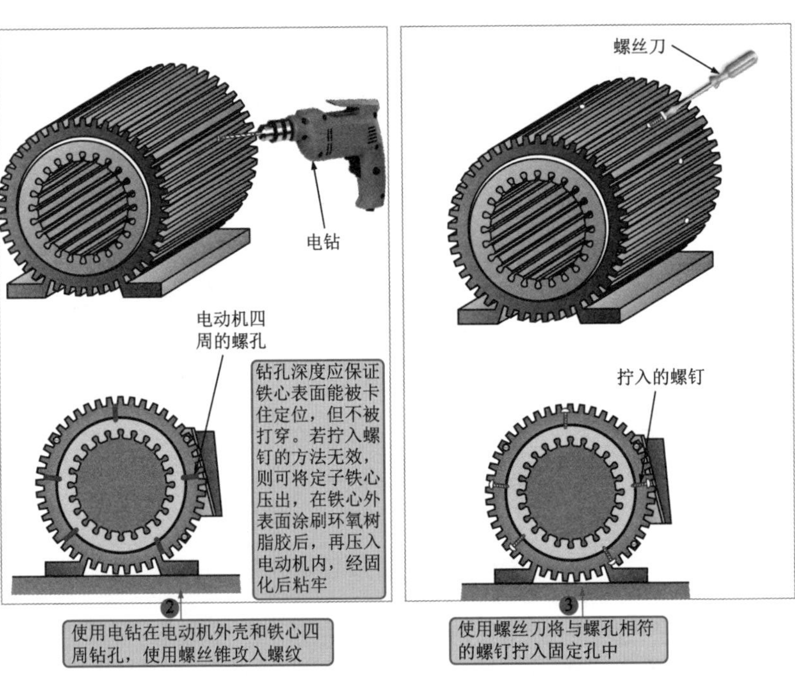
电钻
电动机四周的螺孔
钻孔深度应保证铁心表面能被卡住定位，但不被打穿。若拧入螺钉的方法无效，则可将定子铁心压出，在铁心外表面涂刷环氧树脂胶后，再压入电动机内，经固化后粘牢
2 使用电钻在电动机外壳和铁心四周钻孔，使用螺丝锥攻入螺纹
螺丝刀
拧入的螺钉
3 使用螺丝刀将与螺孔相符的螺钉拧入固定孔中

图6-21 定子铁心松弛的检修方法

当电动机转子铁心出现松动现象时，其松动点多为转子铁心与转轴之间的连接部位。图6-22为转子铁心松弛的检修方法。检修时，可采用螺母紧固的方法进行修复。

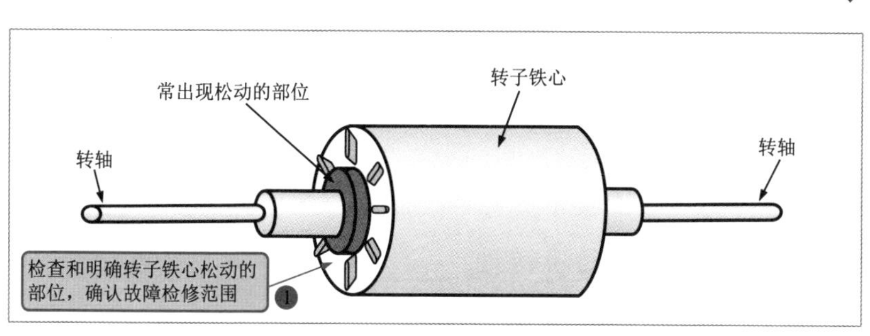
常出现松动的部位
转子铁心
转轴
转轴
检查和明确转子铁心松动的部位，确认故障检修范围
1

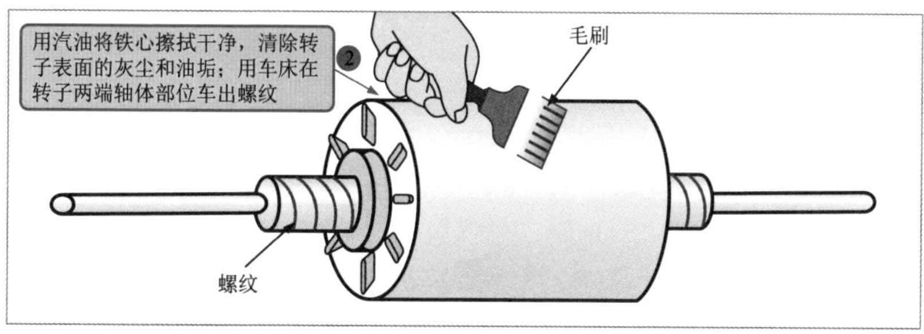
用汽油将铁心擦拭干净，清除转子表面的灰尘和油垢；用车床在转子两端轴体部位车出螺纹
2
毛刷
螺纹

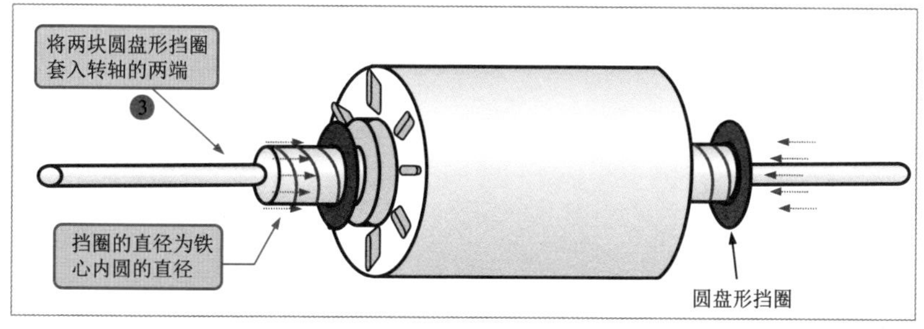
将两块圆盘形挡圈套入转轴的两端
3
挡圈的直径为铁心内圆的直径
圆盘形挡圈

图6-22 转子铁心松弛的检修方法

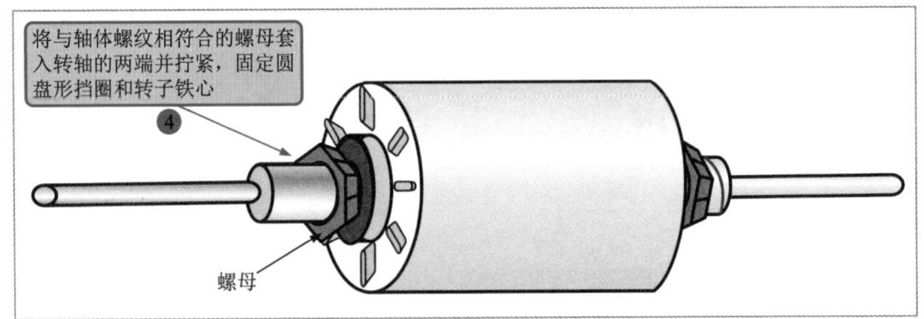
将与轴体螺纹相符合的螺母套入转轴的两端并拧紧，固定圆盘形挡圈和转子铁心
4
螺母

图 6-22 转子铁心松弛的检修方法（续）

6.4.2 检修电动机转轴

转轴是电动机输出机械能的主要部件，一般是用中碳钢制成的，穿插在电动机转子铁心的中心部位，两端用轴承支撑。图 6-23 为转轴在电动机中的位置。

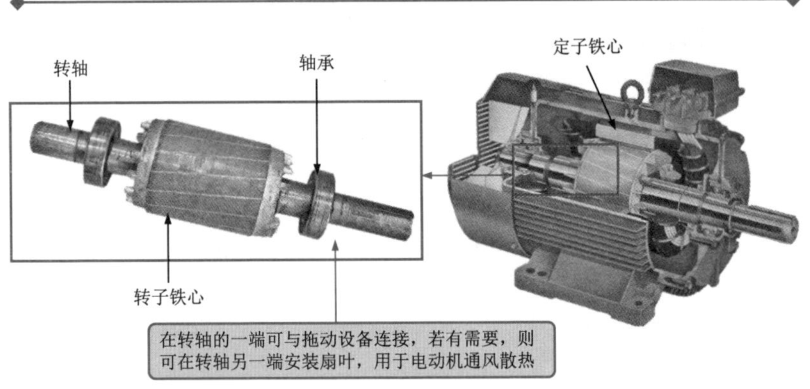
转轴
轴承
定子铁心
转子铁心
在转轴的一端可与拖动设备连接，若有需要，则可在转轴另一端安装扇叶，用于电动机通风散热

图 6-23 转轴在电动机中的位置

相关资料

转轴根据表面制作工艺的不同可分为两种：一种是表面采用滚花波纹工艺；另一种采用键槽工艺，如图 6-24 所示。

如图 6-25 所示，转轴的主要功能是作为电动机动力的输出部件，同时支撑转子铁心旋转，保持定子、转子之间有适当的气隙。

滚花波纹 轴承挡 键槽

图 6-24 不同类型的转轴

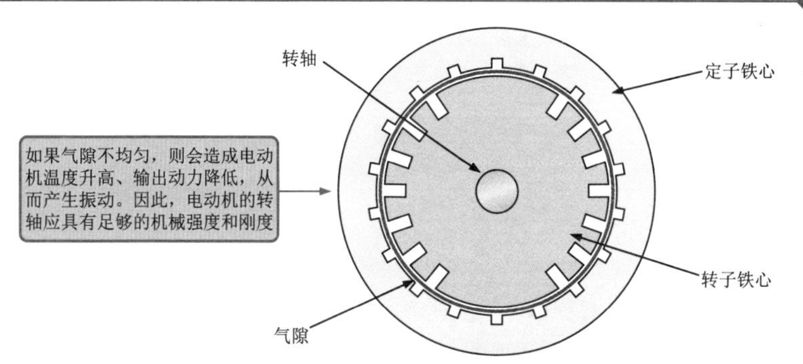
转轴
定子铁心
如果气隙不均匀，则会造成电动机温度升高、输出动力降低，从而产生振动。因此，电动机的转轴应具有足够的机械强度和刚度
转子铁心
气隙

图 6-25 转轴的主要功能

要点说明

气隙是定子与转子之间的空隙。气隙大小对电动机性能的影响很大。气隙大时将导致电动机空载电流增加，输出功率太小，定子、转子间容易出现相互碰撞而转动不灵活的故障。

由于转轴的工作特点，因此在大多情况下可能是由于转轴本身材质不好或强度不够、转轴与关联部件配合异常、正反冲击作用、拆装操作不当等造成转轴损坏。其中，电动机转轴常见的故障主要有转轴弯曲、轴颈磨损、出现裂纹、键槽磨损等。

转轴在工作过程中由于外力碰撞或长时间超负荷运转很容易导致轴向偏差弯曲。弯曲的转轴会导致定子与转子之间相互摩擦，使电动机在运行时出现摩擦声，严重时会使转子发生扫膛事故。图 6-26 为转轴弯曲的检测方法。

检测电动机转轴是否弯曲，一般可借助千分表，即将转轴用 V 形架或车床支撑，转动转轴，通过检测转轴不同部位的弯曲量判断转轴是否存在弯曲。

当电动机转轴出现弯曲故障时，一般可根据转轴弯曲的程度、部位及

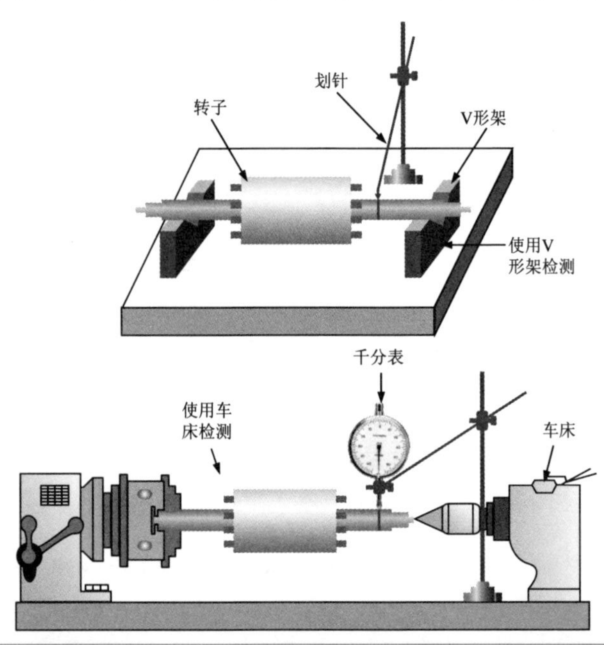
划针
转子
V形架
使用V
形架检测
千分表
使用车
床检测
车床

图 6-26 转轴弯曲的检测方法

材料、形状等不同采取不同的方法进行校直。如图 6-27 所示，在通常情况下，一些小型电动机转轴弯曲程度不大时，可采用敲打法来修复转轴。

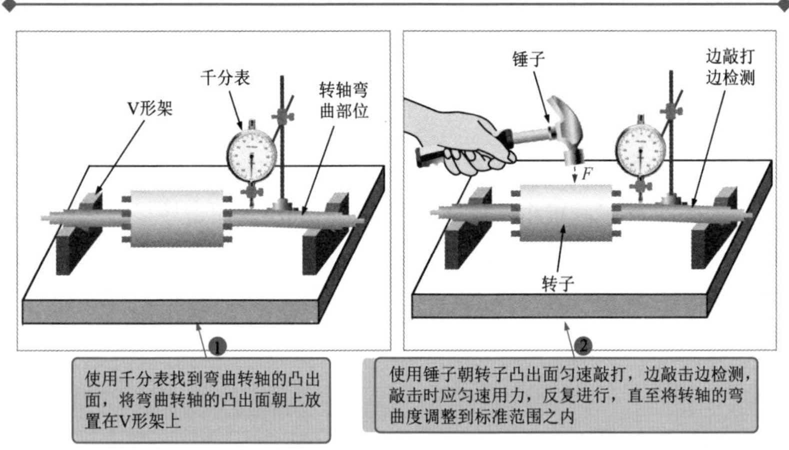
千分表
转轴弯
曲部位
V形架
锤子
边敲打
边检测
F
转子
1
使用千分表找到弯曲转轴的凸出面，将弯曲转轴的凸出面朝上放置在V形架上
2
使用锤子朝转子凸出面匀速敲打，边敲击边检测，敲击时应匀速用力，反复进行，直至将转轴的弯曲度调整到标准范围之内

图 6-27 采用敲打法修复转轴

如图6-28所示，一些中型或大型电动机转轴材质较硬、弯曲程度稍大时，可借助专用的机床设备进行校直操作。

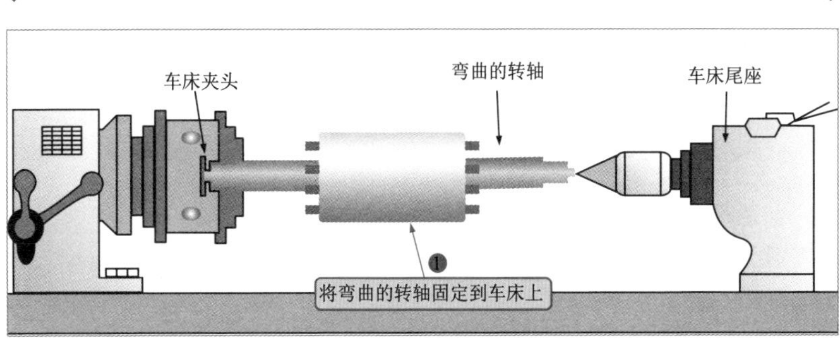
车床夹头
弯曲的转轴
车床尾座
1
将弯曲的转轴固定到车床上

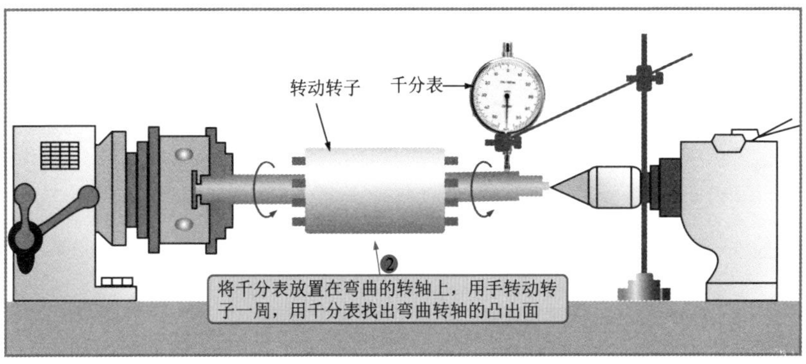
转动转子
千分表
2
将千分表放置在弯曲的转轴上，用手转动转子一周，用千分表找出弯曲转轴的凸出面

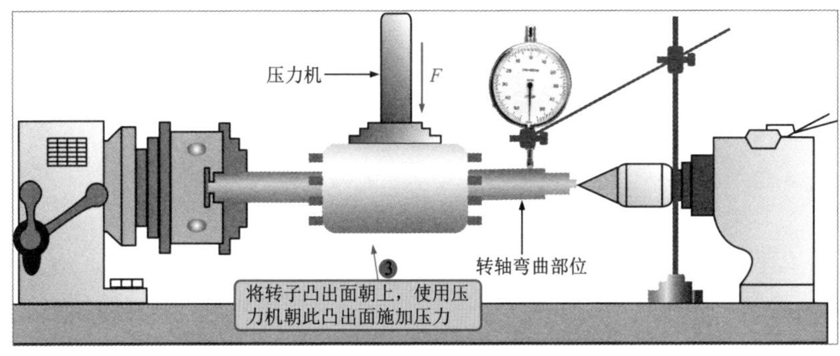
压力机
F
转轴弯曲部位
3
将转子凸出面朝上，使用压力机朝此凸出面施加压力

图6-28 采用机床设备修复转轴

要点说明

在转轴校直过程中，施加压力时应缓慢操作，每施压一次，应用千分表检测一次，一点一点地将转轴弯曲的部位校正过来，切勿一次施加太大的压力。若施压过大，则很容易造成转轴的二次损伤，甚至出现转轴断裂的情况。在通常情况下，弯曲严重的转轴，其校正后的标准应不低于0.2mm/m。

轴颈是电动机转轴与轴承连接的部位，是最容易损坏的部分。轴颈磨损后，通常横截面呈现为椭圆形，造成转子偏移，严重时，将导致转子与定子扫膛。图6-29为转轴轴颈磨损示意图。

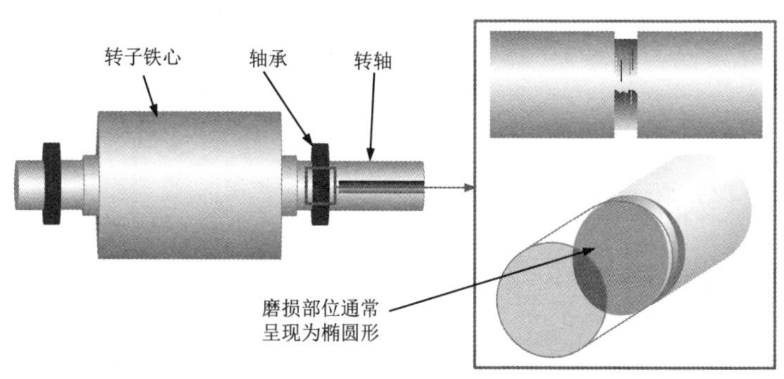
转子铁心
轴承
转轴
磨损部位通常
呈现为椭圆形

图6-29　转轴轴颈磨损示意图

要点说明

电动机轴颈出现磨损情况时，通常呈现椭圆形，对于不同颈宽的轴颈，所需的椭圆偏差值不同：

轴颈为50~70mm，误差为0.01~0.03mm；

轴颈为70~150mm，误差为0.02~0.04mm；

转速高于1000r/min时，误差取最小值；转速低于1000r/min时，误差取最大值。

在检修轴颈之前，可首先通过听声音的方法检查电动机轴承运转是否正常，如图6-30所示，判断电动机轴承磨损的大体部位后，根据磨损的情况，采取打磨法或修补法进行修复。

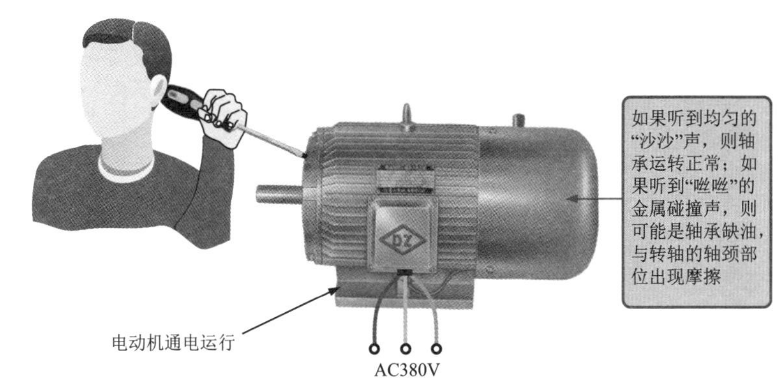
如果听到均匀的“沙沙”声，则轴承运转正常；如果听到“呲呲”的金属碰撞声，则可能是轴承缺油，与转轴的轴颈部位出现摩擦
电动机通电运行
AC380V

图 6-30 转轴轴径磨损程度的检测

要点说明

轴颈磨损比较严重时，通常采用修补法排除故障，即借助电焊设备、机床等对转轴轴颈的磨损部位进行补焊、磨削等。

如图 6-31 所示，当电动机转轴出现裂纹时，应根据裂纹的情况进行补救。通常对于小型电动机来说，当转轴径向裂纹不超过转轴直径的 5%~10%、轴向裂纹不超过转轴长度的 10%时，可在进行补焊操作后，重新使用。对于裂纹较为严重、转轴断裂及大中型电动机来说，采用一般的修补方法无法满足电动机对转轴机械强度和刚度的要求，需要整体更换转轴。

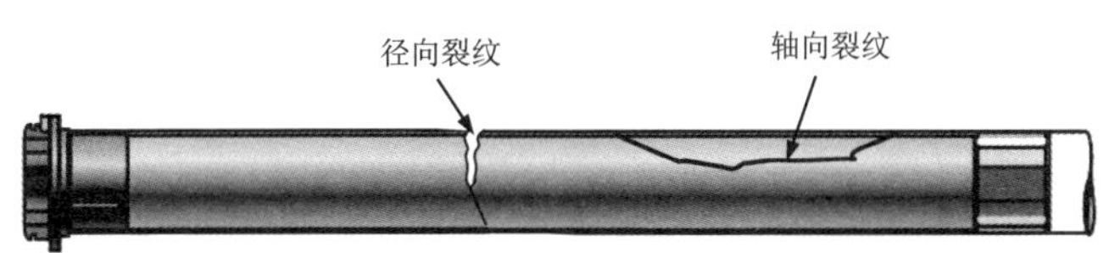
径向裂纹
轴向裂纹

图 6-31 转轴裂纹

电动机转轴键槽是指转轴上一条长条状的槽，用来与键槽配合传递转矩。键槽损坏大多是由于电动机在运行过程中出现过载或正反转频繁运行导致的。图 6-32 为转轴键槽磨损示意图。

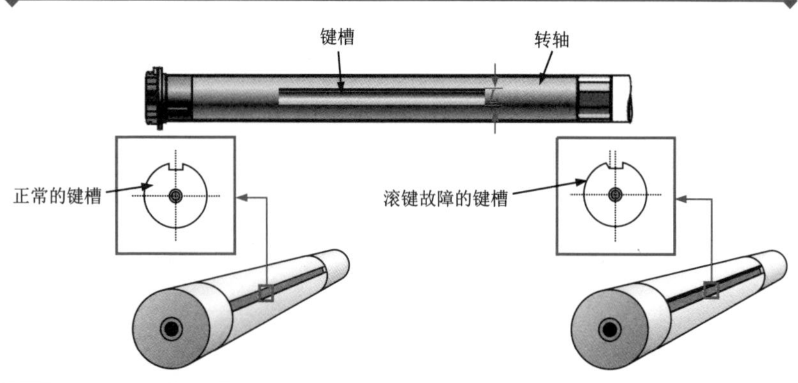
键槽
转轴
正常的键槽
滚键故障的键槽

图 6-32 转轴键槽磨损示意图

键槽最常见的损伤就是键槽边缘因承受压力过大，导致边缘压伤，也可称为滚键。通常，键槽磨损的宽度不超过原键槽宽度的 15%时，均可进行修补。根据键槽磨损程度的不同，一般可采用加宽键槽和重新加工新键槽的方法进行修复，如图 6-33 所示。

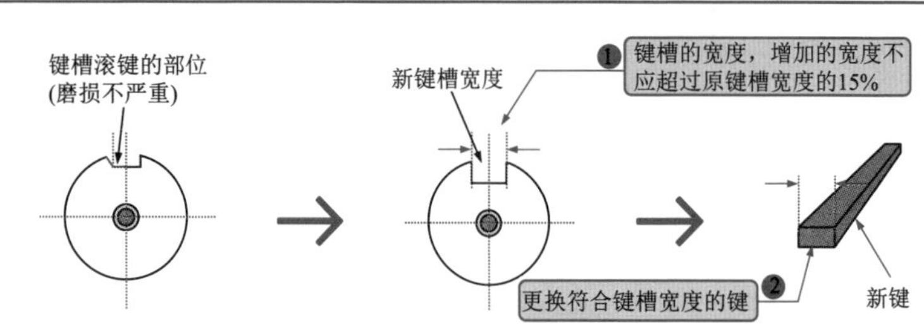
键槽滚键的部位
(磨损不严重)
新键槽宽度
1 键槽的宽度，增加的宽度不应超过原键槽宽度的15%
更换符合键槽宽度的键 2
新键

a) 采用加宽键槽法修复键槽

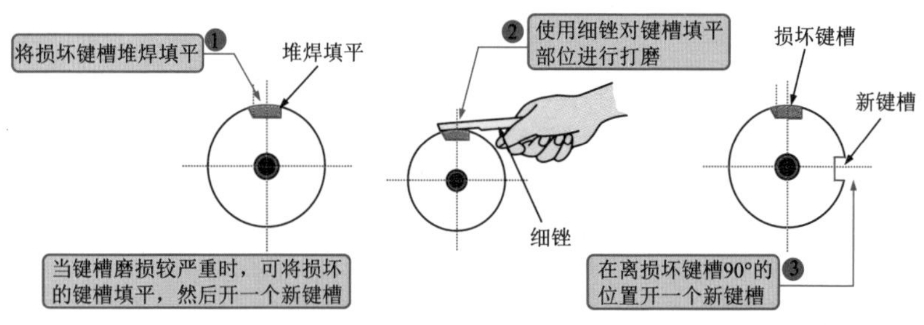
将损坏键槽堆焊填平 1
堆焊填平
2 使用细锉对键槽填平部位进行打磨
损坏键槽
新键槽
细锉
当键槽磨损较严重时，可将损坏的键槽填平，然后开一个新键槽
在离损坏键槽90°的位置开一个新键槽 3

b) 采用重新加工新键槽法修复键槽

图 6-33 转轴键槽磨损的修复方法

第 7 章 电动机安装与保养维护

7.1 电动机安装

7.1.1 电动机机械安装

1. 电动机安装固定

三相交流电动机重量大，工作时会产生振动，因此不能将电动机直接放置在地面上，应安装固定在混凝土基座或木板上。

如图 7-1 所示，根据电动机规格，确定基坑的体积，使用工具挖好基坑，并夯实坑底。然后在坑底铺一层石子，用水淋透并夯实，然后注入混凝土。

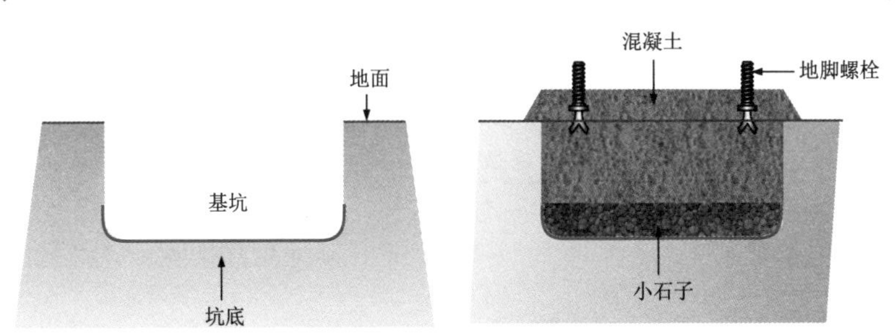
地面
基坑
坑底
混凝土
地脚螺栓
小石子

图 7-1 电动机安装前的准备

如图 7-2 所示，使用吊装设备将电动机连同机座放到水泥平台上。

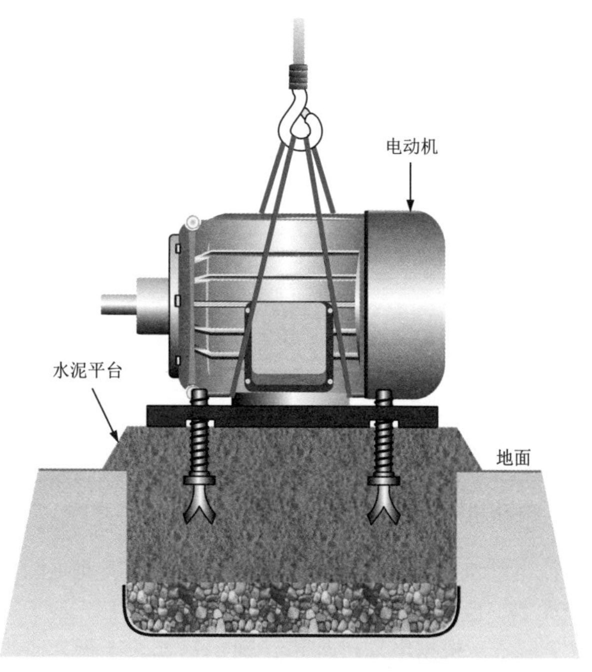
电动机
水泥平台
地面

图 7-2 吊装电动机

要点说明

如图 7-3 所示，电动机安装在水泥机座上时，如无设计要求，则基座重量一般不小于电动机重量的 3 倍；基座高出地面的尺寸一般为 100~150mm；长、宽尺寸要比电动机长、宽多 100~150mm；基坑深度一般为地脚螺栓长度的 1.5~2 倍，以保证地脚螺栓有足够的抗振强度。

固定电动机的地脚螺栓应与混凝土结合牢固，不能出现歪斜，且应具有足够的机械强度。

如图 7-4 所示，等待灌入的混凝土干燥后，将电动机水平放置在机座上，并将与地脚螺栓配套的固定螺母拧紧。

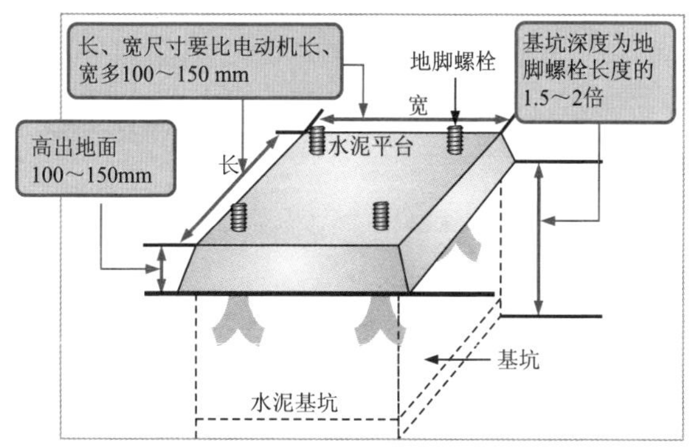
长、宽尺寸要比电动机长、宽多100～150 mm
地脚螺栓
基坑深度为地脚螺栓长度的1.5～2倍
宽
水泥平台
高出地面100～150mm
长
基坑
水泥基坑

图 7-3 电动机安装要求

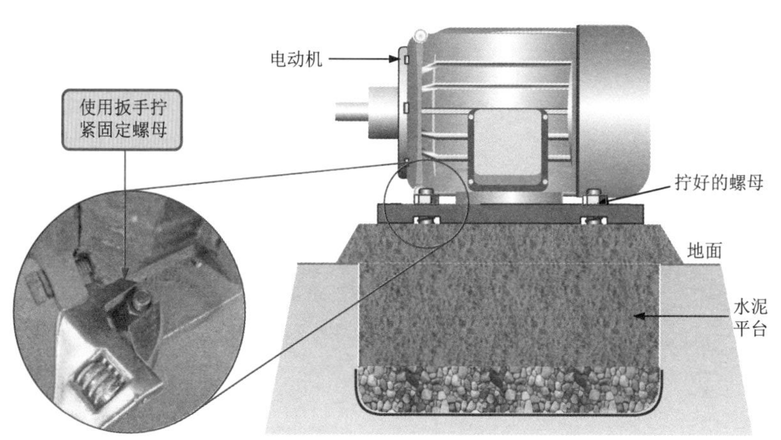
电动机
使用扳手拧紧固定螺母
拧好的螺母
地面
水泥平台

图 7-4 电动机固定方法

要点说明

电动机的重量较重，在搬运、提吊电动机时，一定要细致检查吊绳、吊链或撬板等设施，确保安全。在提吊电动机时，不要将绳索拴套在轴承、机盖等不承重的位置，否则极易造成电动机的损坏。

安装到位的电动机一定要确保牢固和平稳。电动机的机座应保证水平，偏差应小于0.10mm/m。

2. 电动机与驱动机构连接

如图 7-5 所示，电动机安装前应按照设计要求选择传动方式，如使用联轴器、齿轮或带轮进行传动。

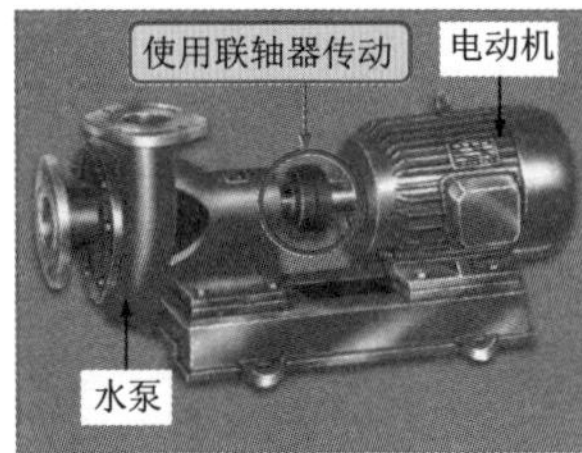
使用联轴器传动
电动机
水泵

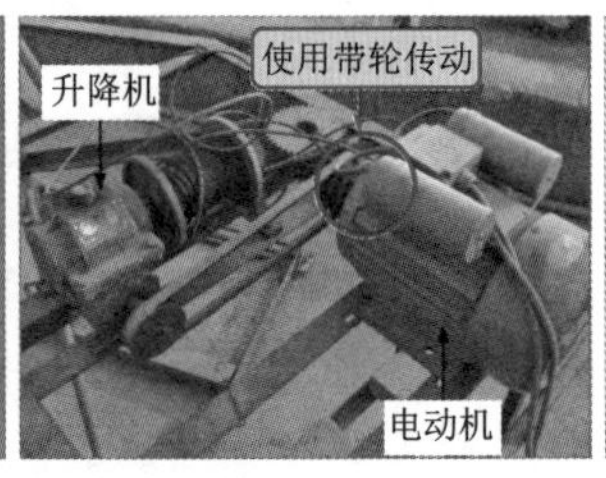
使用带轮传动
升降机
电动机

使用齿轮传动

图 7-5　电动机与驱动机构之间的传动方式

提示

若电动机为功率在 4kW 以上的 2 极电动机或 30kW 以上的 4 极电动机，不宜采用带轮传动，电动机为双轴伸的电动机时只能采用联轴器传动。

如图 7-6 所示，电动机采用带轮传动时，电动机的带轮与负载设备带轮的中心线必须在同一直线上。安装传动带时，带轮的宽度中心线也在同一直线上。若未在一条直线上，则需及时校正，这样可以确保带轮

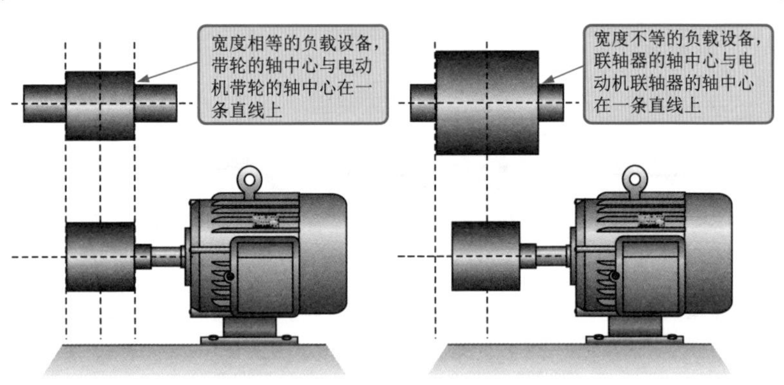
宽度相等的负载设备，带轮的轴中心与电动机带轮的轴中心在一条直线上
宽度不等的负载设备，联轴器的轴中心与电动机联轴器的轴中心在一条直线上

图 7-6　带轮传动方式的安装要求

在传动的过程中，不会跑偏。

联轴器是电动机与被驱动机构相连使其同步运转的部件，如水泵。如图 7-7 所示，联轴器是由两个法兰盘构成的，一个法兰盘与电动机转轴固定，另一个法兰盘与水泵轴固定，将电动机转轴与水泵轴调整到轴线位于一条直线后，再将两个法兰盘用螺栓固定为一体，实现动力的传动。

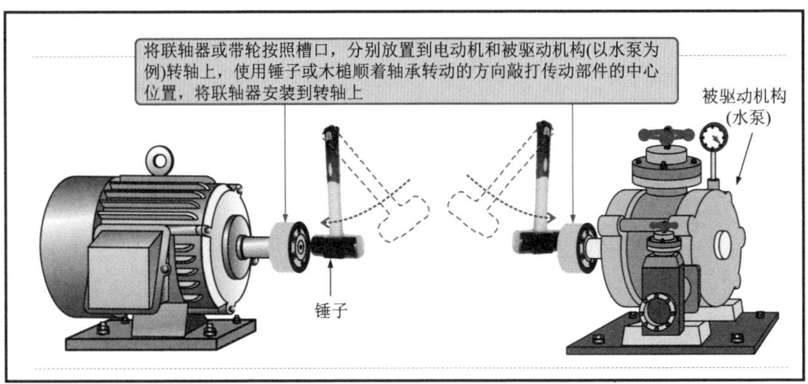
将联轴器或带轮按照槽口，分别放置到电动机和被驱动机构(以水泵为例)转轴上，使用锤子或木槌顺着轴承转动的方向敲打传动部件的中心位置，将联轴器安装到转轴上
被驱动机构
(水泵)
锤子

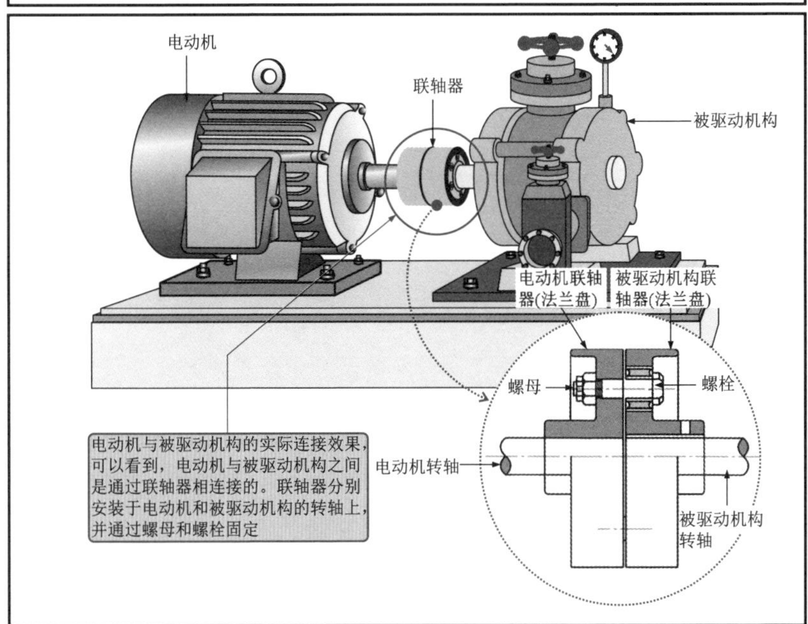
电动机
联轴器
被驱动机构
电动机联轴器(法兰盘)
被驱动机构联轴器(法兰盘)
螺母
螺栓
电动机与被驱动机构的实际连接效果，可以看到，电动机与被驱动机构之间是通过联轴器相连接的。联轴器分别安装于电动机和被驱动机构的转轴上，并通过螺母和螺栓固定
电动机转轴
被驱动机构转轴

图 7-7 电动机联轴器的安装方法

如图 7-8 所示，联轴器是连接电动机和被驱动机构的关键机械部件。该结构中，必须要求电动机的轴心与被驱动机构（水泵）的转轴保持同心、同轴。如果偏心过大，则会对电动机或水泵机构有较大的损害，并会引起机械振动。因此，在安装联轴器时，必须同时调整电动机的位置，使偏心度和平行度符合设计要求。

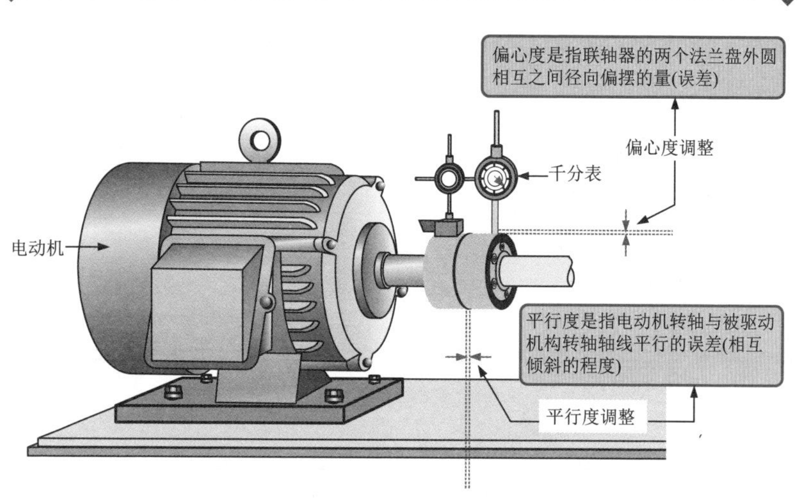
偏心度是指联轴器的两个法兰盘外圆相互之间径向偏摆的量(误差)
偏心度调整
千分表
电动机
平行度是指电动机转轴与被驱动机构转轴轴线平行的误差(相互倾斜的程度)
平行度调整

图 7-8 电动机联轴器的调整

要点说明

如图 7-9 所示，进行偏心度调整时，将千分表的测量探头平行延伸在法兰盘 A 上，使用法兰盘 B 测量法兰盘 A 外圆在转动一周时的跳动量（误差值），同时，对电动机的安装垫板进行微调，使误差在允许的范围内。注意，偏心度一般为千分表读数的 1/2。

如图 7-10 所示，进行平行度调整时，将千分表的测量探头平行延伸在法兰盘 A 固定的平行度测量工具上，使用法兰盘 B 测量法兰盘 A 端面在转动一周时的跳动量（误差值），同时，对电动机的安装垫板进行微调，使误差在允许的范围内。

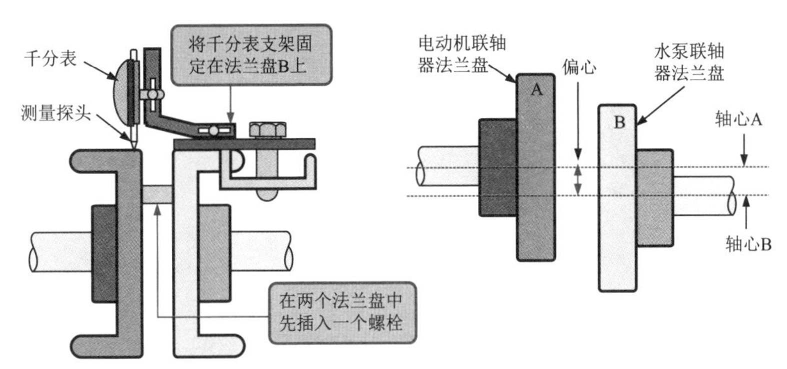
千分表
测量探头
将千分表支架固定在法兰盘B上
在两个法兰盘中先插入一个螺栓
电动机联轴器法兰盘
偏心
水泵联轴器法兰盘
A
B
轴心A
轴心B

图 7-9 偏心度调整规范

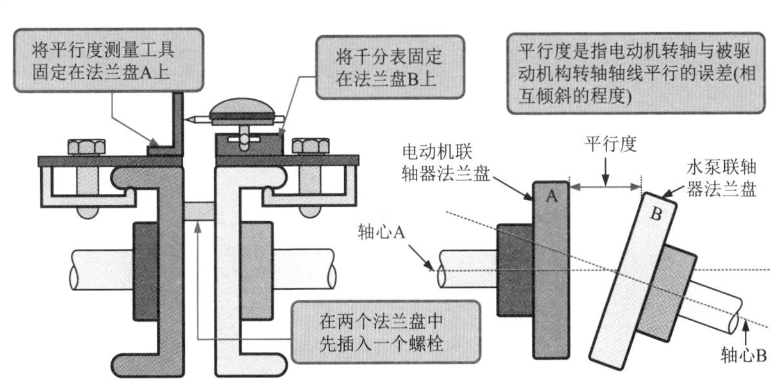
将平行度测量工具固定在法兰盘A上
将千分表固定在法兰盘B上
平行度是指电动机转轴与被驱动机构转轴轴线平行的误差(相互倾斜的程度)
在两个法兰盘中先插入一个螺栓
电动机联轴器法兰盘
平行度
水泵联轴器法兰盘
A
B
轴心A
轴心B

图 7-10 平行度调整规范

如图 7-11 所示，千分表是通过齿轮或杠杆将直线运动产生的位移通过指针或数字的方式显示出来，在电动机联轴器的安装过程中，主要用于测量电动机与联轴器的偏心度和平行度，确保联轴器轴心与电动机保持同心、同轴。

要点说明

如图 7-12 所示，若在安装联轴器过程中没有千分表等精密测量工具，则可通过量规和测量板对两个法兰盘的偏心度和平行度进行简易的调整，使其符合联轴器的安装要求。

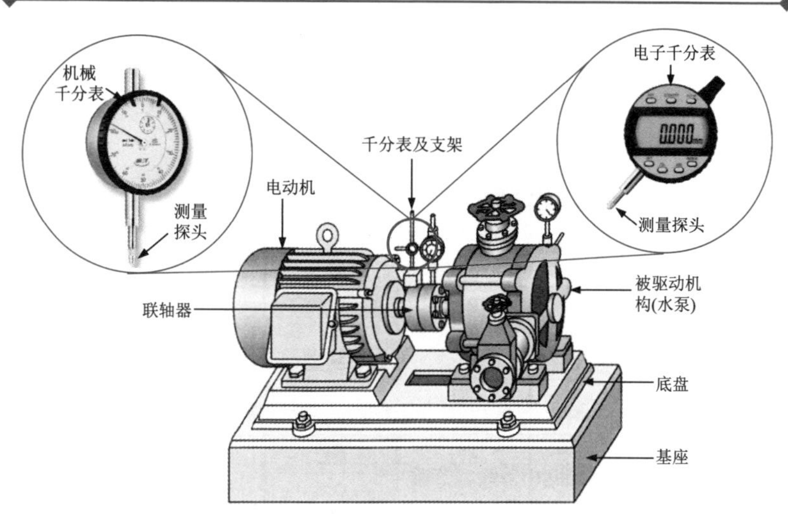
机械
千分表
测量
探头
电子千分表
0.000mm
测量探头
千分表及支架
电动机
联轴器
被驱动机
构(水泵)
底盘
基座

图 7-11　电动机联轴器调整中的千分表

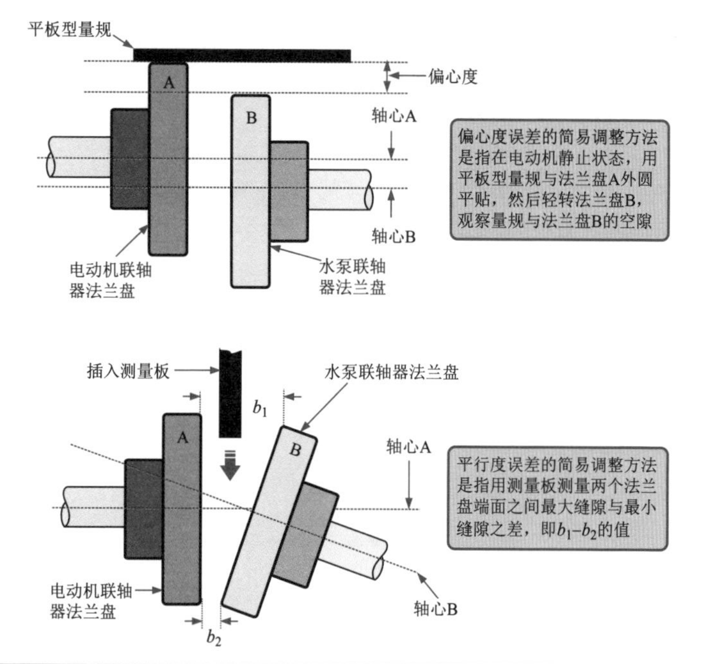
平板型量规
A
偏心度
B
轴心A
轴心B
偏心度误差的简易调整方法是指在电动机静止状态，用平板型量规与法兰盘A外圆平贴，然后轻转法兰盘B，观察量规与法兰盘B的空隙
电动机联轴器法兰盘
水泵联轴器法兰盘
插入测量板
水泵联轴器法兰盘
b_1
A
B
轴心A
平行度误差的简易调整方法是指用测量板测量两个法兰盘端面之间最大缝隙与最小缝隙之差，即b_1-b_2的值
电动机联轴器法兰盘
轴心B
b_2

图 7-12　联轴器的简易调整方法

7.1.2 电动机电气安装

电动机的电气安装是指电动机绕组与电源线的连接。不同供电方式的电动机，其接线方法有所不同，接线时，可根据电动机说明书中所示的接线方法进行接线。

如图 7-13 所示，电动机的旋转方向与电源相序有关，正确的旋转方向是按电源相序与电动机绕组相序相同的前提下提出的。因此在进行电动机电气安装时，需使用相序仪确定正确的电源相序并进行标记。

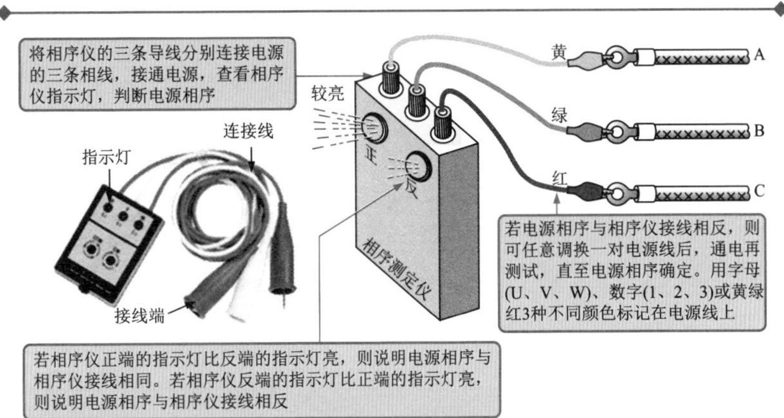
将相序仪的三条导线分别连接电源的三条相线，接通电源，查看相序仪指示灯，判断电源相序
较亮
连接线
指示灯
接线端
正
反
相序测定仪
黄
绿
红
A
B
C
若电源相序与相序仪接线相反，则可任意调换一对电源线后，通电再测试，直至电源相序确定。用字母(U、V、W)、数字(1、2、3)或黄绿红3种不同颜色标记在电源线上
若相序仪正端的指示灯比反端的指示灯亮，则说明电源相序与相序仪接线相同。若相序仪反端的指示灯比正端的指示灯亮，则说明电源相序与相序仪接线相反

图 7-13　确定待连接电源的相序

如图 7-14 所示，电源相序确定完成并做好标记后，需使用直流毫安表或万用表确定电动机绕组的相序，以保证电动机与三相电源的正确接线。

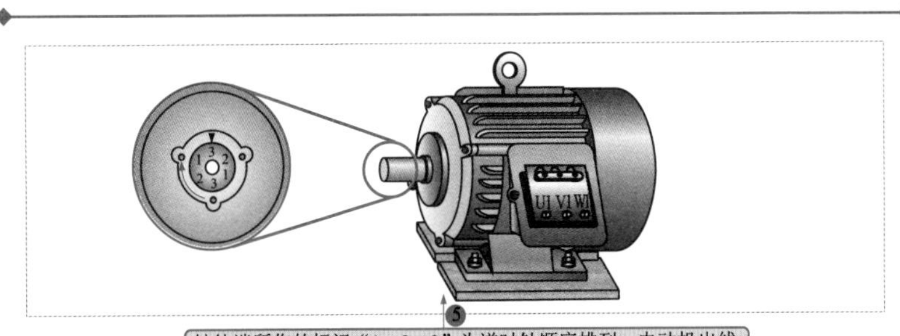
U1 V1 W1
5
轴伸端所作的标记“1、2、3”为逆时针顺序排列。电动机出线端U1、V1、W1分别与电源L1、L2、L3相线连接时，主轴旋转方向应为顺时针，反之则为逆时针

图 7-14　确定电动机绕组相序

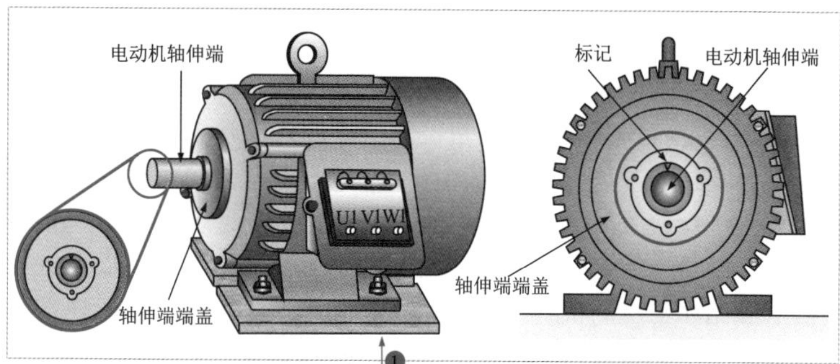
电动机轴伸端
U1 V1 W1
轴伸端端盖
标记
电动机轴伸端
轴伸端端盖
1
将电动机三相绕组连接成Y联结，并在电动机的轴伸端端盖上做一标记

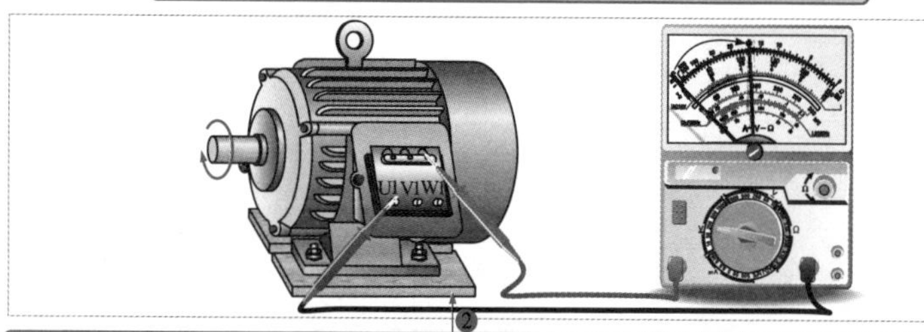
U1 V1 W1
2
将万用表量程调整至直流档，用万用表两表笔分别连接到电动机的中性点和U1端，顺时针转动轴伸端

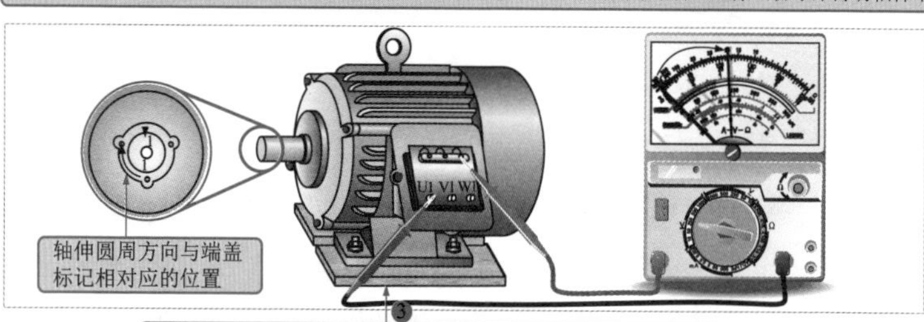
U1 V1 W1
轴伸圆周方向与端盖标记相对应的位置
3
在电动机转动一周时，记下万用表指针从0开始向正方向摆动时，轴伸圆周方向与端盖标记相对应的位置，如标记数字“1”

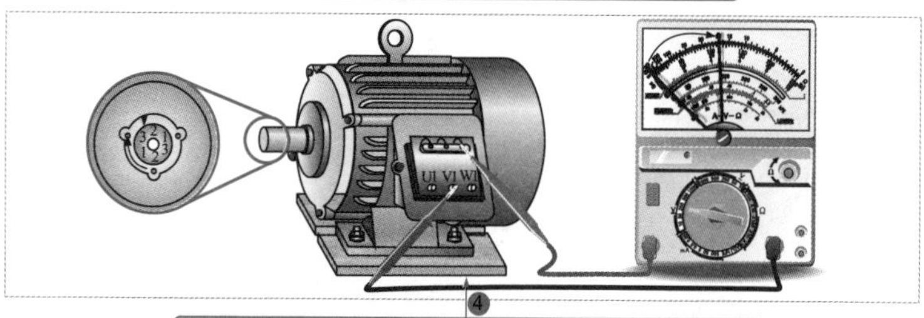
U1 V1 W1
4
再将两表笔分别连接到电动机的中性点和V1端，用上述的方法标记数字“2”；将两表笔分别连接到电动机的中性点和W1端，重复上述的操作方法，并标记数字“3”

图 7-14 确定电动机绕组相序（续）

如图 7-15 所示，电源线和电动机绕组相序确定完成后，便可进行电源线与电动机绕组的连接，连接时，应保证接线牢固。

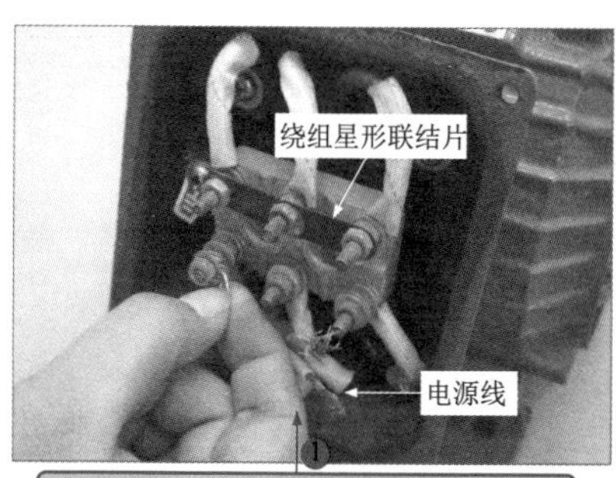
绕组星形联结片
电源线
1

将电源相线从接线盒电源线孔中穿出，拧松接线柱的螺钉，将电源相线L1连接到电动机接线柱U1端

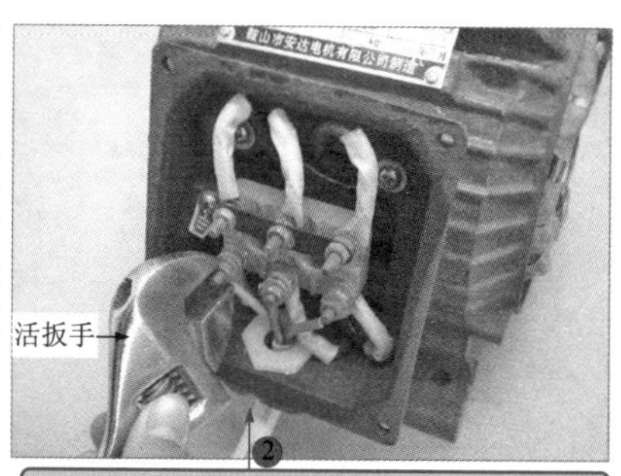
活扳手
2

借助活扳手，将电动机接线盒中电动机绕组接线端与电源线连接端拧紧，确保安装牢固、可靠

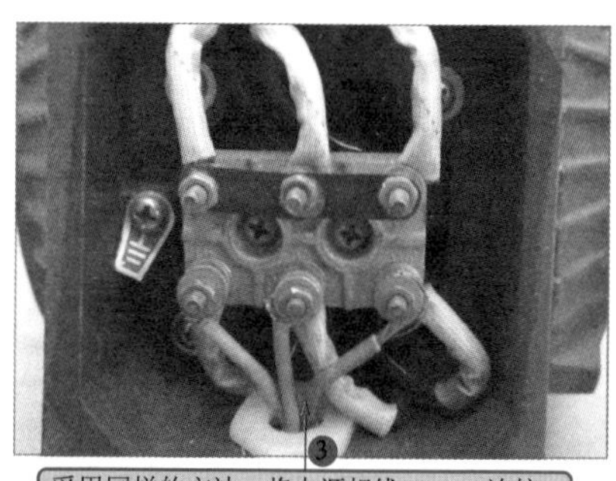
3

采用同样的方法，将电源相线L2、L3连接到电动机接线柱V1、W1端

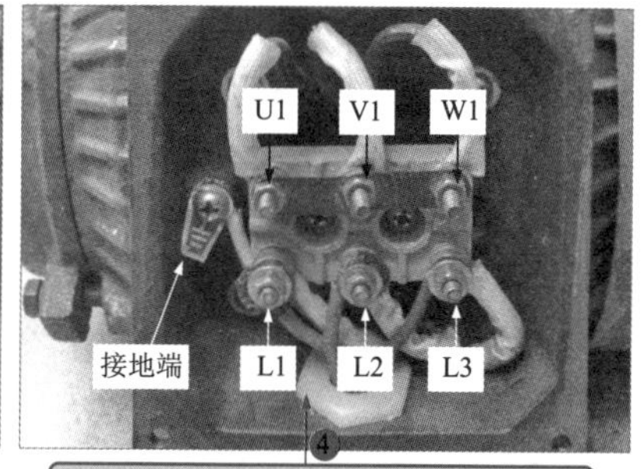
U1
V1
W1
接地端
L1
L2
L3
4

最后连接黄绿接地线，注意在连接端固定好接地标记牌。至此，电动机电气安装完成

图 7-15 电源线与电动机绕组的连接

如图 7-16 所示，在电动机电气安装完成后，往往还需要通电检查电动机的起动状态和旋转方向是否正常。

要点说明

电动机的电气安装完成后，需要通电检查起动和转向是否正常。按预先连接的电源线（Y联结或△联结）接通电源，用钳形电流表测量电源线的电流。通电后，查看电动机起动电流值和转轴的旋转方向是否正常。

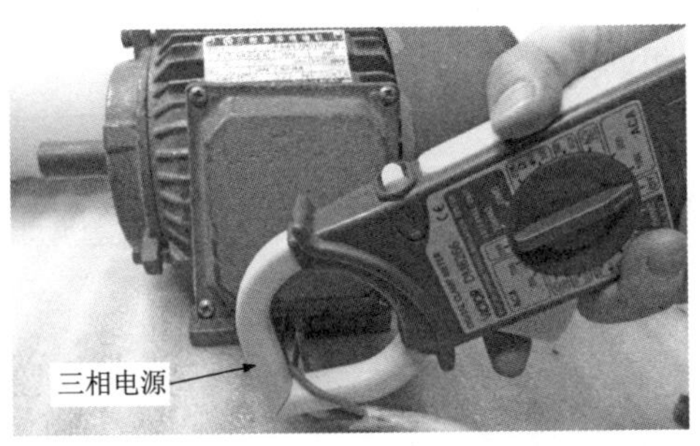
三相电源

图 7-16 电动机电气安装后的检查

7.2 电动机保养维护

7.2.1 电动机表面养护

电动机在使用一段时间后，由于工作环境的影响，在其表面上可能会积上灰尘和油污，这样就会影响电动机的通风散热，严重时还会影响电动机的正常工作。对电动机表面进行养护时，多采用软毛刷或毛巾擦除表面的灰尘；若有油污，则可以用毛巾蘸少许汽油擦拭，如图 7-17 所示。

检查电动机表面有无明显堆积的灰尘或油污

毛刷
用毛刷清扫电动机表面堆积的灰尘

用毛巾擦拭电动机表面的油污等杂质

图 7-17 电动机表面养护

7.2.2 电动机转轴养护

在日常使用和工作中，由于转轴的工作特点，可能会出现锈渍、脏污等情况，若这些情况严重，将直接导致电动机不起动、堵转或无法转动等故障。对转轴进行养护时，应先用软毛刷清扫表面的污物，然后用细砂纸包住转轴，用手均匀转动细砂纸或直接用细砂纸擦拭，即可除去转轴表面的锈渍和杂质，如图 7-18 所示。

1
检查电动机转轴表面有无锈渍、杂质等脏污

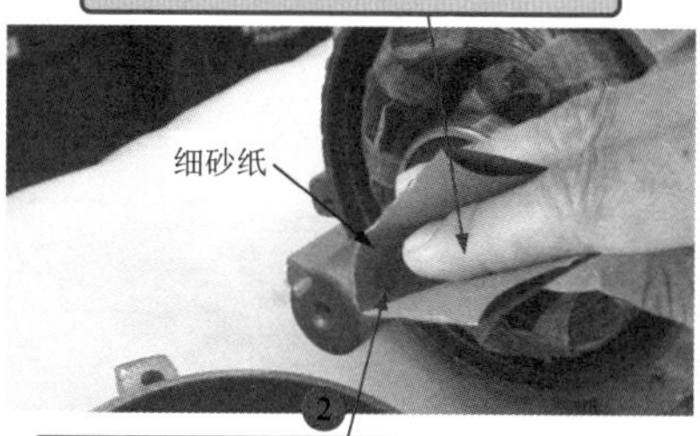
去锈渍后，要注意最后的清扫环节，避免有杂质留在转轴表面上
细砂纸
2
用细砂纸打磨电动机转轴表面的锈渍、脏污、杂质等，恢复其金属特性

图 7-18　电动机转轴养护

7.2.3 电动机电刷养护

电刷是有刷类电动机的关键部件。若电刷异常，将直接影响电动机的运行状态和工作效率。根据电刷的工作特点，在一般情况下，电刷出现异常主要是由电刷或电刷架上炭粉堆积过多、电刷严重磨损、电刷活动受阻等原因引起的。图 7-19 为电动机电刷的养护。

对电刷进行养护操作中，需要重点检查电刷的磨损情况，当电刷磨损至原有长度的 1/3 时，就要及时更换，否则可能会造成电动机工作异常，严重时还会使电动机出现更严重的故障。

定期检查电刷在电刷架中的活动情况，如图 7-20 所示，在正常情况下，要求电刷应能够在电刷架中自由活动。若电刷卡在电刷架中，则无法与换向器接触，电动机无法正常工作。

扫一扫看视频

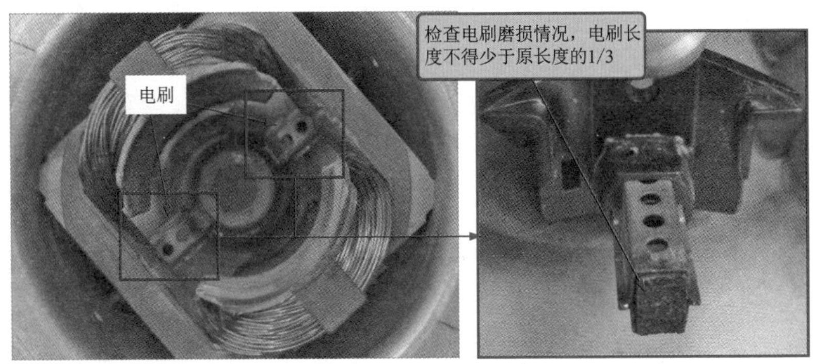
电刷
检查电刷磨损情况，电刷长度不得少于原长度的1/3

图 7-19 电动机电刷的养护

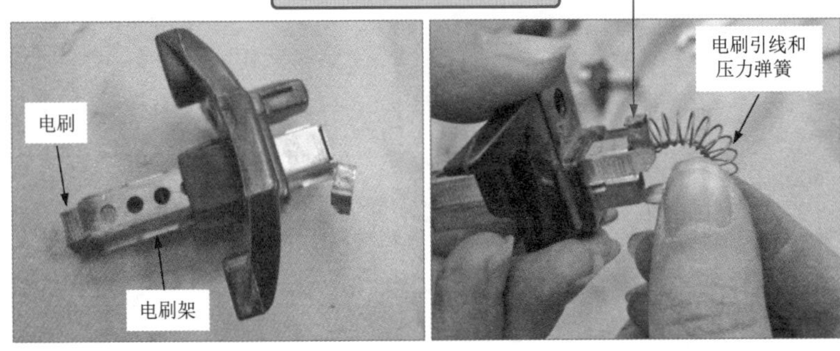
检查电刷能否在电刷架中自由进出，确保电刷状态正常
电刷
电刷架
电刷引线和压力弹簧

图 7-20 定期检查电刷在电刷架中的活动情况

相关资料

在有刷电动机的运行中，电刷需要与换向器接触，因此，在电动机转子带动换向器的转动过程中，电刷会存在一定程度的磨损，电刷上磨损下来的炭粉很容易堆积在电刷和电刷架上，这就要求电动机保养维护人员应定期清理电刷和电刷架，确保电动机正常工作。

在对电刷进行养护的操作中，需要查看电刷引线有无变色，并依此了解电刷是否过载、电阻偏高或导线与电刷体连接不良的情况，有助于预防故障的发生。

在有刷电动机中，电刷与换向器是一组配套工作的部件，对电动机电刷进行养护操作时，同样还需要对换向器进行相应地保养和维护操作，如清洁换向器表面的炭粉、打磨换向表面的毛刺或麻点、检查换向器表面有无明显不一致的灼痕等，以便及时发现故障隐患，排除故障。

7.2.4 电动机风扇养护

风扇用来为电动机通风散热，正常的通风散热是电动机正常工作的必备条件之一。对电动机风扇进行养护主要包括检查风扇扇叶有无破损、风扇表面有无油污、风扇卡扣是否出现裂痕损坏等。具体养护方法如图 7-21 所示。

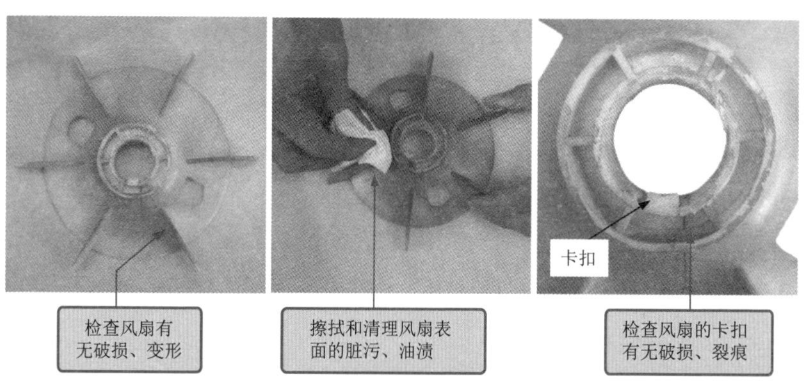
卡扣
检查风扇有
无破损、变形
擦拭和清理风扇表
面的脏污、油渍
检查风扇的卡扣
有无破损、裂痕

图 7-21 电动机风扇养护

7.2.5 电动机铁心养护

电动机中的铁心部分可以分为静止的定子铁心和转动的转子铁心，为了确保其能够安全使用，并延长使用寿命，在保养时，可用毛刷或铁钩等定期清理，去除铁心表面的脏污、油渍等，如图 7-22 所示。

7.2.6 电动机轴承养护

电动机中的轴承是支撑转轴旋转的关键部件，一般可分为滚动轴承和滑动轴承两大类。其中，滚动轴承又可分为滚珠轴承和滚柱轴承两种，如图 7-23 所示。在小型电动机中，一般采用滚珠轴承；在中型电动机中，通常采用两种轴承，分别是传动端的滚柱轴承和另一端的滚珠轴承；在大型电动机中，一般都会采用滑动轴承。

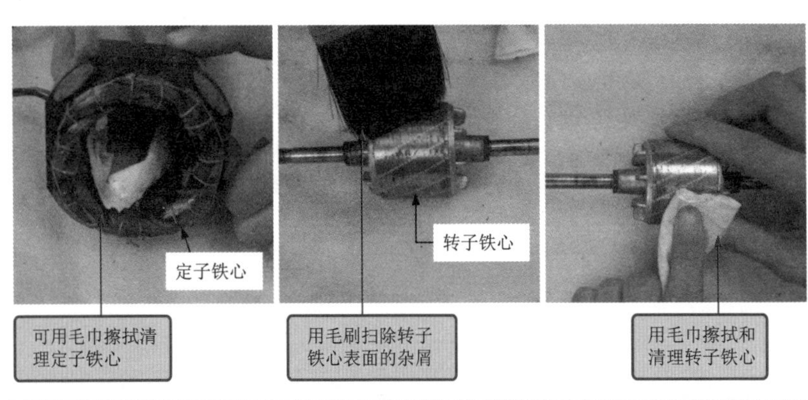
定子铁心
转子铁心
可用毛巾擦拭清理定子铁心
用毛刷扫除转子铁心表面的杂屑
用毛巾擦拭和清理转子铁心

图 7-22 电动机铁心养护

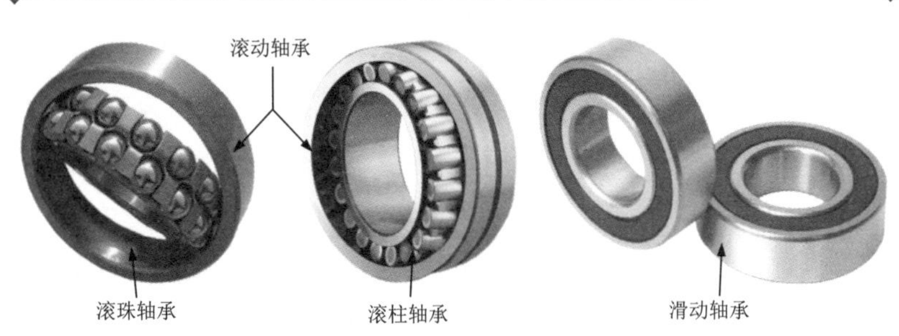
滚动轴承
滚珠轴承
滚柱轴承
滑动轴承

图 7-23 电动机常见轴承外形

由于电动机经过一段时间的使用后，会因润滑脂变质、渗漏等情况造成轴承磨损、间隙增大，如图 7-24 所示。此时，轴承表面温度升高，运转噪声增大，严重时还可能使定子与转子相接触，在一般情况下，电动机使用 2000h 后，应清洗和涂抹润滑脂。

对电动机轴承进行养护操作可分为四个步骤，即准备清洗润滑的材料、清洗轴承、清洗后检查轴承及润滑轴承，如图 7-25 所示。

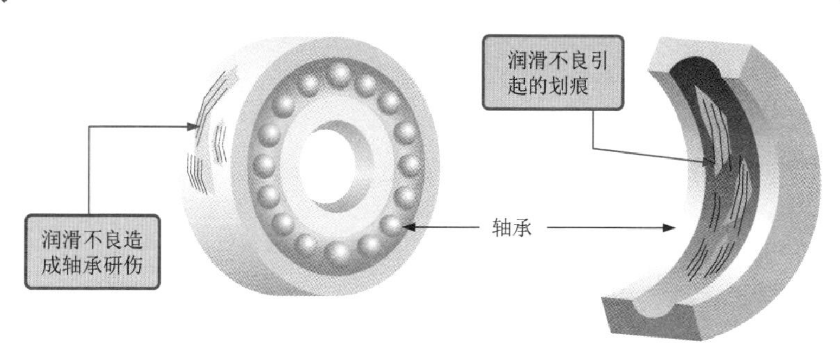
润滑不良引
起的划痕
润滑不良造
成轴承研伤
轴承

图 7-24 轴承磨损示意图

在对轴承进行养护操作中，清洗和润滑是基本的操作方法。在具体操作前，需要首先准备和调制出清洗和润滑用的各种材料，如清洗轴承可用机油、煤油或汽油等，润滑轴承多采用润滑脂。

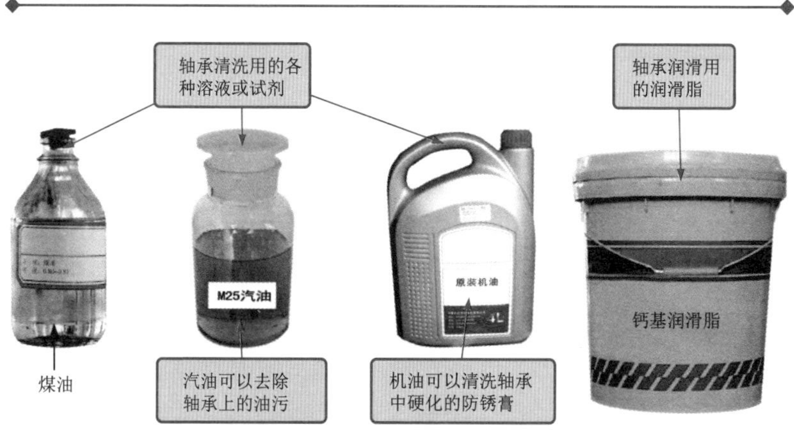
轴承清洗用的各
种溶液或试剂
轴承润滑用
的润滑脂
M25汽油
原装机油
钙基润滑脂
煤油
汽油可以去除
轴承上的油污
机油可以清洗轴承
中硬化的防锈膏

图 7-25 电动机轴承的养护

相关资料

常用的电动机轴承润滑脂主要有钙基润滑脂、钠基润滑脂、复合钙基润滑脂、钙钠基润滑脂、锂基润滑脂、二硫化钼润滑脂等，不同润滑脂的性能和应用场合有所不同。常见润滑脂的特点及应用场合见表 7-1。

表 7-1　常见润滑脂的特点及应用场合

名称	特点	适用场合
钙基润滑脂	抗水性强、稳定性好、纤维较短、泵送性好、不耐高温；若把它用于高温场合，当轴运行在100℃以上，便逐渐变软甚至流失，不能保证润滑，使用温度范围仅为-10~60℃	用于一般工作温度，与水接触的高转速、轻负荷及中转速、中负荷封闭式电动机滚动和滑动轴承的润滑
钠基润滑脂	不抗水、稳定性好、耐高温、防护性好、附着力强、耐振动。若把它用于很潮湿的场合，当润滑脂触水水解后而变稀流失，会导致轴承因缺油而过早损坏	在较高工作温度，中速、中等负荷、低速、高负荷开启式或封闭式电动机滚动和滑动轴承润滑
锂基润滑脂	可替代钙基、钠基和钙钠基润滑脂的使用。锂对水的溶解度很小，具有良好的抗水性	派生系列电动机密封轴承润滑，可以减少维护工作量，增加轴承使用寿命，降低维护费用
钙钠基润滑脂	兼有钙基润滑脂的抗水性，和钠基润滑脂的耐高温性，具有良好的输送性和机械稳定性，安全可替代钙基、钠基润滑脂使用	在较高工作温度，允许有水蒸气的条件下（不适用于低温场合的90kW以下封闭式电动机和发动机的滚动轴承润滑）

注：润滑脂是一种半固体的油膏状物质，主要由润滑剂和稠化剂组成，但不管采用哪一种润滑脂，在加装前都应加入一定比例的润滑油。对于转速高和工作温度高的轴承，润滑油的比例应少些。

用热油法清洗轴承是指将轴承放在100℃左右的热机油中进行清洗的方法，适用于使用时间过久、轴承上防锈膏及润滑脂硬化的轴承的清洗。

清洗后的轴承可用干净的布擦干（注意不要用掉毛的布），然后在干净环境中晾干。清洗后的轴承不要用手摸，为了防止手汗或水渍腐蚀轴承，也不要清洗后直接涂抹润滑脂，否则会引起轴承生锈，要晾干后才能填充润滑剂或润滑脂，如图7-26所示。

在日常保养和维修过程中，电动机的轴承锈蚀或油污不严重时，一般可采用煤油浸泡的方法清洗，如图 7-27 所示，该方法操作简单，安全性好，较常采用。

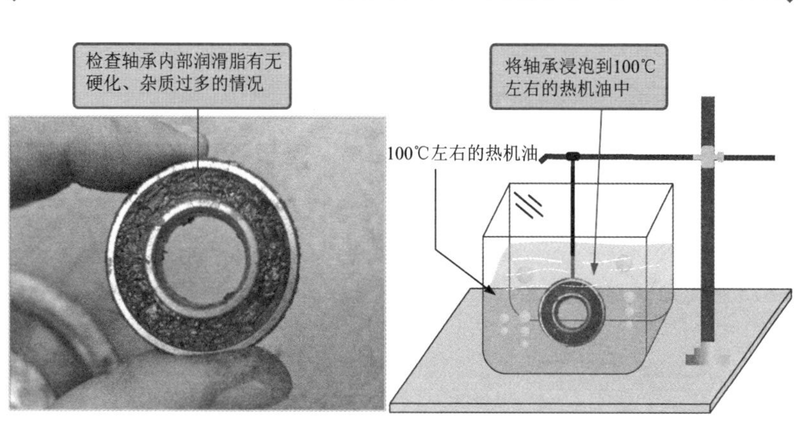
检查轴承内部润滑脂有无硬化、杂质过多的情况
将轴承浸泡到100℃左右的热机油中
100℃左右的热机油

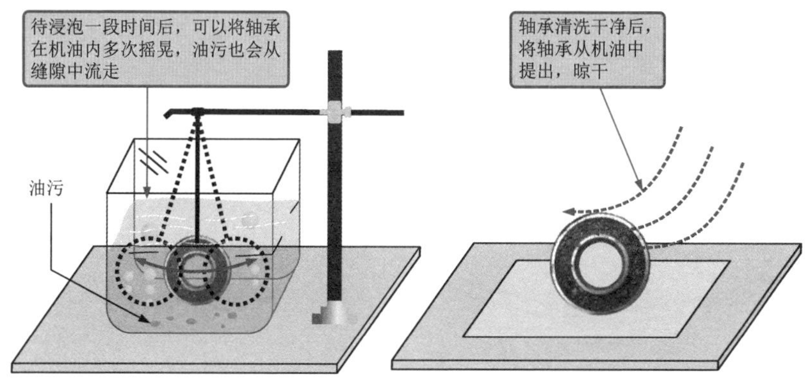
待浸泡一段时间后，可以将轴承在机油内多次摇晃，油污也会从缝隙中流走
油污
轴承清洗干净后，将轴承从机油中提出，晾干

图 7-26 采用热机油清洗法清洗轴承

淋油法清洗轴承是指将清洗用的煤油淋在需要清洗的轴承上，适用于清洗安装在转轴上的轴承，一般用于日常保养操作，无需将轴承卸下，可有效降低拆卸轴承的损伤概率，如图 7-28 所示。

淋油法清洗轴承一般适用于清洗安装在转轴上的轴承。清洗时，一定注意不要使用锋利的工具刮到轴承上难以清洗的油污或锈蚀，以免损坏轴承、破坏轴承滚动体和槽环部位的光洁度。

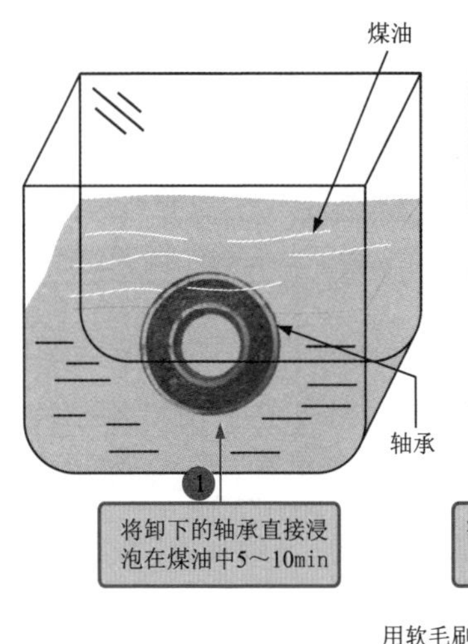
煤油
轴承
1
将卸下的轴承直接浸泡在煤油中5～10min

转动内环

2 浸泡后，用一只手捏住外环，用另一只手转动内环，轴承上的干油污或防锈膏就会掉下来

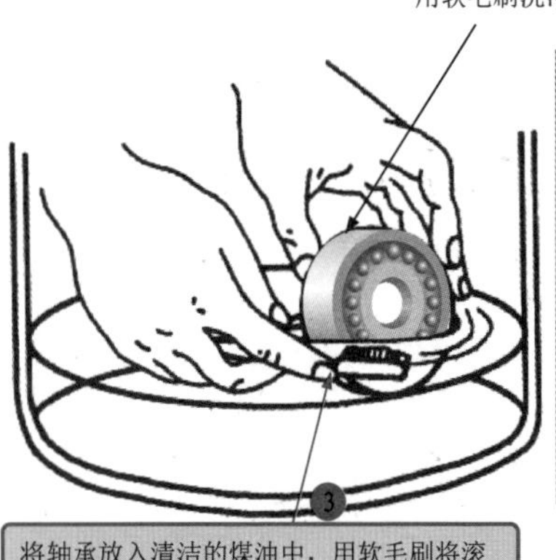
用软毛刷洗净
3
将轴承放入清洁的煤油中，用软毛刷将滚珠和缝隙内洗净，再放到汽油中清洗一次

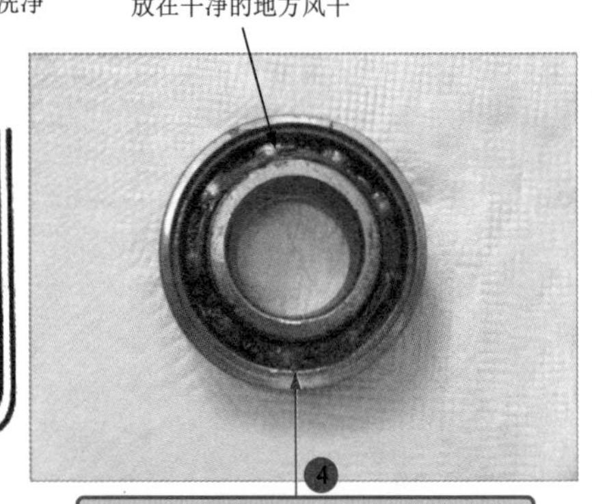
放在干净的地方风干
4
将清洗干净的轴承用干净的软布擦拭干净，放在干净的地方，直至晾干

图 7-27　采用普通清洗法清洗轴承

清洗轴承是电动机日常维护和保养工作中的重要项目，一般情况下，若轴承拆卸完成后，应先检查轴承是否还能使用；若不能使用，则需更换型号相同的轴承；若还能使用，则在装配前需要清洗。不同应用环境和不同锈蚀脏污程度的轴承，可根据实际情况采用不同的方法清洗。上述的几种方法是比较常见的方法，保养和维护人员可在实际操作中灵活运用，注意人身和设备安全，在遵守操作规程的条件下，找出最

适合的清洗轴承的方法。

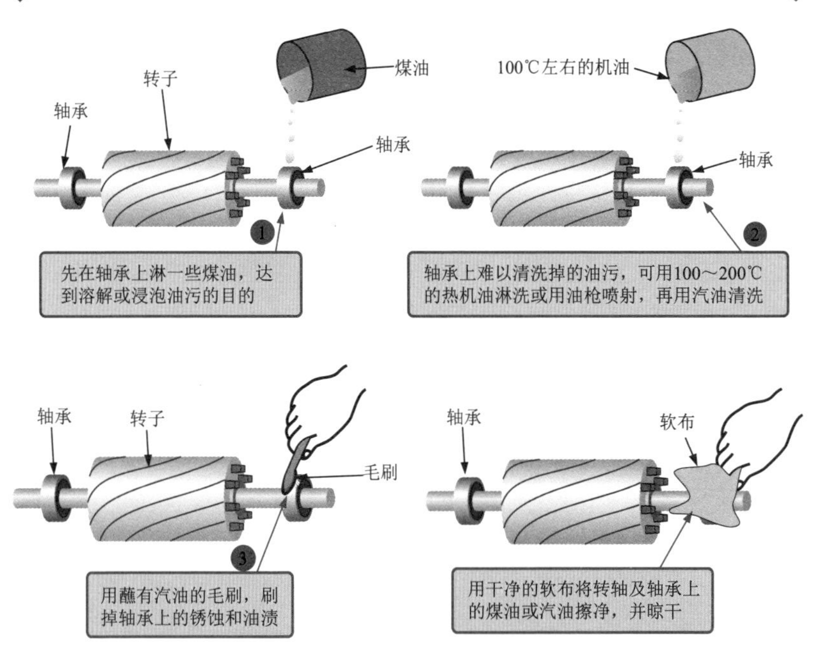
煤油
转子
轴承
轴承
1
先在轴承上淋一些煤油，达到溶解或浸泡油污的目的
100℃左右的机油
轴承
2
轴承上难以清洗掉的油污，可用100～200℃的热机油淋洗或用油枪喷射，再用汽油清洗
轴承
转子
毛刷
3
用蘸有汽油的毛刷，刷掉轴承上的锈蚀和油渍
轴承
软布
用干净的软布将转轴及轴承上的煤油或汽油擦净，并晾干

图 7-28 采用淋油法清洗轴承

轴承的游隙是指轴承的滚珠或滚柱与外环内沟道之间的最大距离。当该值超出了允许范围时，则应更换。判断轴承的径向间隙是否正常，可以采用手感法检查，如图 7-29 所示。

清洗轴承后，在进行润滑操作之前，需要检查轴承的外观、游隙等，初步判断轴承能否继续使用。检查轴承外观主要可以直观地看到轴承的内圈或外圈配合面磨损是否严重、滚珠或滚柱是否破裂、有锈蚀或出现麻点、保持架是否碎裂等现象。若外观检查发现轴承损坏较严重，则需要直接更换轴承，否则即使重新润滑也无法恢复轴承的机械性能。

轴承经清洗、检查后，若可满足基本机械性能，能够继续使用，则接下来需要对其进行润滑，如图 7-30 所示。这个环节也是轴承养护操作中的重要环节，能够确保轴承正常工作，有效的润滑维护还可增加轴承的使用寿命。

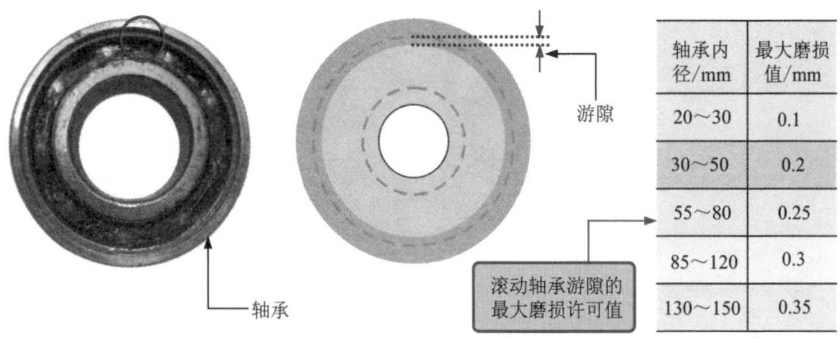
游隙
轴承
滚动轴承游隙的最大磨损许可值

轴承内径/mm	最大磨损值/mm
20～30	0.1
30～50	0.2
55～80	0.25
85～120	0.3
130～150	0.35

用手用力上下提拉轴承的外圈，如有明显的松动感，则说明轴承的游隙可能过大

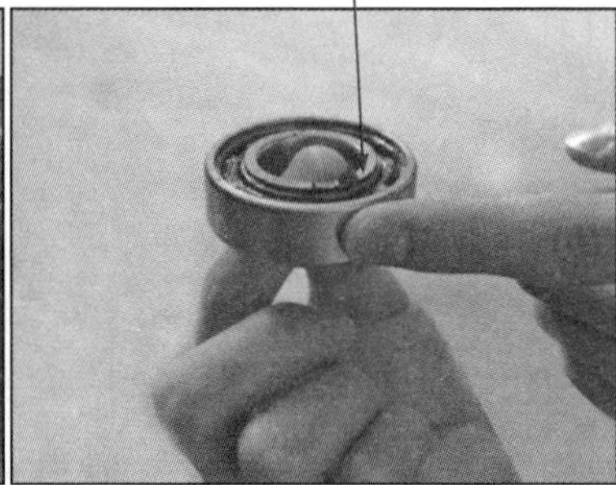
用一只手捏住轴承内圈，另一只手推动外钢圈使其旋转，若轴承良好，则旋转平稳无停滞，若转动中有杂音或突然停止，则表明轴承已损坏

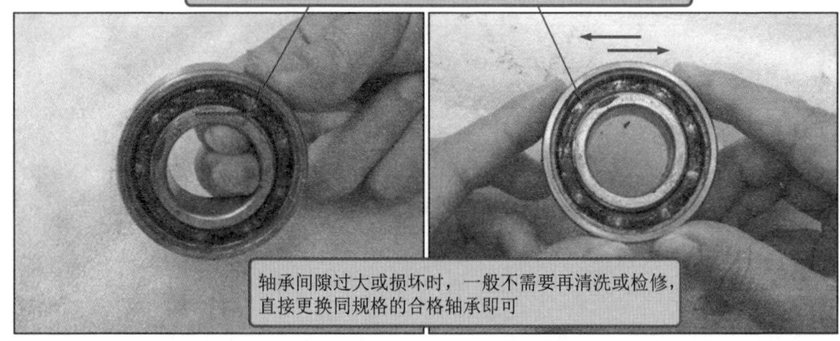
将轴承握入手中，前后晃动或双手握住轴承左右晃动，如果有较大或明显的撞击声，则此轴承可能损坏
轴承间隙过大或损坏时，一般不需要再清洗或检修，直接更换同规格的合格轴承即可

图 7-29　清洗后轴承游隙的检查

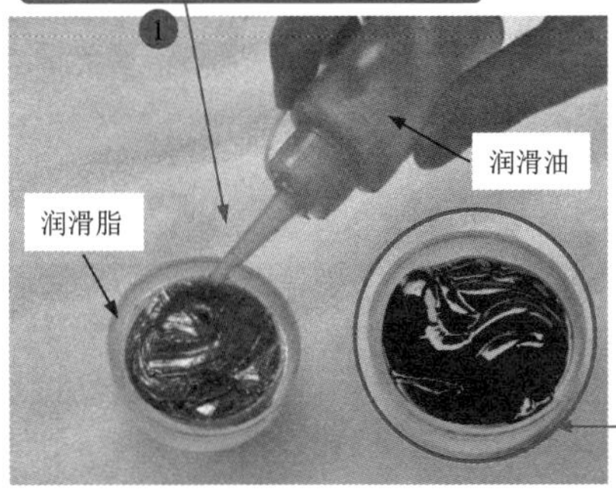
将选用的润滑脂取出一部分放在干净的容器内，并与润滑油按照6:1～5:1的比例搅拌均匀
1
润滑油
润滑脂
按比例搅拌后的润滑脂

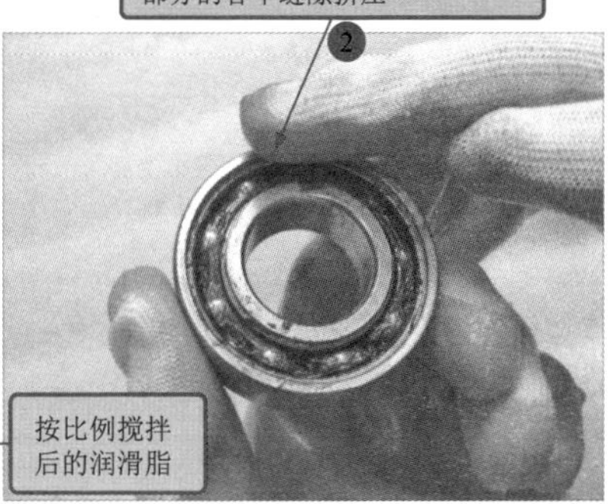
将润滑脂均匀涂抹在轴承空腔内，并用手的压力往轴承转动部分的各个缝隙挤压
2

3
在涂抹润滑脂的同时，不时地转动轴承，让油均匀地进入各个部位，达到最佳润滑效果

4
最后将轴承内外端盖上的油渍清理干净，轴承润滑完成

图 7-30　轴承的润滑

要点说明

在轴承润滑操作中需注意，使用润滑脂过多或过少都会引起轴承的发热。使用过多时会加大滚动的阻力，产生高热，润滑脂溶化会流入绕组；使用过少时，则会加快轴承的磨损。

不同种类的润滑脂根据其特点，适用于不同应用环境中的电动机，因此在对电动机进行润滑操作时应根据实际环境选用。另外还应注意以下几点：

1）轴承润滑脂应定期补充和更换；

2）补充润滑脂时要用同型号的润滑脂；

3）补充和更换润滑脂应为轴承空腔容积的1/3~1/2；

4）润滑脂应新鲜、清洁且无杂物。

不论使用哪种润滑脂，在使用前均应拌入一定比例（6∶1~5∶1）的润滑油，对转速较高、工作环境温度高的轴承，润滑油的比例应少些。

7.2.7　电动机日常检查

对电动机进行定期维护检查时应根据实际的应用环境，采用合适恰当的方法进行，常见的方法主要有视觉检查、听觉检查、嗅觉检查、触觉检查及测试检查。

（1）视觉检查

视觉检查是指通过观察电动机表面来判断电动机的运行状态，例如，观察电动机外部零部件是否有松动，电动机表面是否有脏污、油渍、锈蚀等，电动机与控制引线连接处是否有变色、烧焦等痕迹。若存在上述现象，应及时分析原因，并进行处理。

（2）听觉检查

听觉检查是指通过电动机运行时发出的声音来判断电动机的工作状态是否正确，例如，电动机出现较明显的电磁噪声、机械摩擦声、轴承晃动、振动等杂音时，应及时停止设备运行，进行检查和维护。

要点说明

通过认真细听电动机的运行声音可以有效地判断出电动机的当前状态。若电动机所在的环境比较嘈杂，则可借助螺丝刀或听棒等辅助工具，贴近电动机外壳细听，从而判断电动机有无因轴承缺油引起的干磨、定子与转子扫膛等情况，及时发现故障隐患，排除故障。

（3）嗅觉检查

嗅觉检查是指通过嗅觉检查电动机在运行中是否有不良故障，若闻到焦味、烟味或臭味，则表明电动机可能出现运行过热、绕组烧焦、轴承润滑失效、内部铁心摩擦严重等故障，应及时停机，检查和修理。

（4）触觉检查

触觉检查是指用手背触摸电动机外壳，检查其温度是否在正常范围内，或检查其是否有明显的振动现象。一般情况下，若电动机外壳温度过高，则可能是其内部存在过载、散热不良、堵转、绕组短路、工作电压过高或过低、内部摩擦情况严重等故障；电动机出现明显的振动可能是电动机零部件松动、电动机与负载连接不平衡、轴承不良等故障，应及时停机，检查和修理。

（5）测试检查

在电动机运行时，可对电动机的工作电压、运行电流等进行检测，以判断电动机有无堵转、供电有无失衡等情况，及时发现问题，排除故障。

例如，可借助钳形表检测三相异步电动机各相的电流。在正常情况下，各相电流与平均值的误差不应超过10%，如用钳形表测得的各相电流差值太大，则可能有匝间短路，需要及时处理，避免故障扩大化，如图7-31所示。

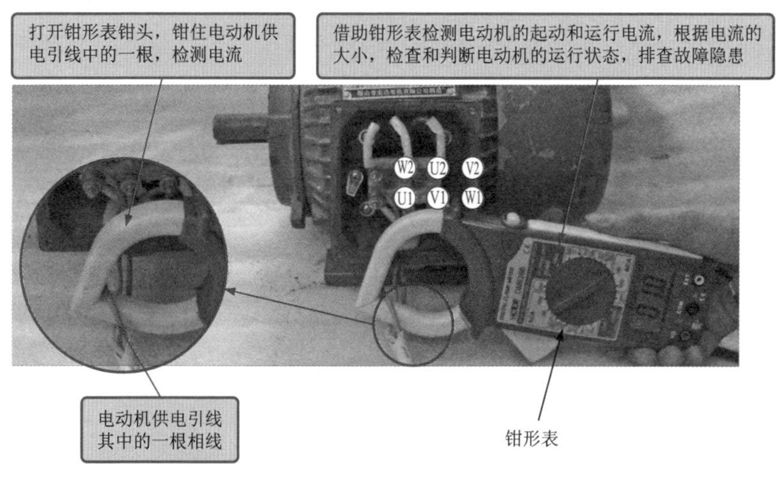
打开钳形表钳头，钳住电动机供电引线中的一根，检测电流
借助钳形表检测电动机的起动和运行电流，根据电流的大小，检查和判断电动机的运行状态，排查故障隐患
W2
U2
V2
U1
V1
W1
电动机供电引线其中的一根相线
钳形表

图7-31 测试检查

要点说明

电动机的定期维护检查包括每日检查、每月或定期巡查及每年年检等内容，根据维护时间和周期的不同，所维护和检查的项目也有所不同，电动机定期维护检查的项目见表7-2。

表 7-2 电动机定期维护检查项目

检查周期	检查项目
每日例行检查	1）检查电动机整体外观、零部件，并记录 2）检查电动机运行中是否有过热、振动、噪声和异常现象，并记录 3）检查电动机散热风扇运行是否正常 4）检查电动机轴承、皮带轮、联轴器等润滑是否正常 5）检查电动机皮带磨损情况，并记录
定期例行检查	1）检查每日例行检查的所有项目 2）检查电动机及控制线路部分的连接或接触是否良好，并记录 3）检查电动机外壳、带轮、基座有无损坏或破损部分，并提出维护方法和时间 4）测试电动机运行环境温度，并记录 5）检查电动机控制线路有无磨损、绝缘老化等现象 6）测试电动机绝缘性能（绕组与外壳、绕组之间的绝缘电阻），并记录 7）检查电动机与负载的连接状态是否良好 8）检查电动机关键机械部件的磨损情况，如电刷、换向器、轴承、集电环、铁心 9）检查电动机转轴有无歪斜、弯曲、擦伤、断轴情况，若存在上述情况，指定检修计划和处理方法
每年年检	1）检查轴承锈蚀和油渍情况，清洗和补充润滑脂或更换新轴承 2）检查绕组与外壳、绕组之间、输出引线的绝缘性能 3）必要时对电动机进行拆机，清扫内部脏污、灰尘，并对相关零部件进行保养维护。如清洗、上润滑油、擦拭、除尘等 4）电动机输出引线、控制线路绝缘是否老化，必要时重新更换线材

在检修实践中发现，电动机出现的故障大多是由于断相、超载、人为或环境因素和电动机本身原因造成的。断相、超载、人为或环境因素都能够在日常检查过程中发现。环境因素决定电动机使用寿命的重要因素，应及时检查，对减少电动机故障和事故，提高电动机的使用效率十分关键。

第 8 章 电动机绕组的拆除与绕制

8.1 拆除电动机绕组

8.1.1 记录电动机绕组数据

拆除电动机绕组前及拆除过程中，应详细记录电动机有关的原始数据及标识，如铭牌数据、绕组数据和铁心数据等，以作为选用电磁线、制作绕线模、重新绕制绕组和嵌线等操作的重要参考。

扫一扫看视频

如图 8-1 所示，电动机的铭牌上提供了电动机的基本电气参数和数据，如型号、额定功率、额定电压、电流、转速、绝缘等级、绕组接法等。

拆除电动机定子绕组前，详细记录绕组的相关数据为接下来重新绕制绕组做好数据准备。

绕组主要数据包括：绕组的绕制形式，绕组伸出铁心的长度，绕组 2 个有效边所跨的槽数（电动机的节距），绕组引出线的引出位置。另外，在绕组拆除后，还需要记录一个完整线圈的形式及测量线圈各部分尺寸、导线直径和匝数等。

1. 记录绕组的绕制形式

三相电动机绕组绕制形式主要有单层链式、单层同心式、单层交叉式、双层叠式等。如图 8-2 所示，根据绕组在电动机铁心中的嵌线位置、槽数，结合铭牌标识的极数，记录绕组的绕制形式。

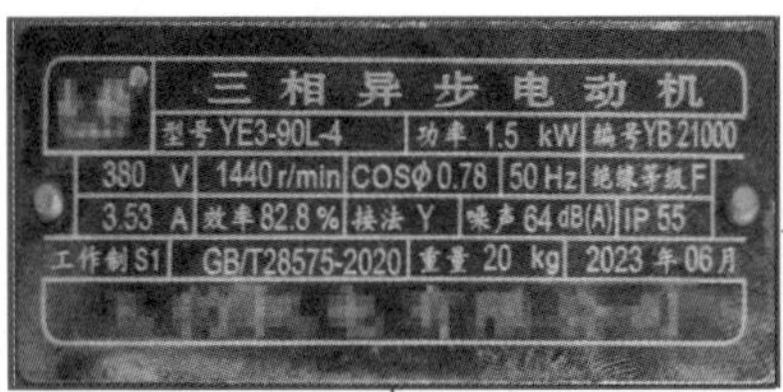
三相异步电动机
型号 YE3-90L-4
功率 1.5 kW
编号YB 21000
380 V
1440 r/min
COSΦ 0.78
50 Hz
绝缘等级 F
3.53 A
效率 82.8 %
接法 Y
噪声 64 dB(A)
IP 55
工作制 S1
GB/T28575-2020
重量 20 kg
2023 年 06 月

从电动机铭牌上可以看到，该电动机的型号为YE3-90L-4，极数为4，额定功率为1.5kW，额定电压为380V，额定转速为1440r/min，额定频率为50Hz，额定电流为3.53A，保护等级为IP55，绕组接法为星形联结

图 8-1　被拆除电动机外壳上的铭牌标识及数据信息

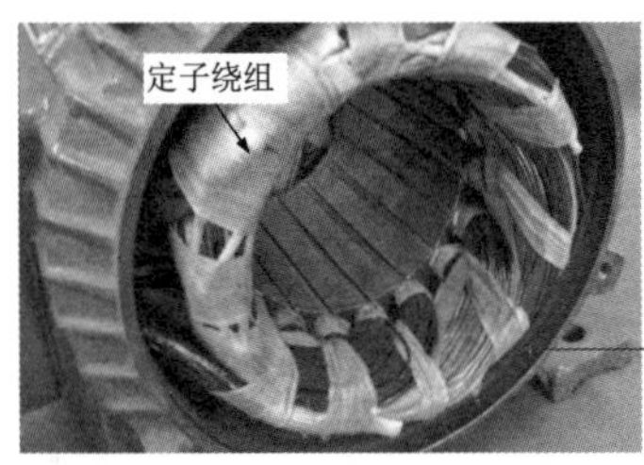
定子绕组

该电动机定子绕组槽数为18，根据铭牌得知其极数为2。根据绕组绕制的特点可知，其绕组形式为单层交叉链式

$2p$(定子绕组极数)=2；
Z_1(定子槽数)=18；
a(定子绕组并联支路数)=1；
y(节距)=7(1—8)，8(1—9)

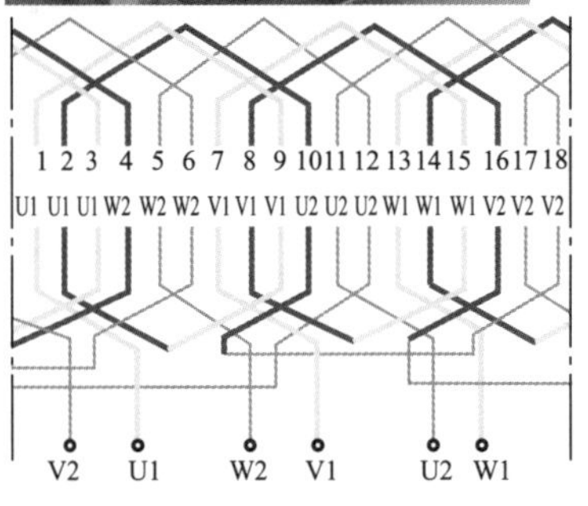
1 2 3 4 5 6 7 8 9 10 11 12 13 14 15 16 17 18
U1 U1 U1 W2 W2 W2 V1 V1 V1 U2 U2 U2 W1 W1 W1 V2 V2 V2
V2 U1 W2 V1 U2 W1

绕组绕制形式：
2极18槽单层交叉链式

W1
V2
U2
U1
V1
W2

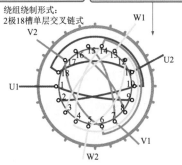

图 8-2　被拆除电动机绕组的绕制形式

2. 记录定子绕组端部伸出铁心的长度

在拆除绕组前，借助钢直尺测量绕组端部伸出铁心的长度，并记录，以备重绕时参考。如图 8-3 所示，绕组端部伸出铁心的长度作为嵌线时的重要依据。

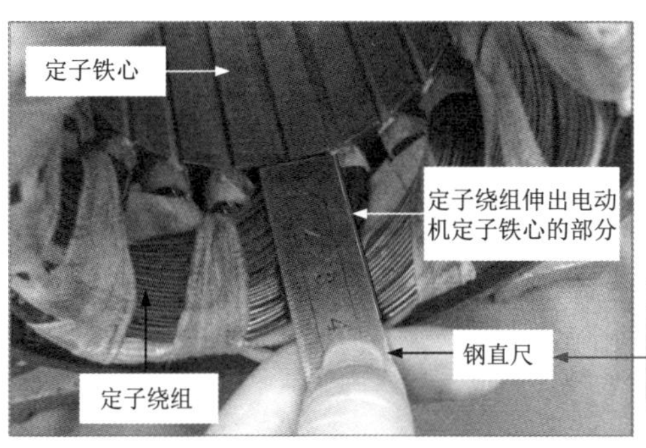
定子铁心
定子绕组伸出电动机定子铁心的部分
用钢直尺测量定子绕组伸出铁心的长度，并记录实测数据的数值为39mm
钢直尺
定子绕组

图 8-3　测量并记录定子绕组端部伸出铁心的长度

3. 记录绕组两个有效边所跨的槽数

测量绕组两个有效边所跨的槽数，即电动机的节距。测量节距是为了能更准确地将绕组嵌入定子铁心槽内。图 8-4 为电动机绕组节距示意图。

4. 记录绕组引出线的引出位置、槽号及定子铁心槽号

为了在绕组嵌线时能正确将绕组嵌入铁心槽内，在拆除绕组前，需标记出绕组引出线的槽号及定子铁心槽号。

如图 8-5 所示，一般情况，槽号标记为顺时针顺序，1 号槽为 U 相 U1 端引出线的位置，并按顺时针方向标记各引出线的引出位置，即电动机定子铁心槽中引出线的引出槽。

5. 测量并记录绕组线圈的形式、尺寸

在拆除绕组时，应保留几个完整的绕组线圈，以作为制作绕线模或绕制新绕组的依据。如图 8-6 所示，测量和记录一个完整绕组线圈的形式、各部分尺寸、线径等数据。

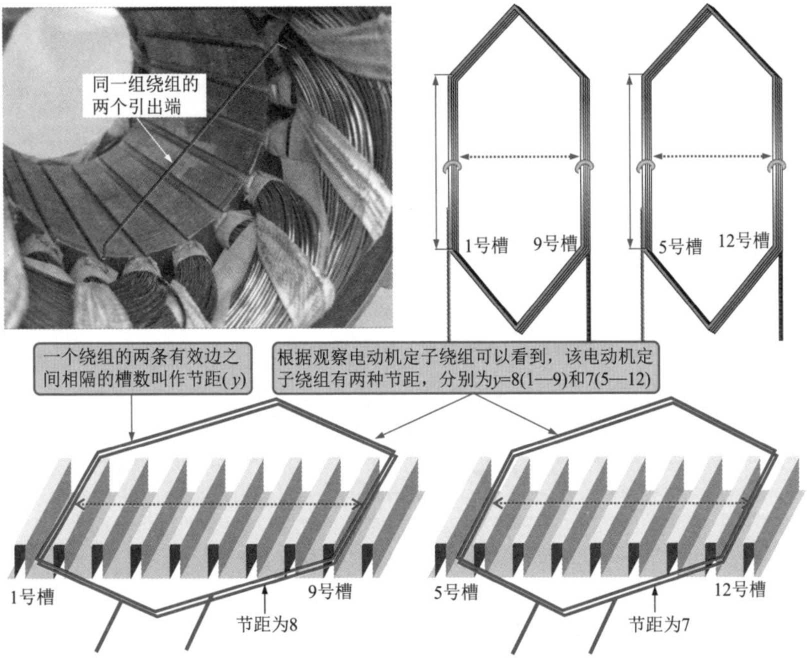

同一组绕组的两个引出端

1号槽 9号槽

5号槽 12号槽

一个绕组的两条有效边之间相隔的槽数叫作节距(y)

根据观察电动机定子绕组可以看到，该电动机定子绕组有两种节距，分别为y=8(1—9)和7(5—12)

1号槽 9号槽 节距为8

5号槽 12号槽 节距为7

图 8-4 电动机绕组节距示意图

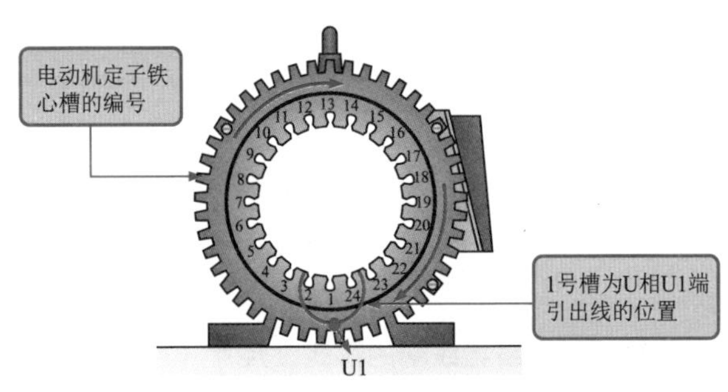
电动机定子铁心槽的编号
1号槽为U相U1端引出线的位置
U1

图 8-5 记录绕组引出线的引出位置、槽号及定子铁心槽号

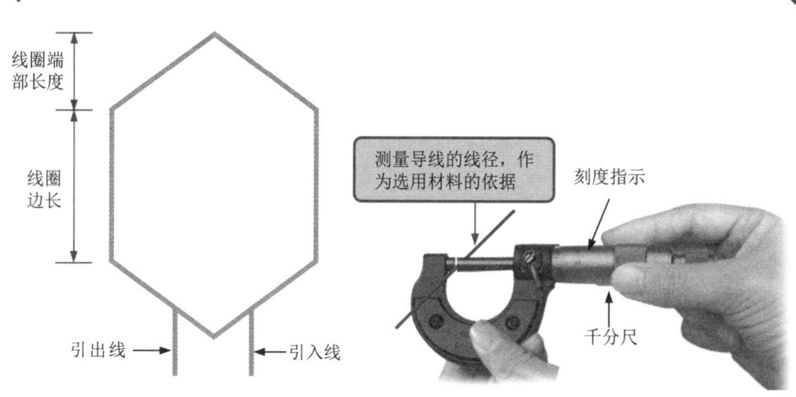
线圈端部长度
线圈边长
引出线
引入线
测量导线的线径，作为选用材料的依据
刻度指示
千分尺

图 8-6　测量并记录绕组线圈的形式、尺寸

6. 记录绕组的匝数和股数

在拆除绕组时，记录下每个线圈的匝数以及每匝的股数，作为绕组重新绕制的重要参数，如图 8-7 所示。

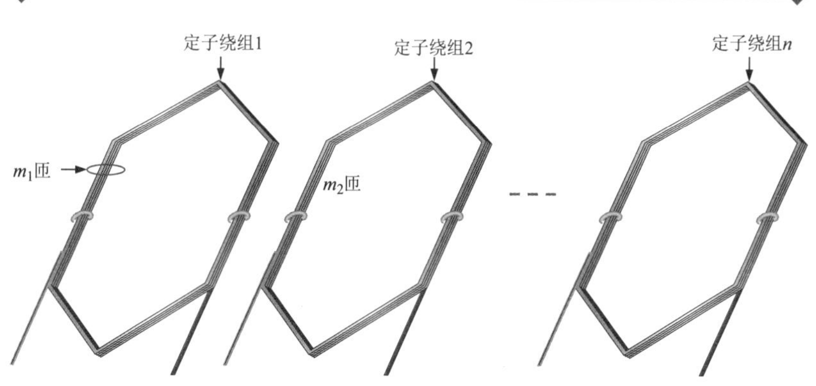
定子绕组1
定子绕组2
定子绕组n
m_1匝
m_2匝

图 8-7　记录每个线圈的匝数以及每匝的股数

要点说明

如果在拆除电动机绕组时，由于工艺条件等因素，无法保留原有绕组的形状，则需要将绕组一端引出线全部切断后，再从另一端抽出绕组，在这种情况下，大部分数据可以完成记录，例如，定子绕组的

绕制形式，定子绕组端部伸出定子铁心的长度，一相绕组的线圈数，一个线圈所跨的槽数，线圈引出线的引出位置、槽号，一个线圈包含匝线的匝数、一匝线包含的股数、一股线的线径等。缺少的是一个完整绕组线圈的尺寸，此时，可以用一根漆包线仿制成一圈线圈的形状，根据现有的数据，如一个线圈所跨的槽数、引出线的位置等在定子铁心上绕制一圈线圈，作为参考。

8.1.2 记录电动机铁心数据

如图 8-8 所示，定子铁心的数据包括定子铁心的内径、长度及槽的深度等，记录这些数据，为下一步拆除电动机绕组、嵌线等做好准备。

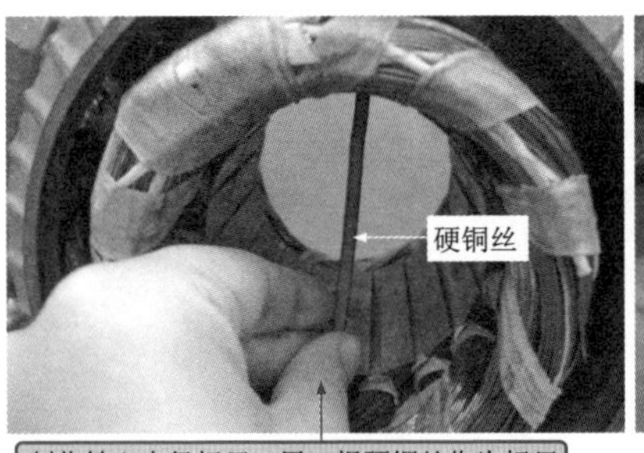
硬铜丝

制作铁心内径标尺。用一根硬铜丝作为标尺放入定子铁心中间，至铁心内部最大直径处

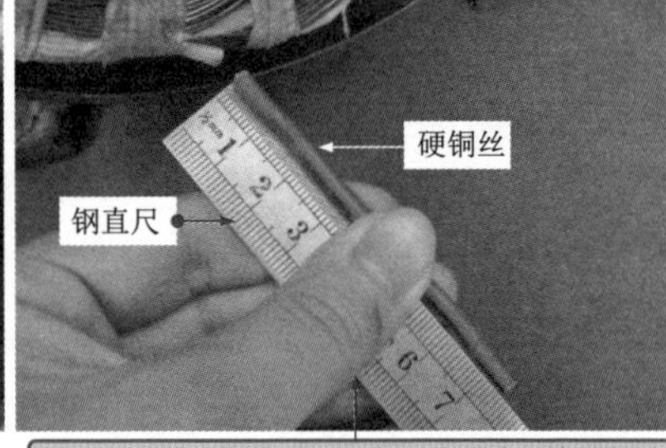
硬铜丝
钢直尺

测量定子铁心内径。用钢直尺或测量尺精确测量制作的硬铜丝标尺，作为定子铁心内径数据，实测直径为75mm

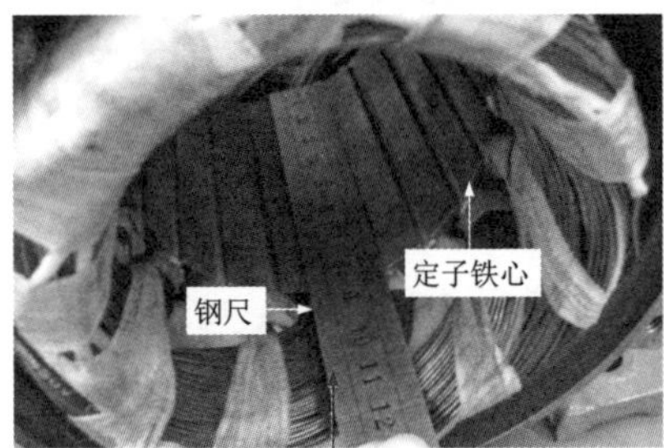
定子铁心
钢尺

测量定子铁心的长度，并记录(实测83mm)

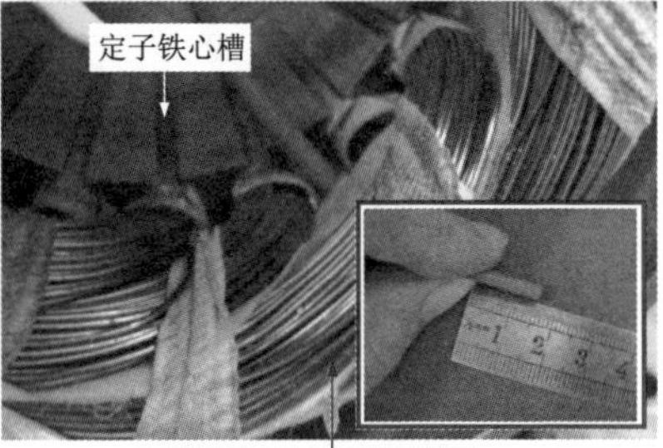
定子铁心槽

测量定子铁心槽的深度，并记录(实测15mm)

图 8-8　记录电动机铁心数据

要点说明

如图8-9所示，关于电动机绕组的绕制数据，除了上述基本的数据外，还应查询和记录绕组所采用导线的规格，并对定子铁心中所采用槽楔的尺寸、材料、形状等进行了解和记录。在一般情况下，可制作一张数据表格，将上述记录、测量、检查的数据仔细填写，以备查询。

记录项目	数据	记录项目	数据
绕组绕制形式		铁心的内径	
绕组端部伸出长度		铁心的长度	
节距		铁心的槽数	
绕组引出线位置		绕组引出线位置	
每相绕组的线圈数		槽的深度	
一个线圈中的匝线数		槽楔的材料	
线圈展开的长度		槽楔的尺寸和形状	
线圈各边的尺寸			

图8-9 电动机绕组的绕制数据

8.1.3 电动机绕组拆除方法

电动机的绕组由于经过了浸漆、烘干等绝缘处理，坚硬而牢固，很不容易拆下。所以拆除绕组时，可先采取相应措施使绕组的绝缘漆软化，同时应尽量不使绕组损坏，保持线圈形状，以便必要时对照绕制。

常用的绕组绝缘软化的方法主要有热烘法、溶剂浸泡溶解法和通电加热法。

如图8-10所示，热烘法是指使用工业热烘箱对定子绕组加热，待定子绕组的绝缘软化后，趁热拆除绕组。

使用热烘法软化绕组绝缘时，需借用热烘箱。热烘箱是电动机绕组拆除中常用的辅助工具之一，可用于加热电动机的绕组、转子、轴承等
大型工业热烘箱
小型工业热烘箱

图8-10 采用热烘法进行绕组的绝缘软化

要点说明

将电动机定子绕组连同外壳放入热烘箱，调整热烘箱温度至100℃左右，通电时间为1h以上，热烘箱加热完成指示灯亮后，取出绕组趁热拆除旧绕组。

图8-11为采用溶剂浸泡溶解法进行绕组绝缘软化的方法。溶剂浸泡法是指将电动机定子放于盛有浸泡溶液的浸泡箱中进行加热浸泡，使绕组的绝缘部分软化。

当电动机外壳等部分不与浸泡溶液发生化学反应时，可将定子绕组连同外壳整体浸入溶剂中浸泡

浸泡时，首先清洁电动机外壳，保证外壳无脏污、油渍等，然后将电动机定子放入盛有溶剂(氢氧化钠溶液)的浸泡箱中，加热浸泡2～3h，至绕组绝缘漆软化后取出

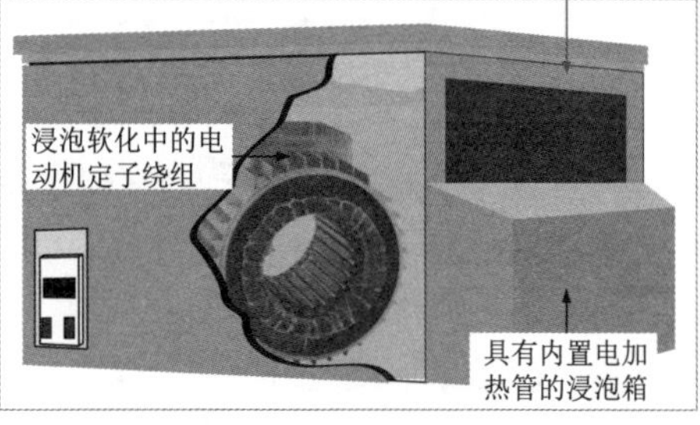
浸泡软化中的电动机定子绕组
具有内置电加热管的浸泡箱

当电动机外壳等部分可能会与浸泡溶液发生化学反应时，可采用局部浸泡法，即将溶剂用刷子仅刷在绕组上，外壳等部分不触碰溶剂

铝壳的电动机不能采用上述方法(铝与氢氧化钠溶液会发生化学反应)，可将溶剂用刷子刷在定子槽和端部后，置于封闭的容器中，经2h绝缘软化后再拆除

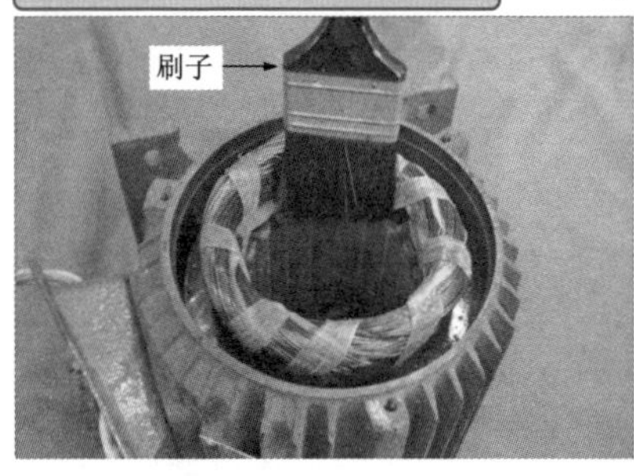
刷子

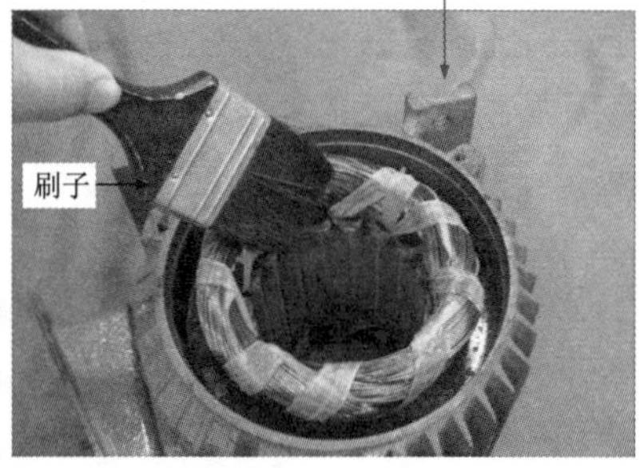
刷子

图8-11 采用溶剂浸泡溶解法进行绕组绝缘软化

图8-12为用通电加热法进行绕组绝缘软化的方法。通电加热法是指采用通电加热的方法软化电动机的绕组。此方法耗费电能较多，但对

空气的污染较小，对铁心性能的损伤也较小。

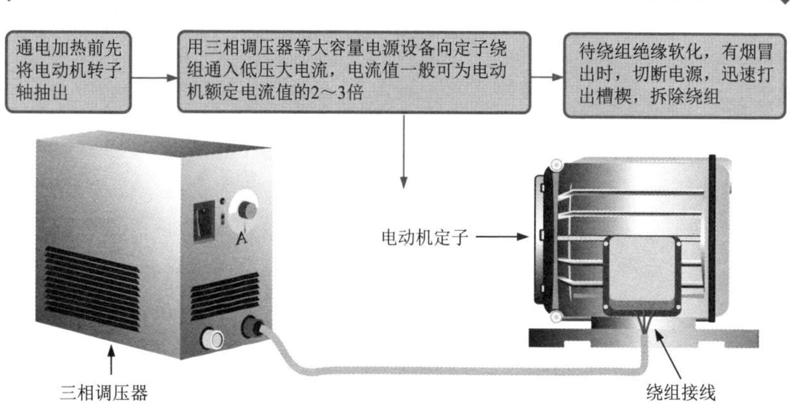
通电加热前先将电动机转子轴抽出
用三相调压器等大容量电源设备向定子绕组通入低压大电流，电流值一般可为电动机额定电流值的2～3倍
待绕组绝缘软化，有烟冒出时，切断电源，迅速打出槽楔，拆除绕组
A
电动机定子
三相调压器
绕组接线

图 8-12　用通电加热法进行绕组绝缘软化的方法

要点说明

如图 8-13 所示，通电加热绕组时，可采用三相交流电源加热、单相交流电源加热、直流电源加热的方法。若绕组中有断路或短路的线圈，则此方法可能会出现局部不能加热的情况，这时可采用其他方法再进一步加热。

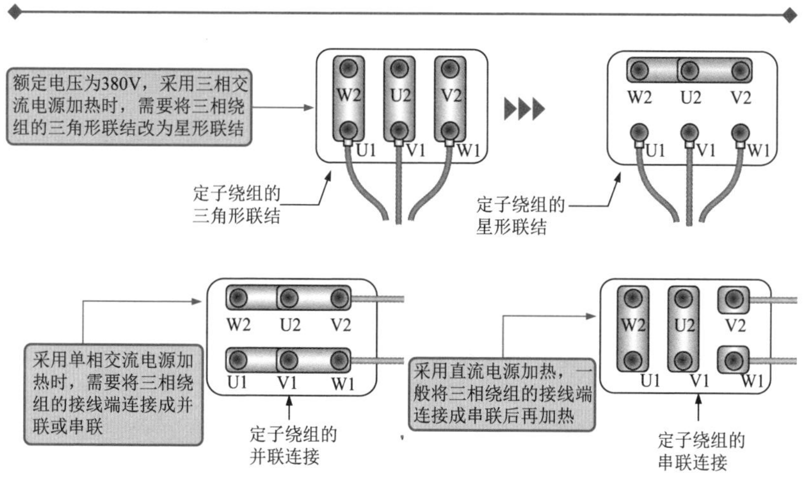
额定电压为380V，采用三相交流电源加热时，需要将三相绕组的三角形联结改为星形联结
W2
U2
V2
U1
V1
W1
定子绕组的三角形联结
定子绕组的星形联结
采用单相交流电源加热时，需要将三相绕组的接线端连接成并联或串联
定子绕组的并联连接
采用直流电源加热，一般将三相绕组的接线端连接成串联后再加热
定子绕组的串联连接

图 8-13　通电加热绕组时与电源的接线

相关资料

电动机绕组拆除方法比较：

◆ 工业热烘箱绝缘软化法可能会因高温加热在一定程度上损坏铁心的绝缘，进而影响铁心的电磁性能。因此，操作时应仔细确认加热温度，把控好加热时间。

◆ 溶剂浸泡溶解法费用较高，一般适用于微型电动机绕组的拆除。

◆ 通电加热法适用于功率较大的电动机，其温度容易控制，但要求必须有足够大容量的电源设备。

◆ 冷拆法比较费力，但可以保护铁心的电磁性能不受破坏。采用该法拆除绕组时应注意均匀用力，不可暴力拆卸，以免损坏槽口或使铁心变形。

如图 8-14 所示，当完成绕组的绝缘软化后，接下来就可以动手拆除绕组了。

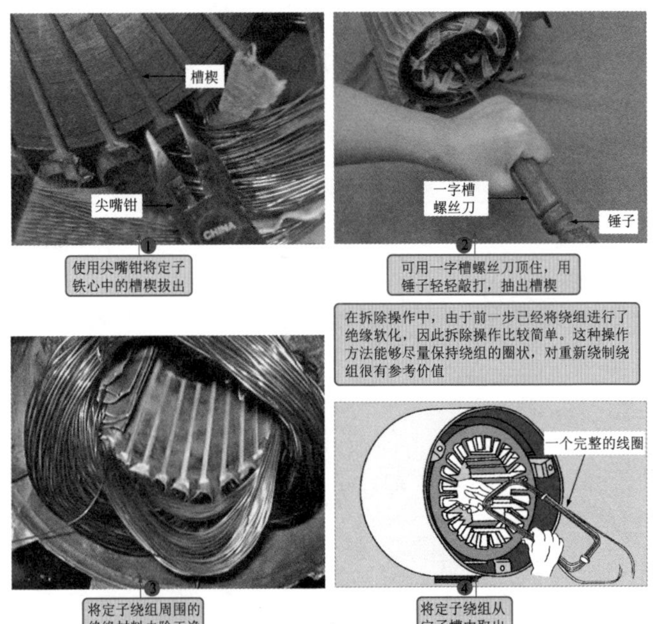
槽楔
尖嘴钳
① 使用尖嘴钳将定子铁心中的槽楔拔出
一字槽螺丝刀
锤子
② 可用一字槽螺丝刀顶住，用锤子轻轻敲打，抽出槽楔
在拆除操作中，由于前一步已经将绕组进行了绝缘软化，因此拆除操作比较简单。这种操作方法能够尽量保持绕组的圈状，对重新绕制绕组很有参考价值
③ 将定子绕组周围的绝缘材料去除干净
一个完整的线圈
④ 将定子绕组从定子槽中取出

图 8-14 拆除电动机绕组

相关资料

需要注意的是，当电动机绕组损坏情况比较严重，或由于设备条件等限制，不需要或无法对电动机绕组进行绝缘软化时，可以通过切除绕组断面引线的方法拆除绕组，如图8-15所示。

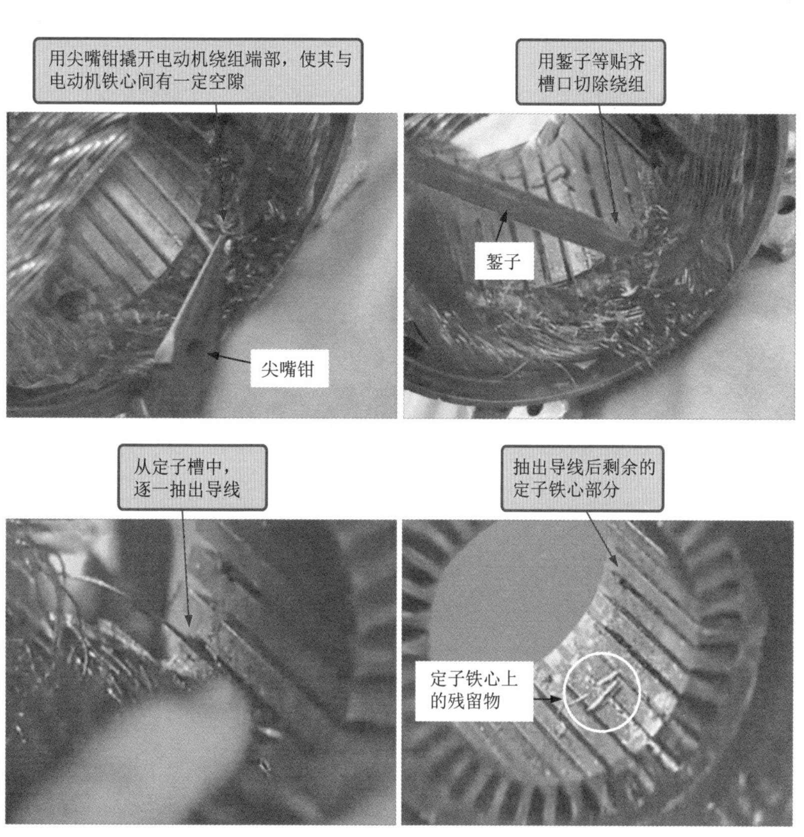
用尖嘴钳撬开电动机绕组端部，使其与电动机铁心间有一定空隙
尖嘴钳
用錾子等贴齐槽口切除绕组
錾子
从定子槽中，逐一抽出导线
抽出导线后剩余的定子铁心部分
定子铁心上的残留物

图8-15　电动机绕组的强制拆除

电动机定子绕组拆除完成后，定子槽内会残留大量的灰尘、杂物等，因此在拆除绕组后需要对定子槽进行清理，如图8-16所示。

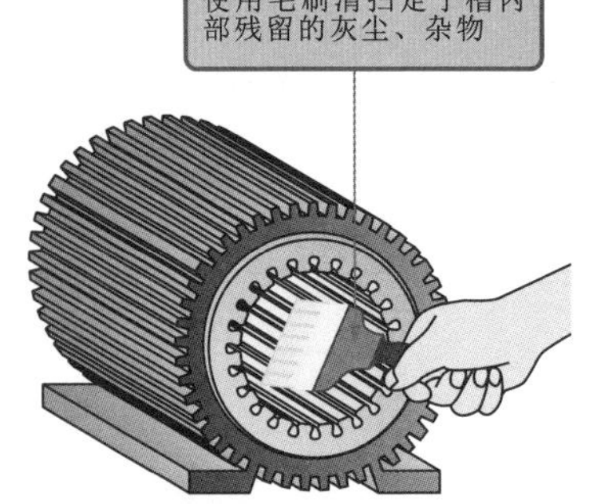
使用毛刷清扫定子槽内部残留的灰尘、杂物

将专用钢刷或布条嵌入定子槽中，左右摩擦清除槽内锈蚀及杂物等

图 8-16 电动机定子槽的清理方法

要点说明

清理定子铁心槽是电动机绕组嵌线前的必备步骤，若忽略该步骤或清洁不彻底，则可能对下一步的嵌线操作造成影响。如槽内有杂物，绕组将不能完全嵌入槽中；定子槽有锈蚀等将直接影响电动机的性能，因此，应按照操作规程和步骤认真清理，并修复有损伤的部位。

8.2 绕制电动机绕组

8.2.1 电动机绕组的绕制方式

电动机绕组的绕制方式是指电动机绕组在电动机铁心中的一种嵌线形式。目前常见的电动机定子绕组主要有两种绕制方式，即单层绕组绕制和双层绕组绕制。

1. 单层绕组绕制

单层绕组是指电动机定子铁心的每个槽内都只嵌入一条线圈边的绕制方式，如图 8-17 所示，在该类绕制方式中，线圈数等于电动机定子铁心的槽数的一半；定子铁心槽内不需要层间绝缘，且因绕组数较少，嵌线方便、工艺较简单。目前，10kW 以下的小型三相异步电动机多采用这种绕制方式。

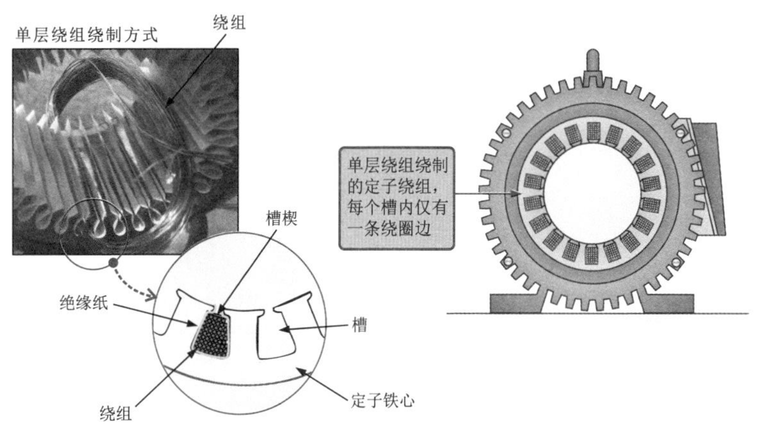
单层绕组绕制方式
绕组
槽楔
绝缘纸
槽
绕组
定子铁心
单层绕组绕制的定子绕组，每个槽内仅有一条绕圈边

图 8-17 单层绕组绕制方式示意图

单层绕组按照线圈的形状、尺寸及引出端排列方法不同，又可分为单层链式绕组、单层同心式绕组和单层交叉链式绕组等。

（1）单层链式绕组

单层链式绕组是指由相同节距的线圈，一环接一环构成的类似长链的绕组形式。该类绕组方式中，由于线圈节距相同，即绕组各线圈的宽度相同，所跨绕定子铁心槽数相同，因此，绕组的绕制比较方便。

图 8-18 所示为典型单层链式绕组的展开图。

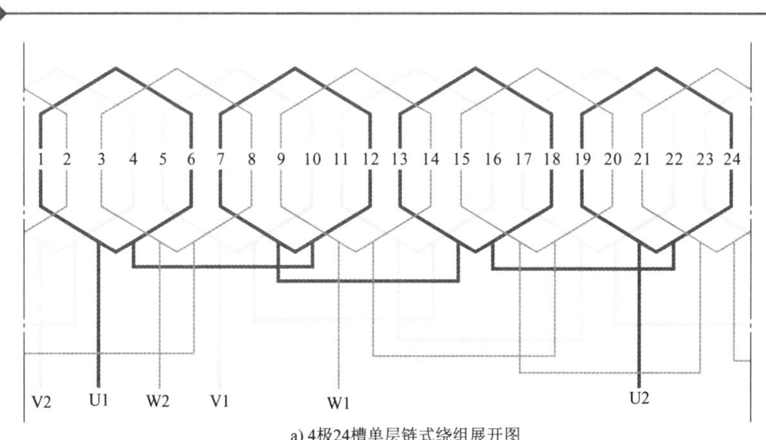
1 2 3 4 5 6 7 8 9 10 11 12 13 14 15 16 17 18 19 20 21 22 23 24
V2 U1 W2 V1 W1 U2

a) 4极24槽单层链式绕组展开图

图 8-18 典型单层链式绕组的展开图

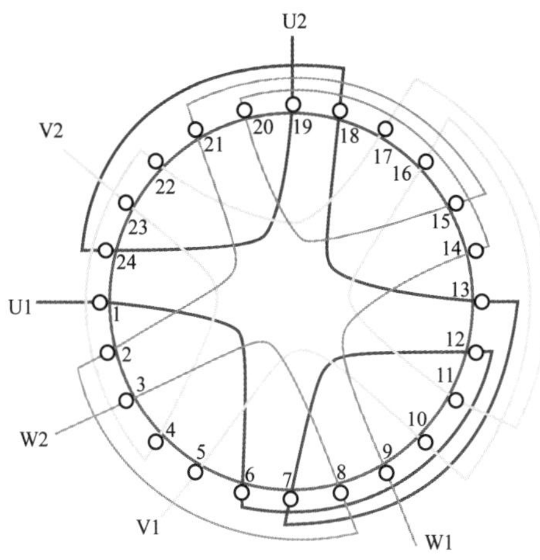
U2
V2
U1
W2
V1
W1
1
2
3
4
5
6
7
8
9
10
11
12
13
14
15
16
17
18
19
20
21
22
23
24

b) 4极24槽单层链式绕组端面布线图

图 8-18　典型单层链式绕组的展开图（续）

（2）单层同心式绕组

单层同心式绕组是指由两个及以上节距不同的线圈套在一起，串联而成，由于线圈有大小之分，且小线圈总是套在大线圈里边，大小线圈同心，因此称为同心绕组。主要应用于 2 极小型电动机中。

图 8-19、图 8-20 所示为典型单层同心式绕组的展开图。

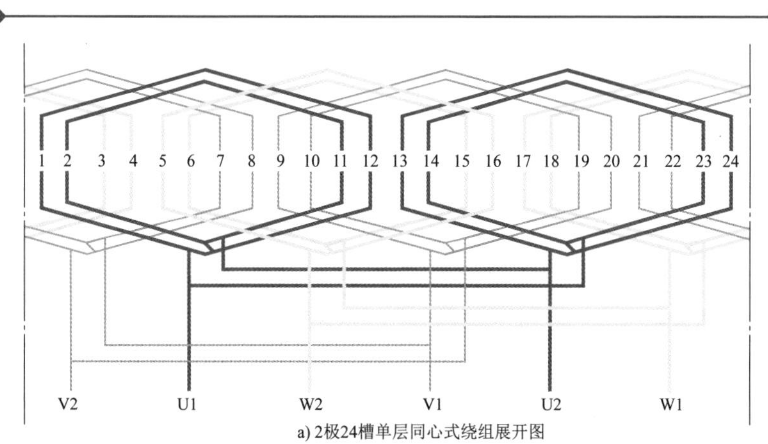
1 2 3 4 5 6 7 8 9 10 11 12 13 14 15 16 17 18 19 20 21 22 23 24
V2
U1
W2
V1
U2
W1

a) 2极24槽单层同心式绕组展开图

图 8-19　2 极 24 槽单层同心式绕组（如 Y100L-2 型三相异步电动机）

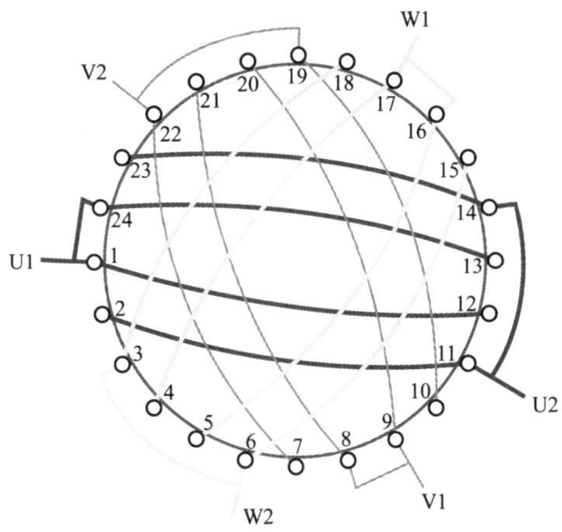
W1
V2
19
20
18
21
17
22
16
23
15
24
14
U1
1
13
2
12
3
11
4
10
U2
5
9
6
7
8
W2
V1

b) 2极24槽单层同心式绕组端面布线图

图 8-19 2 极 24 槽单层同心式绕组（如 Y100L-2 型三相异步电动机）（续）

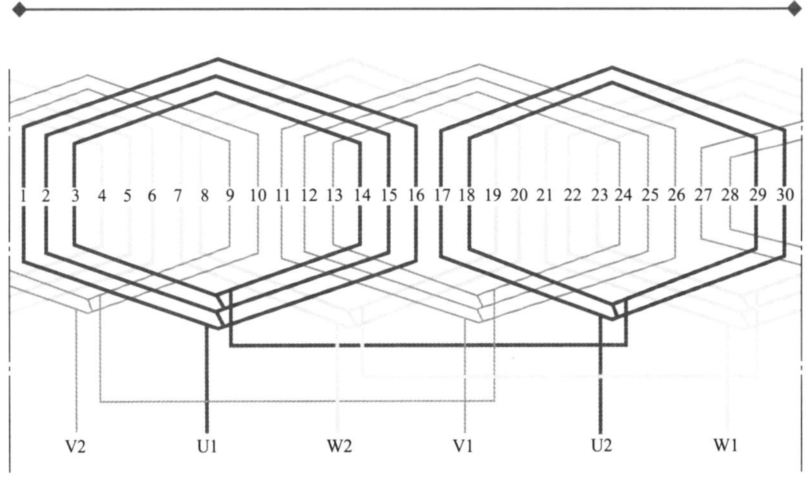
1 2 3 4 5 6 7 8 9 10 11 12 13 14 15 16 17 18 19 20 21 22 23 24 25 26 27 28 29 30
V2
U1
W2
V1
U2
W1

a) 2极30槽单层同心式绕组展开图

图 8-20 2 极 30 槽单层同心式绕组（如 Y132S1-2 型三相异步电动机）

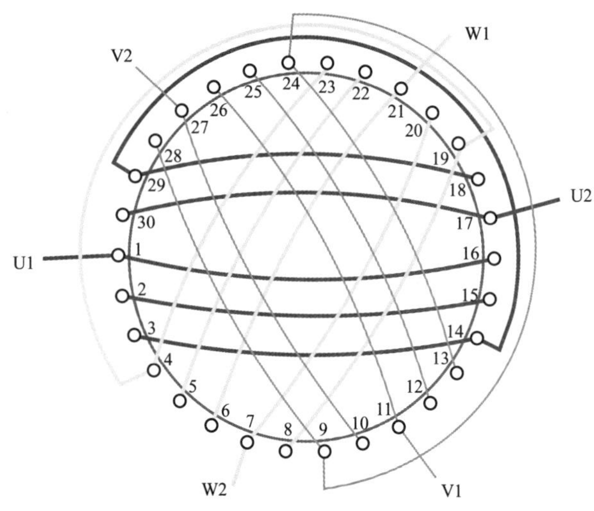
W1
V2
24
23
25
22
26
21
27
20
28
19
29
18
U2
30
17
U1
1
16
2
15
3
14
4
13
5
12
6
11
7
10
8
9
W2
V1

b) 2极30槽单层同心式绕组端面布线图

图 8-20　2 极 30 槽单层同心式绕组（如 Y132S1-2 型三相异步电动机）（续）

（3）单层交叉链式绕组

单层交叉链式绕组主要是用于每极每相槽数 q 为奇数、磁极数为 4 或 2 的三相异步电动机定子绕组中。

图 8-21、图 8-22 所示为典型单层交叉链式绕组的展开图。

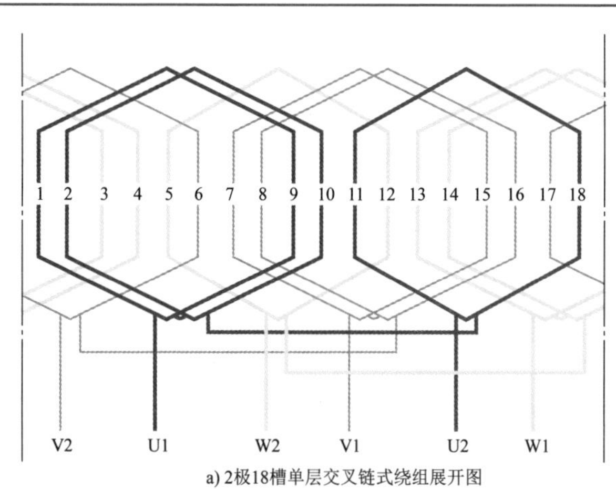
1 2 3 4 5 6 7 8 9 10 11 12 13 14 15 16 17 18
V2
U1
W2
V1
U2
W1

a) 2极18槽单层交叉链式绕组展开图

图 8-21　2 极 18 槽单层交叉链式绕组

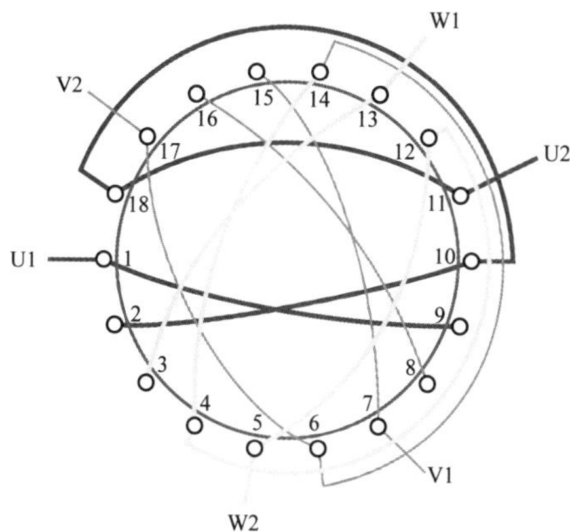
W1
V2
15
14
16
13
17
12
U2
18
11
U1
1
10
2
9
3
8
4
7
5
6
V1
W2

b) 2极18槽单层交叉链式绕组端面布线图

图 8-21　2 极 18 槽单层交叉链式绕组（续）

2. 双层绕组绕制

双层绕组是指电动机定子铁心的每个槽内都有上、下两层线圈边，如图 8-23 所示。该类绕制方式中，线圈数等于电动机定子铁心的槽数；且在嵌线操作中要求槽内上层边与下层边之间进行绝缘处理，因此嵌线工艺比较复杂。

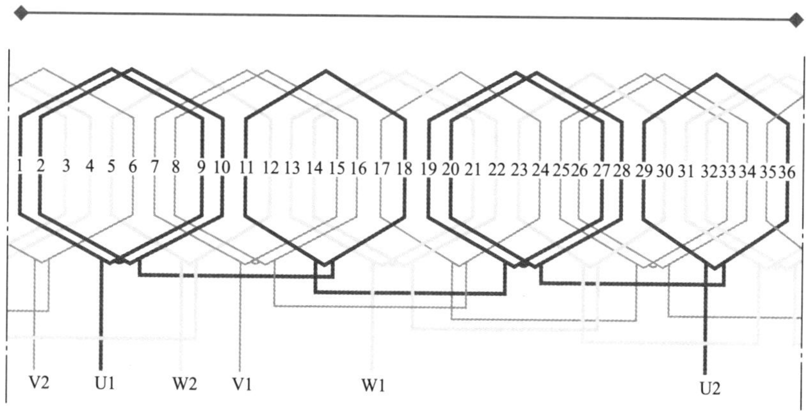
1 2 3 4 5 6 7 8 9 10 11 12 13 14 15 16 17 18 19 20 21 22 23 24 25 26 27 28 29 30 31 32 33 34 35 36
V2
U1
W2
V1
W1
U2

a) 4极36槽单层交叉链式绕组展开图

图 8-22　4 极 36 槽单层交叉链式绕组

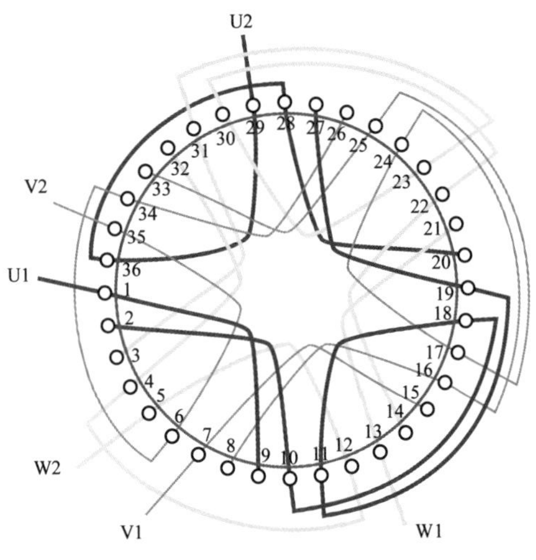
U2
V2
U1
W2
V1
W1

b) 4极36槽单层交叉链式绕组端面布线图

图 8-22　4 极 36 槽单层交叉链式绕组（续）

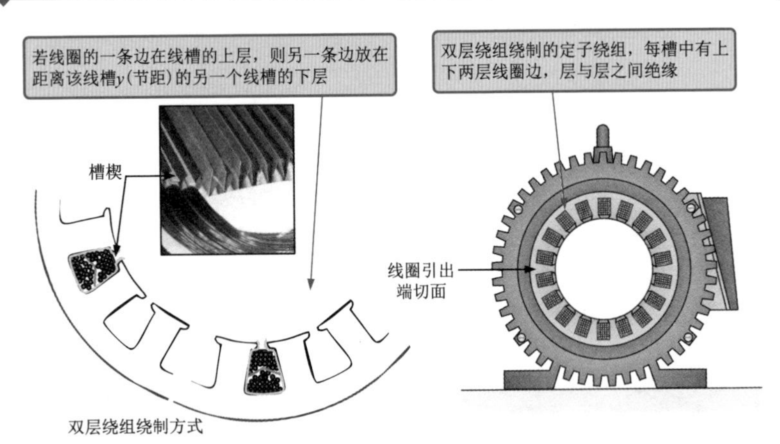
若线圈的一条边在线槽的上层，则另一条边放在距离该线槽y(节距)的另一个线槽的下层
双层绕组绕制的定子绕组，每槽中有上下两层线圈边，层与层之间绝缘
槽楔
线圈引出端切面
双层绕组绕制方式

图 8-23　双层绕组示意图

在双层绕组中，每个线圈的尺寸相同，节距 y 相等，且若线圈的一条边在线槽的上层，则另一条边放在相隔节距 y 线槽的下层。目前，10kW 以上的大中型电动机多采用双层绕组形式。

在电动机定子绕组中，双层绕组多采用叠绕式，该种绕制方式中，总线圈数较多，嵌线较复杂。

例如，图 8-24 所示为典型双层叠绕式绕组的展开图。

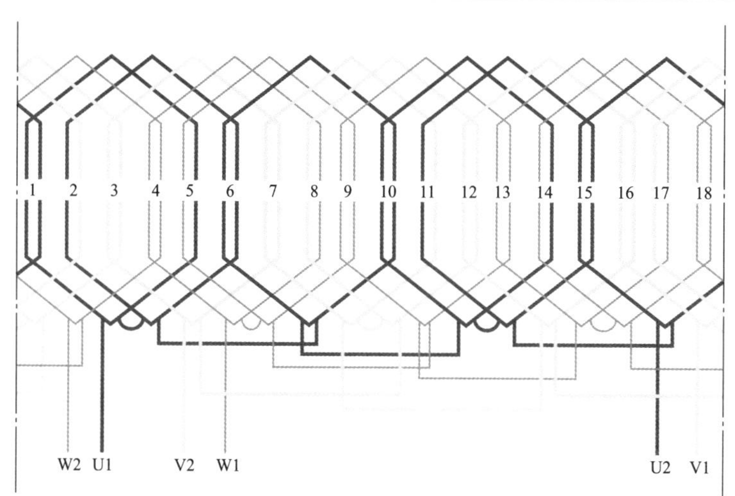
1
2
3
4
5
6
7
8
9
10
11
12
13
14
15
16
17
18
W2
U1
V2
W1
U2
V1

a) 4极18槽双层叠绕式绕组展开图

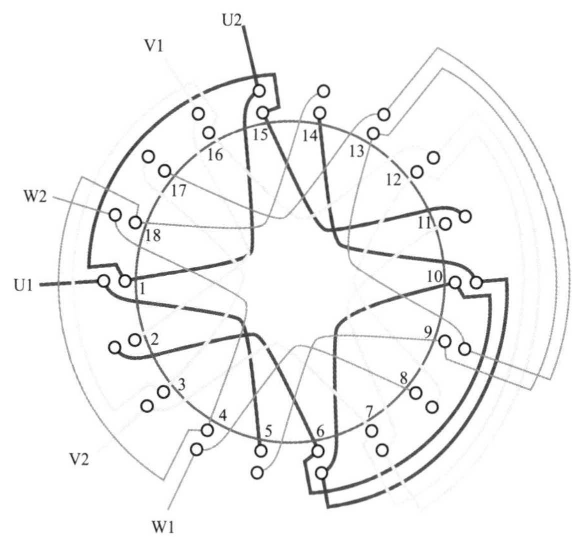
U2
V1
W2
U1
V2
W1
1
2
3
4
5
6
7
8
9
10
11
12
13
14
15
16
17
18

b) 4极18槽双层叠绕式绕组端面布线图

图 8-24　典型双层叠绕式绕组的展开图

要点说明

设有绕组的转子一般称为线绕转子，绕线转子绕组的绕制方式主要有叠绕组绕制和波绕组绕制，如图 8-25 所示。其中，叠绕组绕制主要应用于小型绕线转子，波绕组绕制主要应用于大、中型绕线转子。

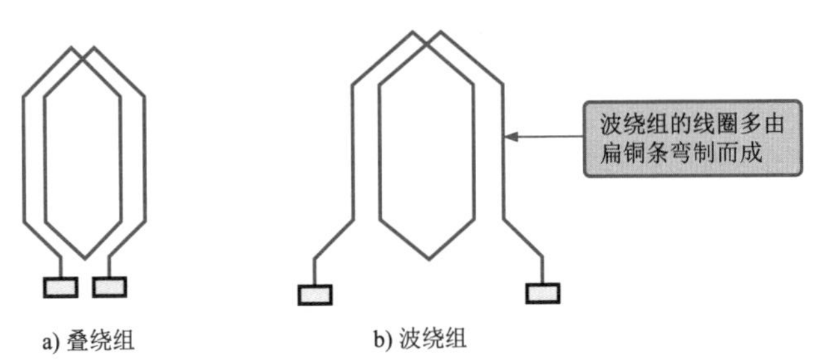
波绕组的线圈多由
扁铜条弯制而成
a) 叠绕组
b) 波绕组

图 8-25　绕线转子绕组的绕制方式

8.2.2　电动机绕组的绕制方法

修理和更换电动机的绕组时，需要根据原绕组的线径、材料、匝数、形状等原始数据重新绕制绕组，因此电动机绕组的绕制是维修人员需要掌握的基础技能之一。绕组绕制前应准备好绕组材料和绕线工具。通常电动机采用漆包线作为绕组的材料；绕制时，需要有专门的绕线工具进行绕制。

1. 绕制前的准备

电动机绕组多采用漆包线作为绕组线圈材料，准备和选取绕组线材时，可先通过测量了解旧绕组的线径，然后根据测量结果选择与旧绕组规格、材质完全一致的漆包线进行绕制。

测量旧绕组线圈的线径时需借助千分尺进行，如图 8-26 所示。

电动机绕组的绕制，需要使用特定的绕线工具进行绕制。一般常见的绕线工具主要有自制的绕线模具和手动式绕线机等。

图 8-27 所示为需要准备的绕线工具。

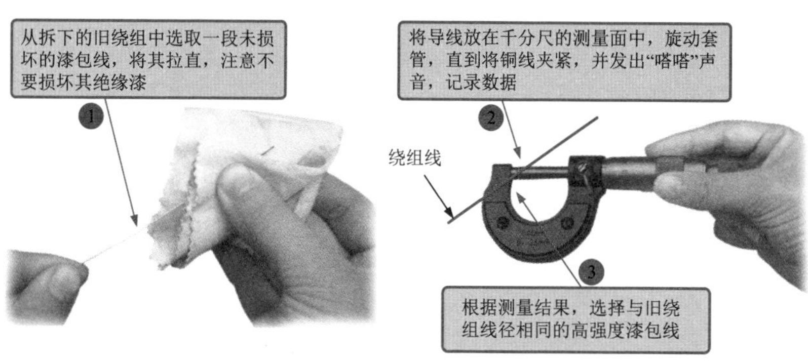
从拆下的旧绕组中选取一段未损坏的漆包线，将其拉直，注意不要损坏其绝缘漆
1
将导线放在千分尺的测量面中，旋动套管，直到将铜线夹紧，并发出“嗒嗒”声音，记录数据
2
绕组线
3
根据测量结果，选择与旧绕组线径相同的高强度漆包线

图 8-26　漆包线的选取方法

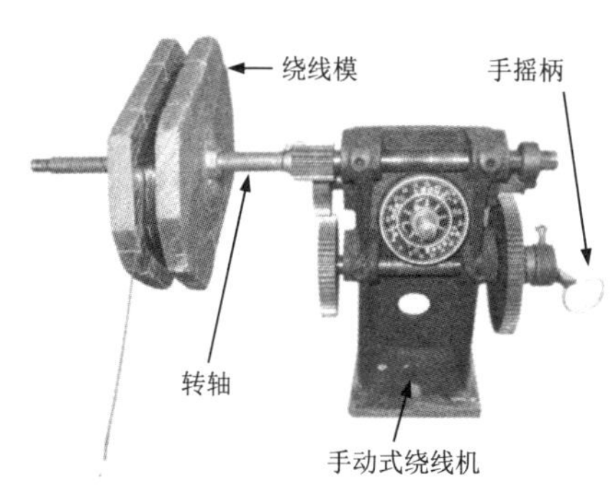
绕线模
手摇柄
转轴
手动式绕线机

图 8-27　需要准备的绕线工具

线圈的大小直接决定了嵌线的质量和电动机的性能，一般绕制的绕组尺寸过大，不仅浪费材料，还会使绕组端部过大顶住端盖，影响绝缘；尺寸过小，将绕组嵌入定子铁心槽内会比较困难，甚至不能嵌入槽内。电动机绕组重绕时，线圈的大小是由绕线模的大小所决定的，因此确定绕线模的尺寸是绕线前的关键步骤。

绕线模尺寸的确定方法参见本书第 4. 2. 2 节。

2. 手工绕制绕组

选择好绕组所用的漆包线材料、准备好绕制工具，并根据之前记录的数据确定好每相绕组中的线圈数、每个线圈中匝数的匝数、每匝匝线的股数等，就可以进行绕组的绕制了。通常电容及绕组重绕可采用自制

绕线模进行绕制，也可以根据需要采用绕线机进行绕制。

使用绕线机绕制三相交流电动机绕组的方法如图 8-28 所示。

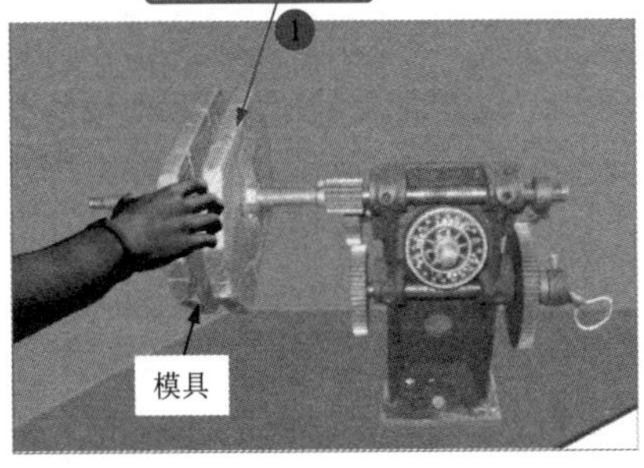
将模具放到绕线机的转轴上
1
模具

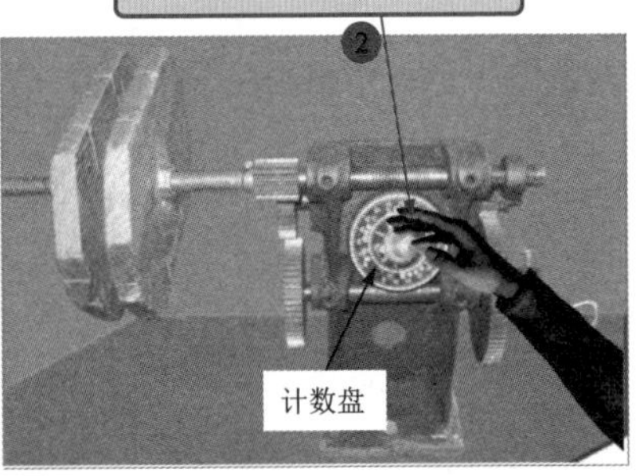
调整绕线机的计数盘，使其指针指示零的位置
2
计数盘

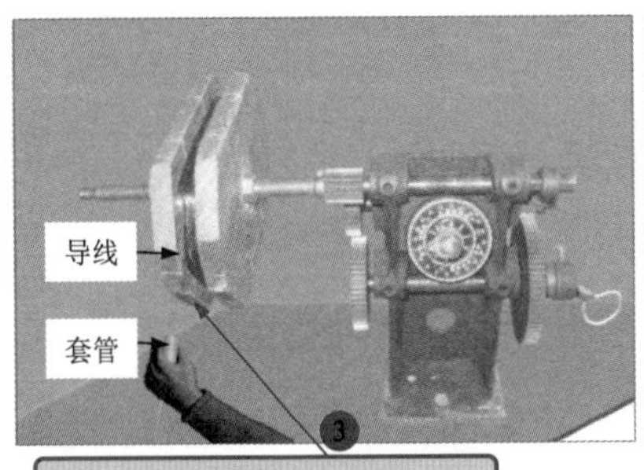
导线
套管
3
将导线的端头套入一段套管内，并将导线端头固定在绕线机的转轴上

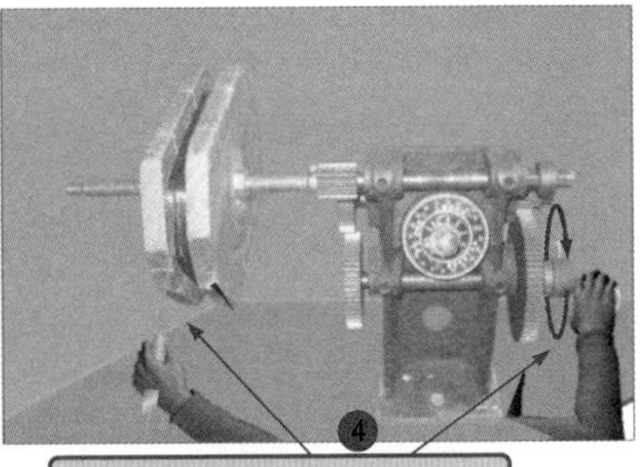
4
一只手握住套管控制导线的位置，另一只手旋转手摇柄进行绕线

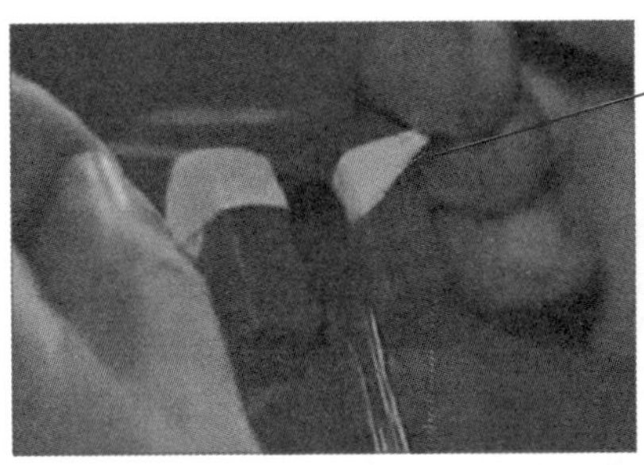

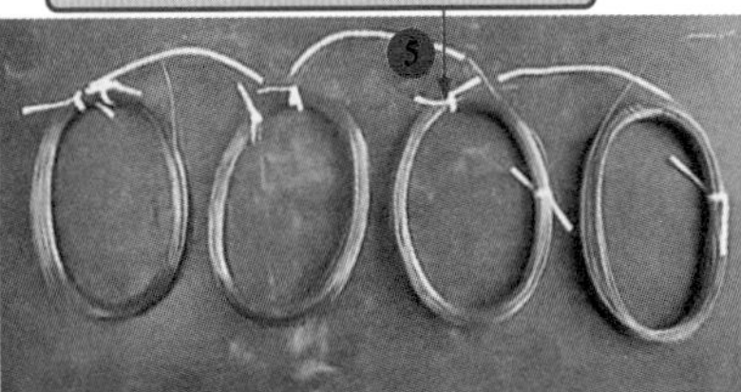
绕制绕组匝数与要求匝数相符后，将绕组捆好，最好上下两端均捆绑一次，然后将绕组退出模具
5

图 8-28　使用绕线机绕制三相交流电动机绕组的方法

要点说明

在进行电动机绕组绕制前，我们了解绕制过程中需要注意的几个问题：

1）绕制前，应检查选用导线的线径是否符合要求，导线的材料是否与旧绕组类型一致。

2）检查绕线模有无裂缝、破损，严重时应更换，否则可能影响绕线效果。

3）绕线时一般从右向左绕制，同心式的绕组，应从小绕组绕起。

4）边绕线边记录绕制匝数，或从绕线器的计数盘上查看绕制匝数，直到与旧绕组匝数相同时，才可停止。

5）若绕制过程中出现断线或两轴线之间交接时，应首先将待连接的引线端头用火烧去表皮绝缘漆，再用细砂纸或小刀轻轻刮去炭灰，将两个线头扭接在一起，再用电烙铁进行焊接，最后包一层黄蜡布，再进行绕制剩余匝数，或在接线前套一段黄蜡管，接好线头后，用黄蜡管套住接头。

注意，若绕制导线为多根并绕的导线，对其进行接头时，应当相互错开一定的距离，再进行连接和绝缘处理。

6）绕好的绕组应在首端做好标记，从绕线模上拆卸前应将绕组捆牢；

7）绕组绑扎好后，从模具上退下，再绕制另一组绕组，依次进行，直到绕制绕组个数与要求数量相符合。

第 9 章 电动机绕组的嵌线

9.1 嵌线工具和嵌线材料

9.1.1 嵌线工具

如图 9-1 所示，电动机绕组嵌线操作中常用的工具主要包括压线板、划线板、剪刀、橡胶锤或木槌等，这些工具配合使用实现规范嵌线。

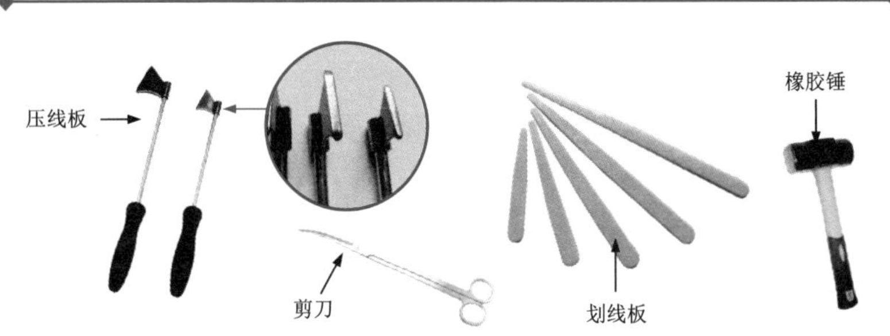
压线板
橡胶锤
剪刀
划线板

图 9-1 电动机绕组嵌线操作中的常用工具

1. 压线板

如图 9-2 所示，压线板用来压紧嵌入定子铁心槽内的绕组边缘，平整定子绕组，以便槽绝缘封口和打入槽楔。

2. 划线板

如图 9-3 所示，划线板也称为刮板、理线板，主要用于在绕组嵌线时整理线圈并将线圈划入定子铁心槽内。另外，嵌线时，也可用划线板劈开槽口的绝缘纸（槽绝缘），将槽口线圈整理整齐，将槽内线圈理顺避免交叉。

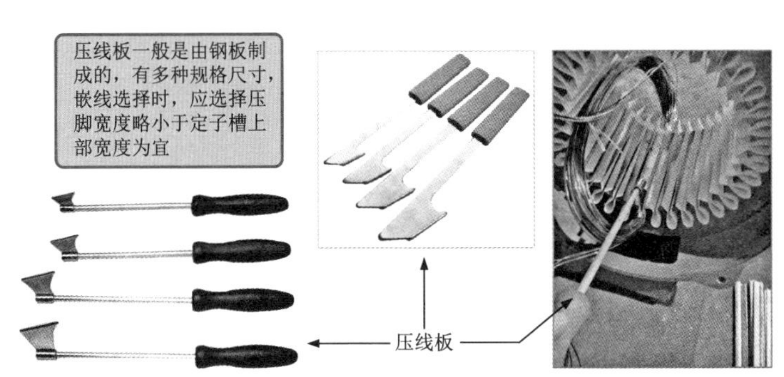
压线板一般是由钢板制成的，有多种规格尺寸，嵌线选择时，应选择压脚宽度略小于定子槽上部宽度为宜
压线板

图 9-2 压线板的使用方法

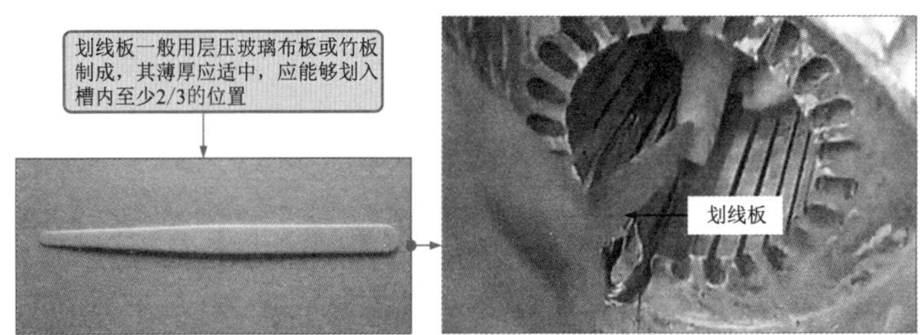
划线板一般用层压玻璃布板或竹板制成，其薄厚应适中，应能够划入槽内至少2/3的位置
划线板

图 9-3 划线板的使用方法

要点说明

除上述两种主要的操作工具外，其他辅助工具功能如下：

1）剪刀用于修剪相间绝缘纸，为便于操作一般用弯头长柄剪刀。

2）橡胶锤或木槌主要用于在完成电动机定子绕组嵌线操作后，对绕组端部进行整形。

3）打板由硬木制作，用于辅助橡胶锤或木槌整理绕组端部，使其呈喇叭口状。

9.1.2 嵌线绝缘材料

如图 9-4 所示，电动机绕组嵌线常用的绝缘材料主要包括槽楔、相间绝缘和层间绝缘所用复合绝缘材料（以下称为绝缘纸）和绕组引出头连接时所用绝缘管等。

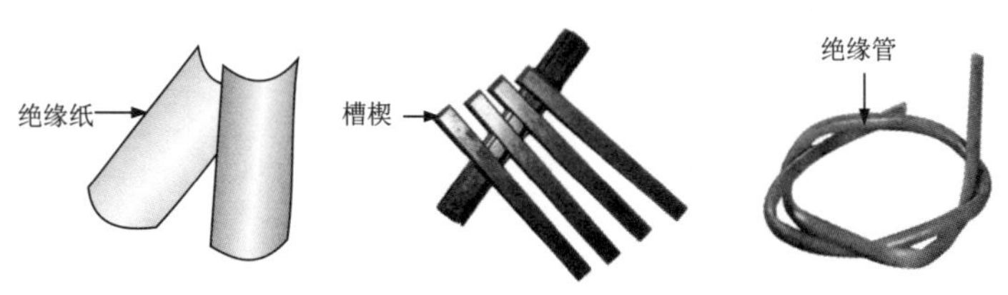
绝缘纸
槽楔
绝缘管

图 9-4 电动机绕组嵌线常用的绝缘材料

1. 绝缘纸的裁剪

绝缘纸用于在电动机绕组嵌线时，实现电动机定子槽绝缘、层间绝缘和端部绝缘，可根据实际需要，裁剪出不同的尺寸，以备使用。

如图 9-5 所示，以槽绝缘为例，测量定子槽的长度和深度，以此作为绝缘纸的宽度和长度参考数据，裁剪与定子槽数量相同的绝缘纸。

钢直尺
1

测量电动机定子铁心长度为86mm，由此确定绝缘纸的长度为96～101mm（绝缘纸长度一般比铁心长度预长10～15mm即可）

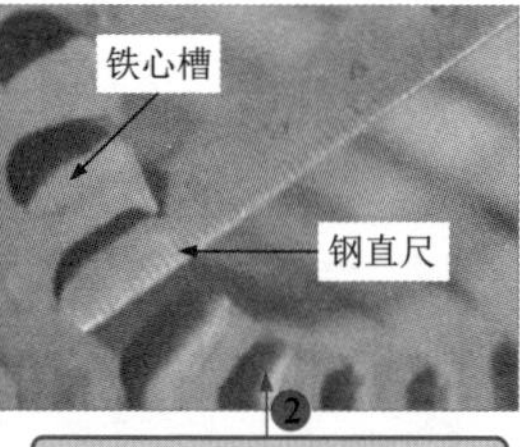
铁心槽
钢直尺
2

测量铁心槽的高度为15mm，由此确定绝缘纸的宽度为槽高度的3～4倍（45～60mm），或在槽内空间放样找出绝缘纸合适宽即可

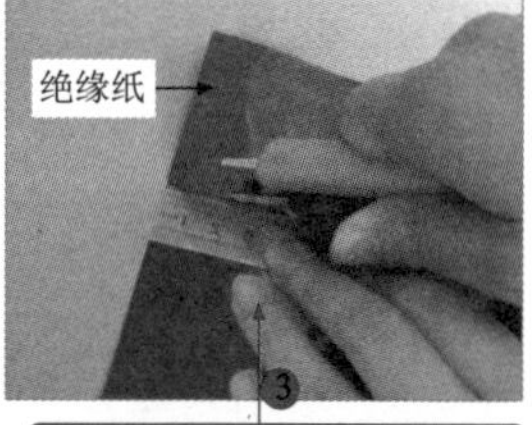
绝缘纸
3

根据前面两个步骤，确定好绝缘纸的长和宽后，再以一个片绝缘纸为单位截取等长的绝缘纸*n*个，作为槽绝缘材料

图 9-5 绝缘纸的裁剪

要点说明

如图 9-6 所示，为节省材料，一般可先在一个较大面积的绝缘纸上画好裁剪线，然后根据画好的裁剪线，将绝缘纸裁剪成符合长度的矩形长条，根据宽度截取为一片一片的相应数量的槽绝缘纸。另外，槽绝缘纸的实际裁剪尺寸与电动机铁心槽绝缘类型有关，需要根据实际情况确定。

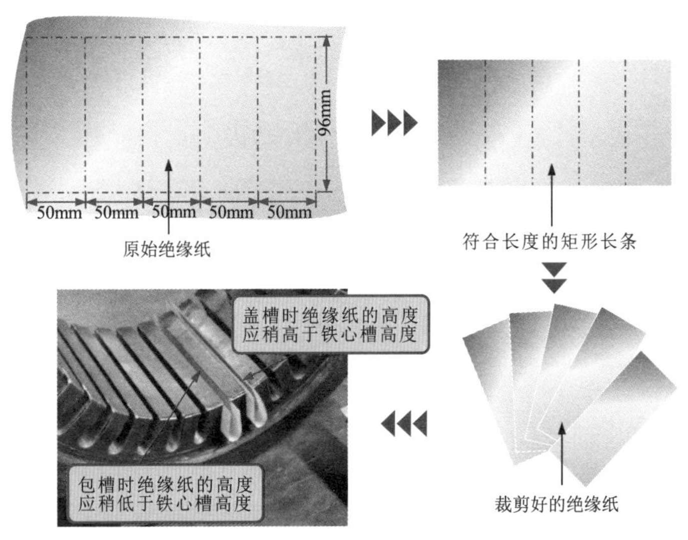
96mm
50mm
50mm
50mm
50mm
50mm
原始绝缘纸
符合长度的矩形长条
盖槽时绝缘纸的高度
应稍高于铁心槽高度
包槽时绝缘纸的高度
应稍低于铁心槽高度
裁剪好的绝缘纸

图 9-6 根据尺寸规格裁剪绝缘纸

2. 槽楔的制作

槽楔是用来压住槽内导线，防止绝缘和绕组线圈松动的材料。若槽楔过大，将无法嵌入槽中；若过小，将起不到压紧的作用。因此制作槽楔时，应注意规格和形状应符合定子铁心槽的要求。

如图 9-7 所示，槽楔一般可购买成品，引拔槽楔。若使用竹板自制槽楔，需要注意打磨其端部为梯形或圆角，再根据定子槽长度数据截取适当长度即可。

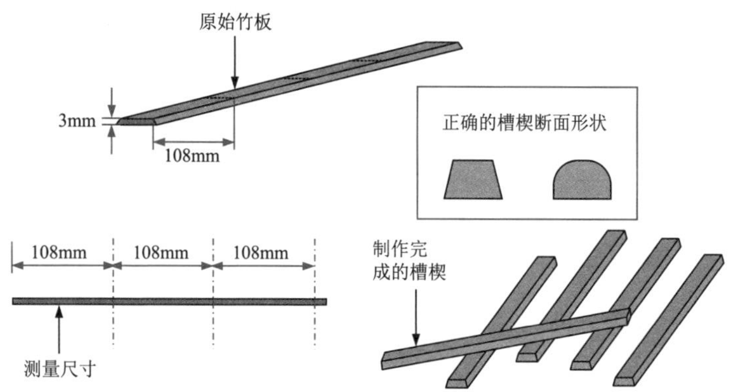
原始竹板
3mm
108mm
正确的槽楔断面形状
108mm
108mm
108mm
制作完
成的槽楔
测量尺寸

图 9-7 槽楔的制作方法

要点说明

值得注意的是，不论是嵌线工具还是材料，只要需要与线圈接触的工具或材料必须保证圆角、表面光滑，以免损伤线圈的匝间绝缘（漆包线的外层绝缘漆）。

9.2 嵌线方法

9.2.1 嵌线规范

电动机绕组的嵌线操作是对电动机绕组进行拆换过程中的关键环节，嵌线的质量直接影响电动机的电气性能，因此应严格按照嵌线的步骤和规范操作是保证嵌线质量的基本要求。

（1）绝缘性能规范

绕组嵌线时要求绝缘必须良好可靠。槽绝缘、相间绝缘、层间绝缘所用绝缘材料的质量和规格必须符合规定。

需注意的是，绕组的匝间绝缘易被划伤，因此嵌线时所用工具、方法必须符合规定。

定子槽口部分的绝缘也是相对比较薄弱的环节，容易因机械损伤造成绝缘失效，因此槽口绝缘必须严格执行。

（2）绕组线圈嵌线规范

绕组线圈的节距、连接方式、引出线的位置必须正确。嵌入槽内线圈的匝数必须准确无误。

（3）槽绝缘放置规范

槽绝缘伸出铁心两端的长度应相等。绕组两侧端部应对称，且长度不宜过长（材料浪费），也不能太短。

（4）槽楔安装规范

槽楔在槽中的松紧程度应合适，不能过紧或过松；槽楔伸出铁心两端的长度应相同。

（5）清洁度要求

嵌线之前，应确保电动机定子槽内无毛刺及焊渣，且在嵌线操作时也应避免铁屑、焊渣等夹杂进入绕组内。

（6）槽口要求

嵌线时，槽口槽绝缘必须伸出槽口或垫上引槽纸，避免槽口棱角刮伤漆包线，引起匝间短路故障。

另外，由于嵌线时经常需要拉动绕组线圈，容易引起槽绝缘移位，因此，在嵌线过程中或一组线圈嵌线完成后，必须检查并调整槽绝缘的位置，确保在槽中位置正确。

（7）匝间排列要求

嵌入定子槽内的绕组线圈之间应排列整齐，无严重交叉现象，且绕组端部也应整齐，其绝缘的形状应符合嵌线规定。

（8）绕组线圈间的连接要求

同相绕组线圈之间的接头应焊接良好，接头部分的绝缘也务必正确。接头应能承受一定热度，避免过热而脱焊断裂。

9.2.2 放置槽绝缘

如图 9-8 所示，槽绝缘是指电动机嵌放绕组的定子槽中放置复合绝缘材料（一般称其为绝缘纸），实现定子槽与绕组之间的绝缘。

如图 9-9 所示，放置槽绝缘是指将绝缘纸放入定子槽中，形成绕组与槽内的绝缘。

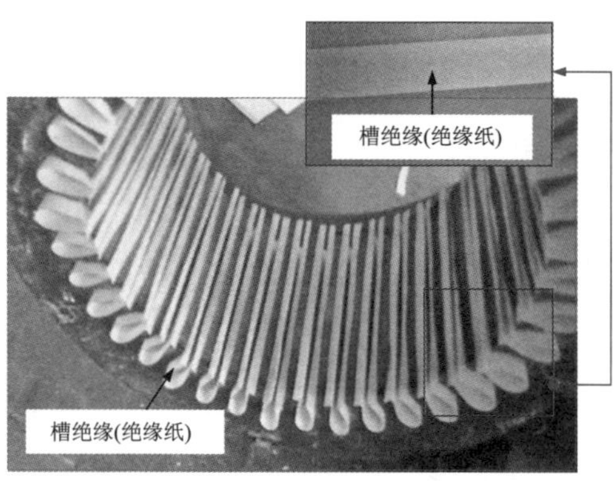
槽绝缘(绝缘纸)
槽绝缘(绝缘纸)

图 9-8 定子绕组的槽绝缘

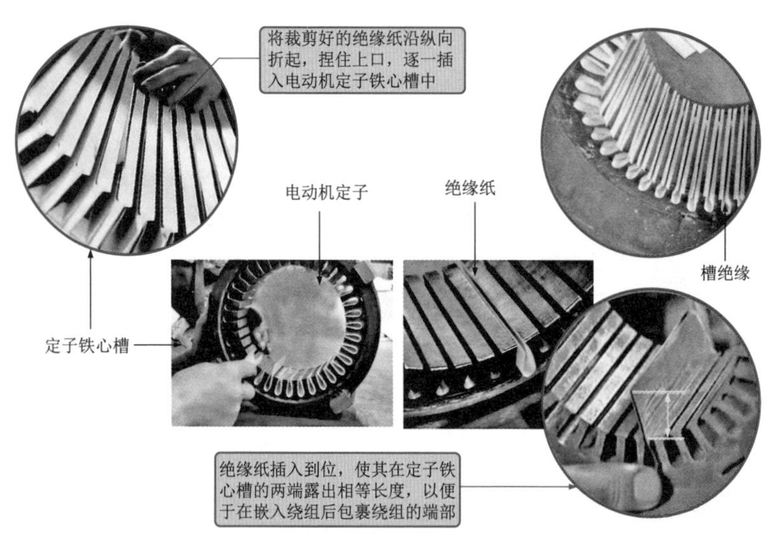
将裁剪好的绝缘纸沿纵向折起，捏住上口，逐一插入电动机定子铁心槽中
电动机定子
绝缘纸
槽绝缘
定子铁心槽
绝缘纸插入到位，使其在定子铁心槽的两端露出相等长度，以便于在嵌入绕组后包裹绕组的端部

图 9-9 放置槽绝缘

要点说明

根据电动机容量不同，槽绝缘两端伸出铁心的长度、槽绝缘的宽度也不同。根据操作规范和要求可知，槽绝缘两端伸出铁心的长度过长，容易造成材料浪费；伸出长度过短，绕组对铁心的安全距离不够。

如图 9-10 所示，容量较小的异步电动机槽绝缘两端各伸出铁心的长度一般为 7.5~15mm。容量较大的电动机则除满足上述长度要求外，还需要将槽绝缘伸出部分折叠成双层，即加强槽口绝缘。

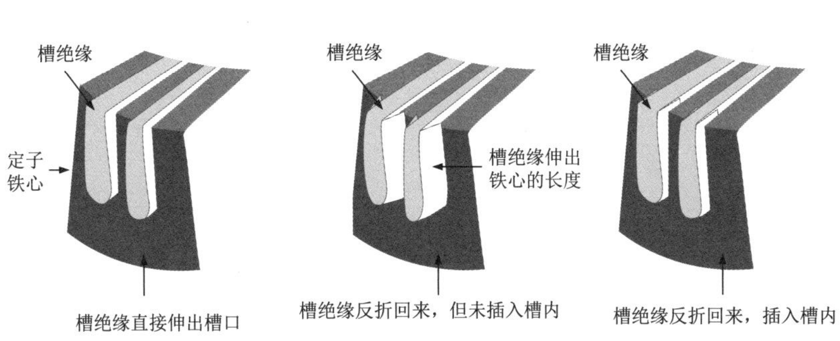
槽绝缘
定子
铁心
槽绝缘直接伸出槽口
槽绝缘
槽绝缘伸出
铁心的长度
槽绝缘反折回来，但未插入槽内
槽绝缘
槽绝缘反折回来，插入槽内

图 9-10 槽绝缘伸出铁心的长度和加强槽口绝缘的方式

如图 9-11 所示，槽绝缘的宽度可以大于定子槽的周长，也可略小于定子槽周长，但需要配合引槽纸和盖槽绝缘使用。

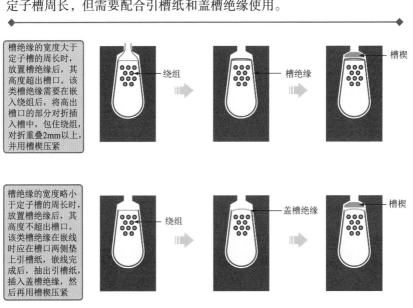

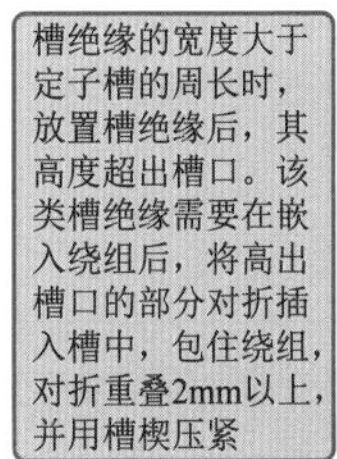
槽绝缘的宽度大于定子槽的周长时，放置槽绝缘后，其高度超出槽口。该类槽绝缘需要在嵌入绕组后，将高出槽口的部分对折插入槽中，包住绕组，对折重叠2mm以上，并用槽楔压紧

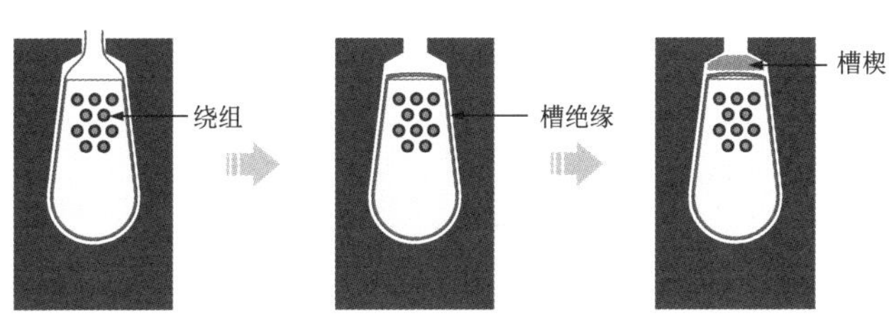
绕组
槽绝缘
槽楔

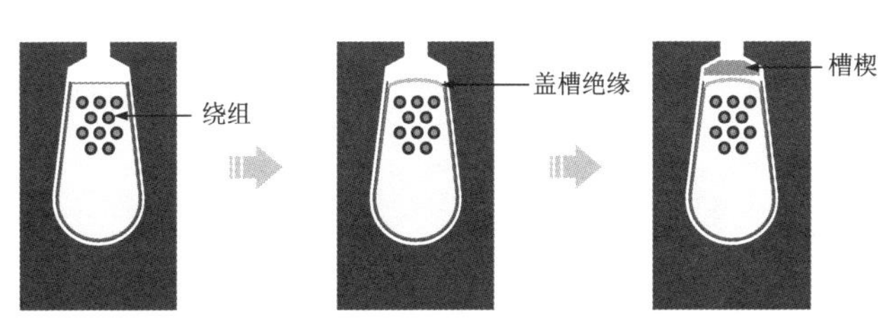
槽绝缘的宽度略小于定子槽的周长时，放置槽绝缘后，其高度不超出槽口。该类槽绝缘在嵌线时应在槽口两侧垫上引槽纸，嵌线完成后，抽出引槽纸，插入盖槽绝缘，然后再用槽楔压紧
绕组
盖槽绝缘
槽楔

图 9-11 槽绝缘的宽度

9.2.3 嵌放绕组

嵌放绕组是指将绕制好的绕组根据前述的嵌线方法嵌入放好绝缘纸的定子槽中，并用绝缘纸将绕组包好，然后压上槽楔。

下面以槽数为 18、极数为 2 的 Y90S-2 型三相交流电动机为例进行介绍，操作顺序和方法如图 9-12 所示。

先将U相两组绕组1-9和2-10首尾连接构成一个大线圈；11-18为小线圈，同一相的两个线圈之间为尾尾连接，V、W两相与U相连接方法相同，且相邻两相引出线首(末)端相距6槽

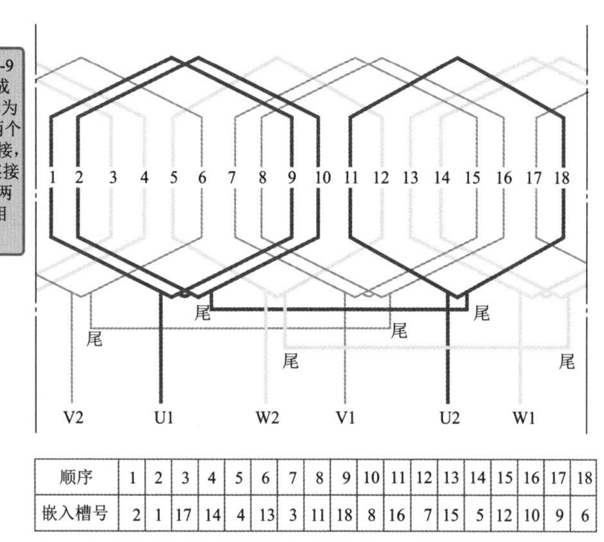

1 2 3 4 5 6 7 8 9 10 11 12 13 14 15 16 17 18
尾
尾
尾
尾
尾
尾
V2
U1
W2
V1
U2
W1

顺序	1	2	3	4	5	6	7	8	9	10	11	12	13	14	15	16	17	18
嵌入槽号	2	1	17	14	4	13	3	11	18	8	16	7	15	5	12	10	9	6

图 9-12 叠绕式的嵌线顺序

叠式是指采用“嵌 2、空 1、嵌 1、空 2、吊 3”的方法进行嵌线，即连续嵌两个槽，然后空一个槽，再嵌一个槽，然后空两个槽，接着，连续嵌两个槽，然后空一个槽，再嵌一个槽，然后空两个槽，直至全部嵌完。

要点说明

嵌线时，按照嵌 2、空 1、嵌 1、空 2、吊 3 的方法嵌线：

1) 先将 U1 相的两个有效边嵌入 2 号、1 号槽，两条下边暂时“吊起”不嵌。

2）空一个槽（即空18号槽），将V2相绕组嵌入17号槽，另一边暂时“吊起”不嵌。

3）空两个槽（即空16号、15号槽），此时2号、1号、17号槽对应的另一边都吊起，即吊3号槽。

4）将W1相绕组嵌入14号、13号槽，另一边嵌入4号、3号槽（不需要吊起，已经有吊3号槽了）。

5）空一个槽（即空12号槽），将U2相绕组嵌入11号槽，另一边嵌入18号槽（不需要吊起）。

6）空两个槽（即空10号、9号槽）。

7）将V1相绕组嵌入8号、7号槽，同时将对应另一边嵌入16号、15号槽。

8）空一个槽（即空6号槽），将W2相绕组嵌入5号槽，另一边嵌入12号槽。

9）最后将吊起的3个边分别对应嵌入10号、9号、6号槽，至此电动机绕组嵌线完毕。

绕组的具体嵌放操作如图9-13所示。

要点说明

在进行嵌放绕组时，需要注意：当可以嵌放一个绕组的两个边入槽时，应注意绕组上边嵌放时，应将绕组稍微挤压后滑入槽内，全部放入槽内后，包好绝缘纸，放好槽楔，再将绕组端口处进行简单的整形，为嵌放其他的绕组做好准备。

当全部绕组嵌入到槽中后，再将前面吊起的绕组的一边嵌入，其嵌入的方法和其他绕组嵌入方法相同，嵌放时也应将绕组稍微挤压滑入槽内；前部绕组嵌好后，接下来将绕组的绑扎带绑扎好，到此电动机的嵌线过程便完成了。相关技巧如图9-14所示。

9.2.4 相间绝缘

相间绝缘是指绕组嵌放完成后，为避免在绕组的端部产生短路，通常需要在每个极相绕组之间加垫绝缘。

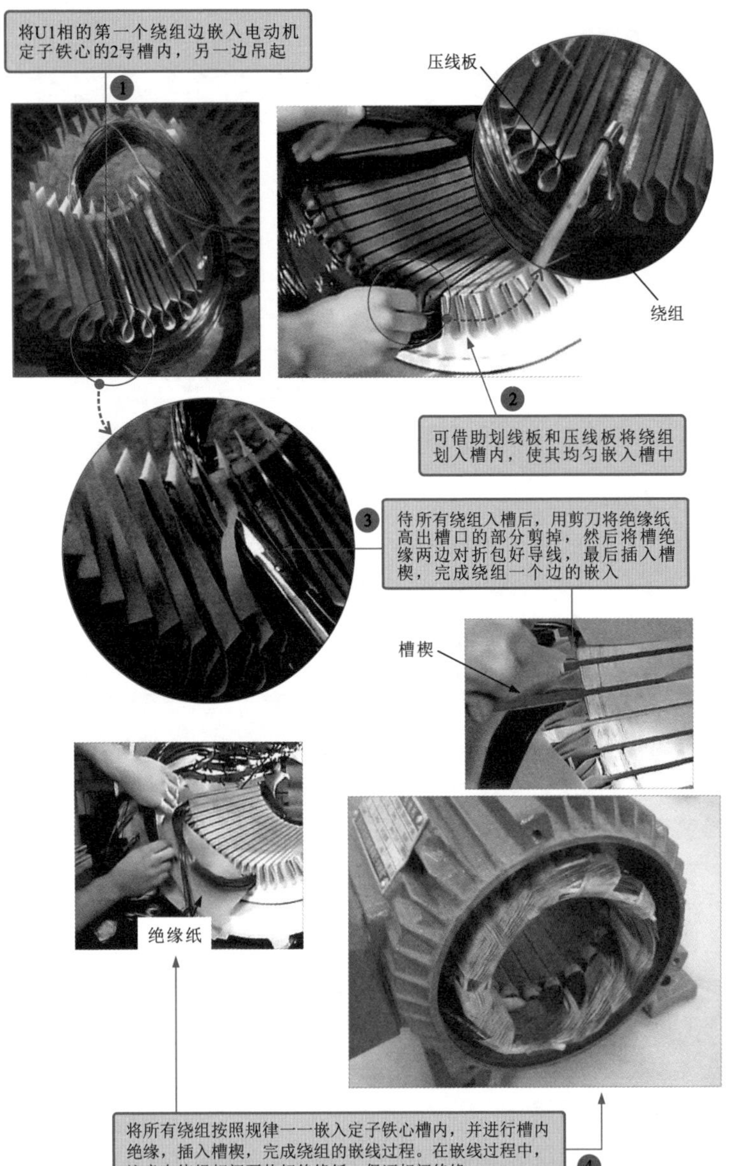

将U1相的第一个绕组边嵌入电动机定子铁心的2号槽内，另一边吊起
1
压线板
绕组
2
可借助划线板和压线板将绕组划入槽内，使其均匀嵌入槽中
3
待所有绕组入槽后，用剪刀将绝缘纸高出槽口的部分剪掉，然后将槽绝缘两边对折包好导线，最后插入槽楔，完成绕组一个边的嵌入
槽楔
绝缘纸
将所有绕组按照规律一一嵌入定子铁心槽内，并进行槽内绝缘，插入槽楔，完成绕组的嵌线过程。在嵌线过程中，注意在绕组相间要垫好绝缘纸，保证相间绝缘
4

图 9-13　嵌放绕组的方法

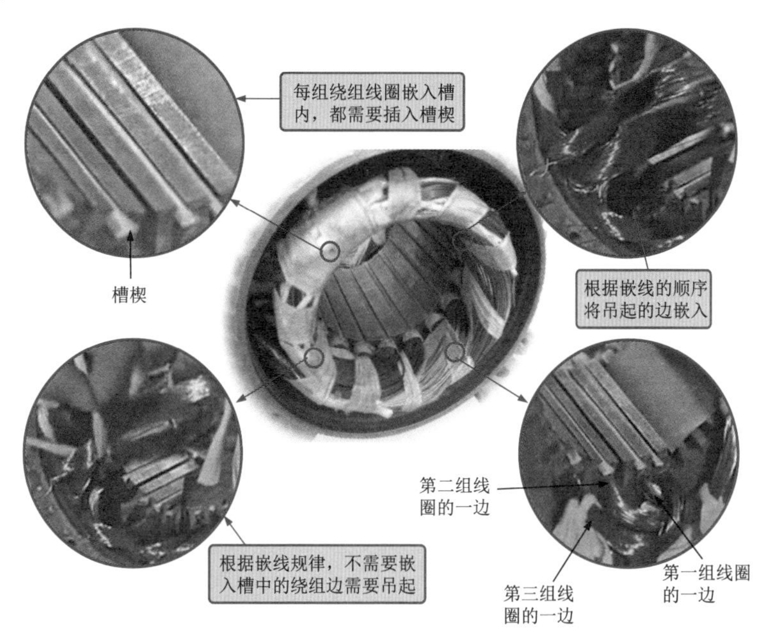
每组绕组线圈嵌入槽内，都需要插入槽楔
槽楔
根据嵌线的顺序将吊起的边嵌入
第二组线圈的一边
根据嵌线规律，不需要嵌入槽中的绕组边需要吊起
第三组线圈的一边
第一组线圈的一边

图 9-14　嵌放绕组时的相关技巧

极相绕组间绝缘放置的位置应合适，需能起到相间绝缘的作用；相间绝缘选用的材料与槽绝缘相同，一般选用薄膜型绝缘纸。相间绝缘的方法如图 9-15 所示。

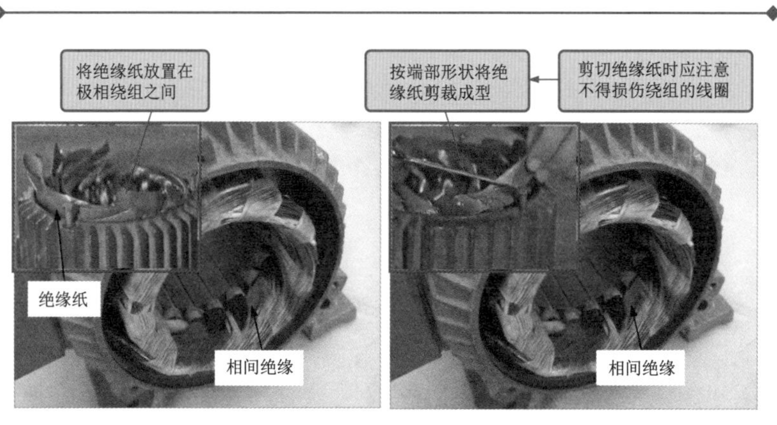
将绝缘纸放置在极相绕组之间
按端部形状将绝缘纸剪裁成型
剪切绝缘纸时应注意不得损伤绕组的线圈
绝缘纸
相间绝缘
相间绝缘

图 9-15　相间绝缘的方法

9.2.5 绕组接线

绕组接线是指绕组端部整形结束后，将同一相绕组中各个极相绕组的首尾端按一定规律连接在一起，这时就需要参考绕组端面布线接线图进行接线。

在18槽2极单层交叉链式绕组中，需要进行连接的绕组引出线的连接关系，如图9-16所示。

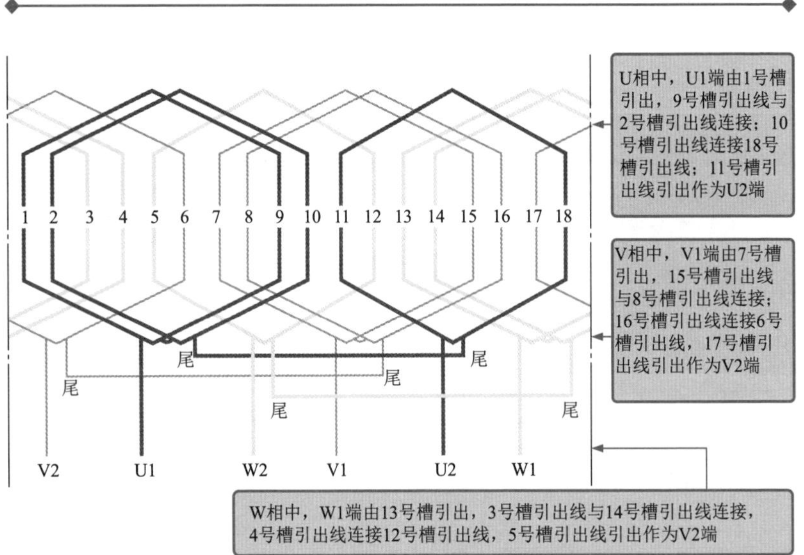
U相中，U1端由1号槽引出，9号槽引出线与2号槽引出线连接；10号槽引出线连接18号槽引出线；11号槽引出线引出作为U2端
V相中，V1端由7号槽引出，15号槽引出线与8号槽引出线连接；16号槽引出线连接6号槽引出线，17号槽引出线引出作为V2端
W相中，W1端由13号槽引出，3号槽引出线与14号槽引出线连接，4号槽引出线连接12号槽引出线，5号槽引出线引出作为V2端
1 2 3 4 5 6 7 8 9 10 11 12 13 14 15 16 17 18
尾
尾
尾
尾
尾
尾
V2
U1
W2
V1
U2
W1

图9-16　18槽2极单层交叉链式绕组的引出线的连接关系

绕组接线的方法如图9-17所示。

相关资料

如果是多根电动机绕组引线连接或是引线与端子连接可使用电动机引线焊接机，如图9-18所示。

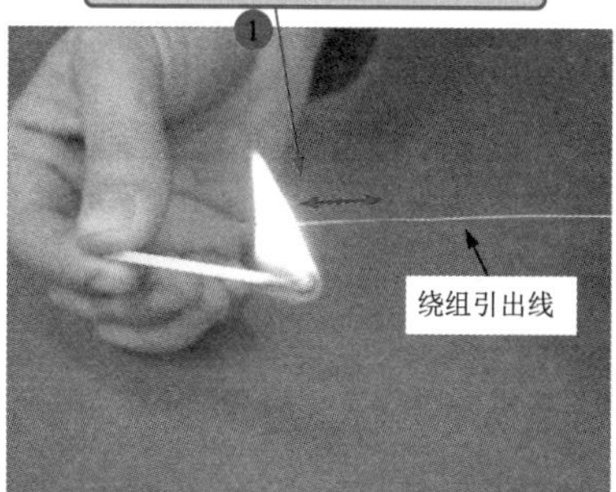
将待连接的绕组引出线用微火烧一下，软化漆包线线头的绝缘层
1
绕组引出线

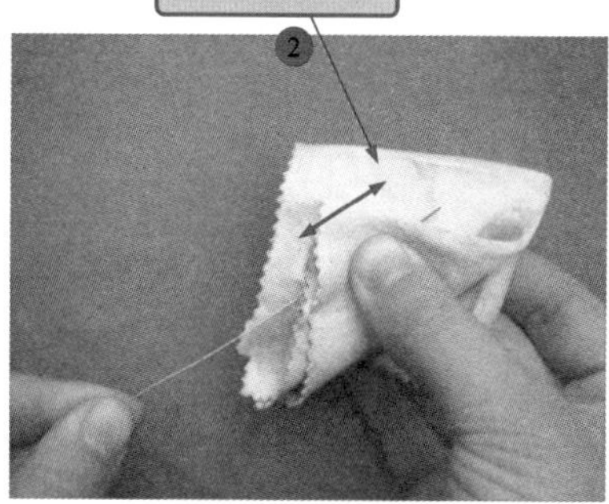
垫上软布将漆包线的绝缘层擦掉
2

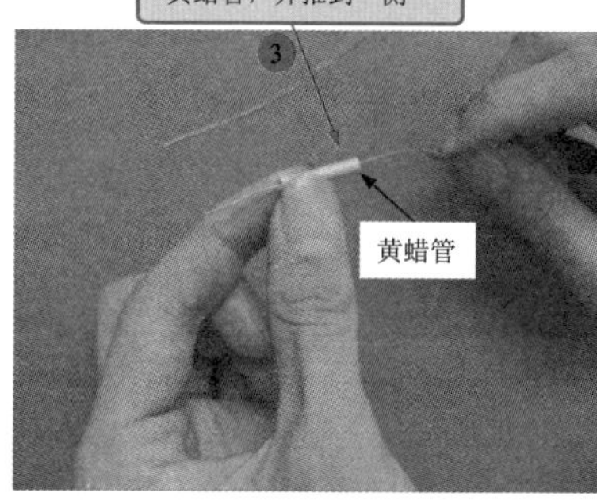
在绕组引出线一端套上黄蜡管，并推到一侧
3
黄蜡管

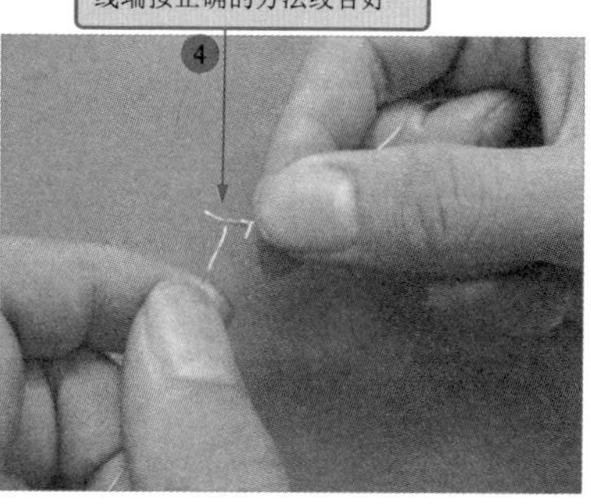
将需要连接的两个绕组引出线端按正确的方法绞合好
4

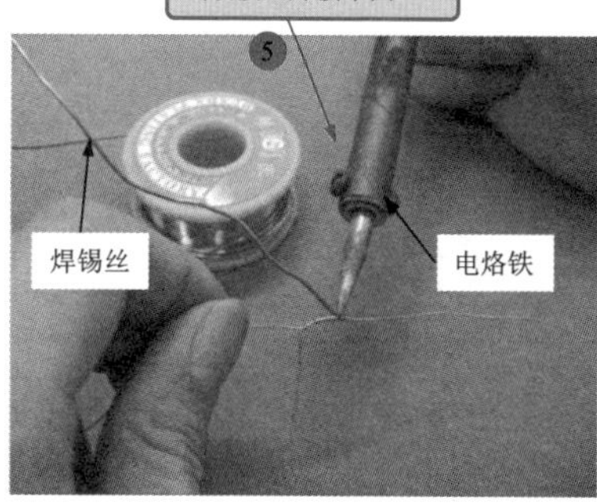
用电烙铁将绕组引出线绞接处焊接牢固
5
焊锡丝
电烙铁

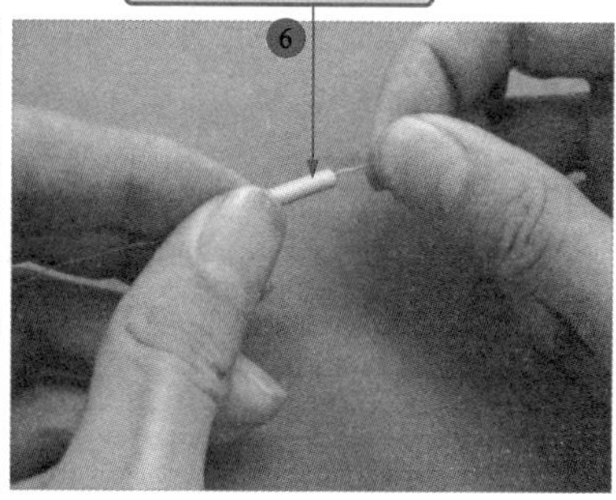
趁热将前面推在一侧的黄蜡管套在焊接处
6

图 9-17　绕组接线的方法

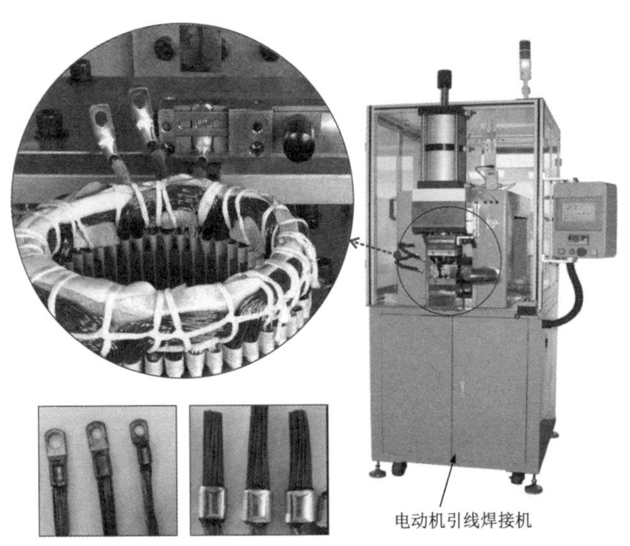
电动机引线焊接机

图 9-18 使用电动机引线焊接机连接电动机绕组引线

9.2.6 端部绑扎

如图 9-19 所示，绕组端部包扎是绕组嵌线中不容忽视的一个程序，主要是将绕组端部按照一定顺序将其绑扎成一个紧固的整体。

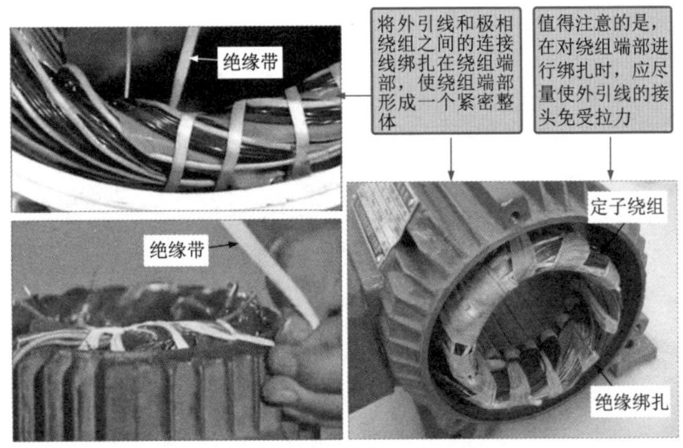
将外引线和极相绕组之间的连接线绑扎在绕组端部，使绕组端部形成一个紧密整体
值得注意的是，在对绕组端部进行绑扎时，应尽量使外引线的接头免受拉力
绝缘带
绝缘带
定子绕组
绝缘绑扎

图 9-19 绑扎外引线的方法

第 10 章 电动机绕组的嵌线工艺与接线方式

10.1 电动机绕组嵌线工艺

10.1.1 单层链式绕组嵌线工艺

一般情况下，小型三相异步电动机的 $q=2$（每极每相槽数）时，定子绕组采用单层链式绕组形式。

如图 10-1 所示，以 4 极 24 槽单层链式绕组为例。其定子槽数为 $Z_1=24$，极数 $2p=4$，每极每相槽数 $q=2$，节距 $y=5$（1—6），并联支路数 $a=1$。

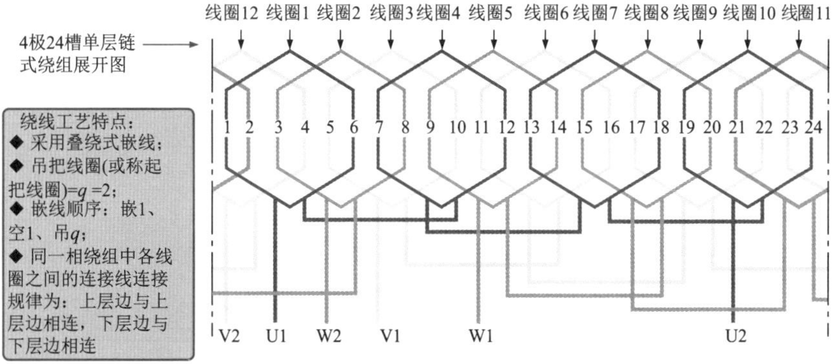

线圈12 线圈1 线圈2 线圈3 线圈4 线圈5 线圈6 线圈7 线圈8 线圈9 线圈10 线圈11
4极24槽单层链式绕组展开图
1 2 3 4 5 6 7 8 9 10 11 12 13 14 15 16 17 18 19 20 21 22 23 24
V2 U1 W2 V1 W1 U2
绕线工艺特点：
◆ 采用叠绕式嵌线；
◆ 吊把线圈(或称起把线圈)=q =2；
◆ 嵌线顺序：嵌1、空1、吊q；
◆ 同一相绕组中各线圈之间的连接线连接规律为：上层边与上层边相连，下层边与下层边相连

图 10-1　单层链式绕组嵌线工艺

嵌线工艺如下：

1）将第一相 U 的第一个线圈 1 的下层边嵌入 1 号槽内，封好槽口（整理槽内导线、折叠好槽绝缘，插入槽楔），线圈 1 的上层边暂不嵌入

6 号槽，将其吊起（因为线圈 1 的上层边要压着线圈 2 和线圈 3 的下层边，吊 1）。

2）空一个槽（空 24 号槽）。

3）将第二相 V 线圈 12 的下层边嵌入 23 号槽，封好槽口，线圈 12 的上层边暂不嵌入 4 号槽内，将其吊起。由于该绕组的 $q=2$，因此吊把线圈数为 2，这里已经吊起的线圈为线圈 1 的上层边和线圈 12 的下层边（吊 2）。

4）空一个槽（空 22 号槽）。

5）将第三相 W 线圈 11 的下层边嵌入 21 号槽，封好槽口。上层边嵌入 2 号槽（因为前面吊把线圈数已经等于 q，即 2 个，这里不必再吊起），封好槽口，垫好相间绝缘；

6）空一个槽（空 20 号槽）。

7）将第一相 U 的第二个线圈 10 的下层边嵌入 19 号槽，封好槽口，将其上层边嵌入 24 号槽，封好槽口。

8）空一个槽（空 18 号槽）。

9）将第二相 V 的第二个线圈 9 的下层边嵌入 17 号槽，封好槽口，将其上层边嵌入 22 号槽，封好槽口。

10）空一个槽（空 16 号槽）。

11）将第三相 W 的第二个线圈 8 的下层边嵌入 15 号槽，封好槽口，将其上层边嵌入 20 号槽，封好槽口，垫好相间绝缘。

12）空一个槽（空 14 号槽）。

13）将第一相 U 的第三个线圈 7 的下层边嵌入 13 号槽，封好槽口，将其上层边嵌入 18 号槽，封好槽口。

14）空一个槽（空 12 号槽）。

15）将第二相 V 的第三个线圈 6 的下层边嵌入 11 号槽，封好槽口，将其上层边嵌入 16 号槽，封好槽口。

16）空一个槽（空 10 号槽）。

17）将第三相 W 的第三个线圈 5 的下层边嵌入 9 号槽，封好槽口，将其上层边嵌入 14 号槽，封好槽口，垫好相间绝缘。

18）空一个槽（空 8 号槽）。

19）将第一相 U 的第四个线圈 4 的下层边嵌入 7 号槽，封好槽口，将其上层边嵌入 12 号槽，封好槽口。

20）空一个槽（空 6 号槽）。

21）将第二相 V 的第四个线圈 3 的下层边嵌入 5 号槽，封好槽口，将其上层边嵌入10号槽，封好槽口。

22）空一个槽（空4号槽）。

23）将第三相W的第四个线圈2的下层边嵌入3号槽，封好槽口，将其上层边嵌入8号槽，封好槽口，垫好相间绝缘。

24）将吊起的线圈1的上层边嵌入6号槽；将吊起的线圈12的上层边嵌入4号槽，至此，整个绕组嵌线完成。

根据绕组展开图，将U相绕组的四组线圈1、10、7、4，按照首首、尾尾连接，首尾两组线圈分别引出线；将V相绕组的四组线圈12、9、6、3，按照首首、尾尾连接，首尾两组线圈分别引出线；将W相绕组的四组线圈11、8、5、2，按照首首、尾尾连接，首尾两组线圈分别引出线。

要点说明

电动机定子绕组嵌线工艺有整嵌式和叠绕式。整嵌式是指在嵌线过程中先嵌好一相再嵌另一相的方法；叠绕式是指根据某种规律，如嵌n、空m、吊q的方式嵌线（例如，图10-1）。

相关资料

单层绕组一般只适用于小型的三相异步电动机。根据单层绕组绕线形式的不同，其嵌线工艺主要有单层链式绕组的嵌线工艺、单层同心式绕组的嵌线工艺、单层交叉链式绕组的嵌线工艺等。

10.1.2　单层同心式绕组嵌线工艺

一般情况下，小型三相异步电动机的$q=4$（每极每相槽数）时，定子绕组采用单层同心式绕组形式。

如图10-2所示，以2极24槽单层同心式绕组为例。其定子槽数为$Z_1=24$，极数$2p=2$，每极每相槽数$q=4$，节距$y=9$（1—10）、11（1—12），并联支路数$a=2$。

嵌线工艺如下：

1）将第一相U的第一个线圈1的下层边嵌入2号槽内，封好槽口（整理槽内导线、折叠好槽绝缘，插入槽楔），线圈1的上层边暂不嵌入11号槽，将其吊起（吊1）。

将第一相U的第二个线圈2的下层边嵌入1号槽内，封好槽口（整理槽内导线、折叠好槽绝缘，插入槽楔），线圈2的上层边暂不嵌入12

号槽，将其吊起（吊 2）。

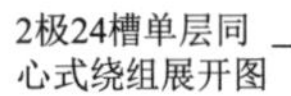
2极24槽单层同心式绕组展开图

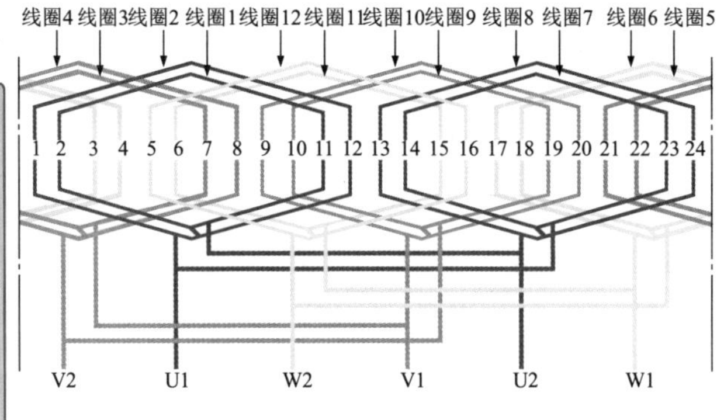
线圈4 线圈3 线圈2 线圈1 线圈12 线圈11 线圈10 线圈9 线圈8 线圈7 线圈6 线圈5
1 2 3 4 5 6 7 8 9 10 11 12 13 14 15 16 17 18 19 20 21 22 23 24
V2 U1 W2 V1 U2 W1

绕线工艺特点：

◆ 采用叠绕式嵌线；

◆ 吊把线圈(或称起把线圈)=q =4；

◆ 嵌线顺序：嵌2、空2、吊q；

◆ 同一相绕组线圈，先嵌小线圈，再嵌大线圈；

◆ 同一相绕组中各线圈之间的连接线连接规律为：上层边与上层边相连，下层边与下层边相连

图 10-2　单层同心式绕组嵌线工艺

2）空两个槽（空 24、23 号槽）。

3）将第二相 V 线圈 3 的下层边嵌入 22 号槽，封好槽口，线圈 3 的上层边暂不嵌入 7 号槽内，将其吊起（吊 3）。

将第二相 V 线圈 4 的下层边嵌入 21 号槽，封好槽口，线圈 4 的上层边暂不嵌入 8 号槽内，将其吊起（吊 4）。

4）空两个槽（空 20、19 号槽）。

5）将第三相 W 线圈 5 的下层边嵌入 18 号槽，封好槽口，上层边嵌入 3 号槽（因为前面吊起线圈数已经等于 q，即 4 个，这里不必再吊起），封好槽口。

将第三相 W 线圈 6 的下层边嵌入 17 号槽，封好槽口，上层边嵌入 4 号槽（因为前面吊起线圈数已经等于 q，即 4 个，这里不必再吊起），封好槽口，垫好相间绝缘。

6）空两个槽（空 16、15 号槽）。

7）将第一相 U 的第三个线圈 7 的下层边嵌入 14 号槽，封好槽口，将其上层边嵌入 23 号槽，封好槽口。

将第一相 U 的第四个线圈 8 的下层边嵌入 13 号槽，封好槽口，将其上层边嵌入 24 号槽，封好槽口。

8）空两个槽（空 12、11 号槽）。

9）将第二相 V 的第三个线圈 9 的下层边嵌入 10 号槽，封好槽口，将其上层边嵌入 19 号槽，封好槽口。

将第二相 V 的第四个线圈 10 的下层边嵌入 9 号槽，封好槽口，将其上层边嵌入 20 号槽，封好槽口。

10）空两个槽（空 8、7 号槽）。

11）将第三相 W 的第三个线圈 11 的下层边嵌入 6 号槽，封好槽口，将其上层边嵌入 15 号槽，封好槽口。

将第三相 W 的第四个线圈 12 的下层边嵌入 5 号槽，封好槽口，将其上层边嵌入 16 号槽，封好槽口，垫好相间绝缘；

12）将吊起的第一相 U 的第一个线圈 1 的上层边嵌入 11 号槽，封好槽口。

将吊起的第一相 U 的第二个线圈 2 的上层边嵌入 12 号槽，封好槽口。

将吊起的第二相 V 的第一个线圈 3 的上层边嵌入 7 号槽，封好槽口。

将吊起的第二相 V 的第二个线圈 4 的上层边嵌入 8 号槽，封好槽口，垫好相间绝缘。

根据绕组展开图，将 U 相绕组的四组线圈 1、2、7、8，按照首首、尾尾连接，首尾两组线圈分别引出线；将 V 相绕组的四组线圈 3、4、9、10，按照首首、尾尾连接，首尾两组线圈分别引出线；将 W 相绕组的四组线圈 5、6、11、12，按照首首、尾尾连接，首尾两组线圈分别引出线。

10.1.3　单层交叉链式绕组嵌线工艺

一般情况下，小型三相异步电动机的 $q=3$（每极每相槽数）时，定子绕组采用单层同心式绕组形式。

如图 10-3 所示，以 2 极 18 槽单层交叉链式绕组为例。其定子槽数为 $Z_1=18$，极数 $2p=2$，每极每相槽数 $q=3$，节距 $y=7$（1—8）、8（1—9），并联支路数 $a=1$。

先将 U 相两组线圈 1 和 2 首尾连接构成一个大线圈；线圈 6 为小线圈；同一相的两个线圈之间为尾尾连接，V、W 两相与 U 相连接方法相同，且相邻两相引出线首（末）相距 6 槽。

嵌线工艺如下：

1）将第一相 U 的第一个线圈 1 的下层边嵌入 2 号槽内，封好槽口（整理槽内导线、折叠好槽绝缘，插入槽楔），线圈 1 的上层边暂不嵌入 10 号槽，将其吊起（吊 1）。

将第一相 U 的第二个线圈 2 的下层边嵌入 1 号槽内，封好槽口（整理槽内导线、折叠好槽绝缘，插入槽楔），线圈 2 的上层边暂不嵌入 9

号槽，将其吊起（吊 2）。

2极18槽单层交叉链式绕组展开图

绕线工艺特点：
◆ 采用叠绕式嵌线；
◆ 吊把线圈(或称起把线圈)=q =3；
◆ 嵌线顺序：嵌2、空1、嵌1、空2、吊q；
◆同一相绕组中各线圈 之间的连接线连接规律为：上层边与上层边相连，下层边与下层边相连

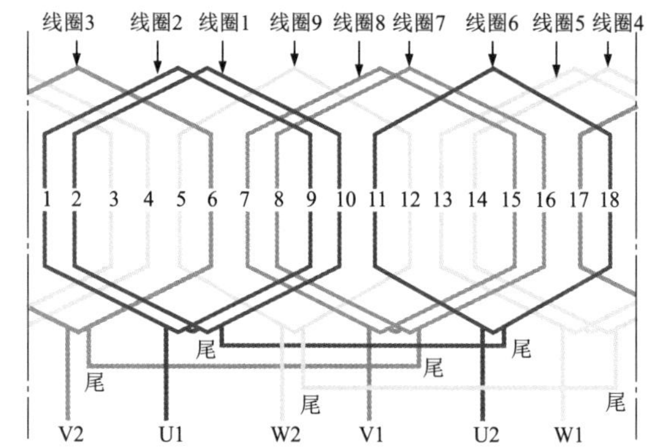
线圈3 线圈2 线圈1 线圈9 线圈8 线圈7 线圈6 线圈5 线圈4
1 2 3 4 5 6 7 8 9 10 11 12 13 14 15 16 17 18
尾
尾
尾
尾
尾
尾
V2 U1 W2 V1 U2 W1

图 10-3 单层交叉链式绕组的嵌线工艺（例 1）

2）空一个槽（空 18 号槽）。

3）将第二相 V 的第一个线圈 3 的下层边嵌入 17 号槽，封好槽口，线圈 3 的上层边暂不嵌入 6 号槽内，将其吊起（吊 3）。

4）空两个槽（空 16、15 号槽）。

5）将第三相 W 的第一个线圈 4 的下层边嵌入 14 号槽，封好槽口，上层边嵌入 4 号槽（因为前面吊把线圈数已经等于 q，即 3 个，这里不必再吊起），封好槽口。

将第三相 W 的第二个线圈 5 的下层边嵌入 13 号槽，封好槽口，上层边嵌入 3 号槽，封好槽口，垫好相间绝缘。

6）空一个槽（空 12 号槽）。

7）将第一相 U 的第三个线圈 6 的下层边嵌入 11 号槽，封好槽口，将其上层边嵌入 18 号槽，封好槽口。

8）空两个槽（空 10、9 号槽）。

9）将第二相 V 的第二个线圈 7 的下层边嵌入 8 号槽，封好槽口，将其上层边嵌入 16 号槽，封好槽口。

将第二相 V 的第三个线圈 8 的下层边嵌入 7 号槽，封好槽口，将其上层边嵌入 15 号槽，封好槽口。

10）空一个槽（空 6 号槽）。

11）将第三相 W 的第三个线圈 9 的下层边嵌入 5 号槽，封好槽口，将其上层边嵌入 12 号槽，封好槽口，垫好相间绝缘。

12）将吊起的第一相 U 的第一个线圈 1 的上层边嵌入 10 号槽，封好槽口。

将吊起的第一相 U 的第二个线圈 2 的上层边嵌入 9 号槽，封好槽口。

将吊起的第二相 V 的第一个线圈 3 的上层边嵌入 6 号槽，封好槽口，垫好相间绝缘。

相关资料

叠绕式是指采用“嵌 2、空 1、嵌 1、空 2、吊 3”的方法进行嵌线，即连续嵌两个槽，然后空一个槽，再嵌一个槽，然后空两个槽，接着连续嵌两个槽，然后空一个槽，再嵌一个槽，然后空两个槽，直至全部嵌完，如图 10-4 所示。

顺序	1	2	3	4	5	6	7	8	9	10	11	12	13	14	15	16	17	18
嵌入槽号	2	1	17	14	4	13	3	11	18	8	16	7	15	5	12	10	9	6

图 10-4　叠绕式嵌线规律

如图 10-5 所示，以 4 极 36 槽单层交叉链式绕组为例。其定子槽数为 $Z_1=36$，极数 $2p=4$，每极每相槽数 $q=3$，节距 $y=7$（1—8）、8（1—9），并联支路数 $a=1$。

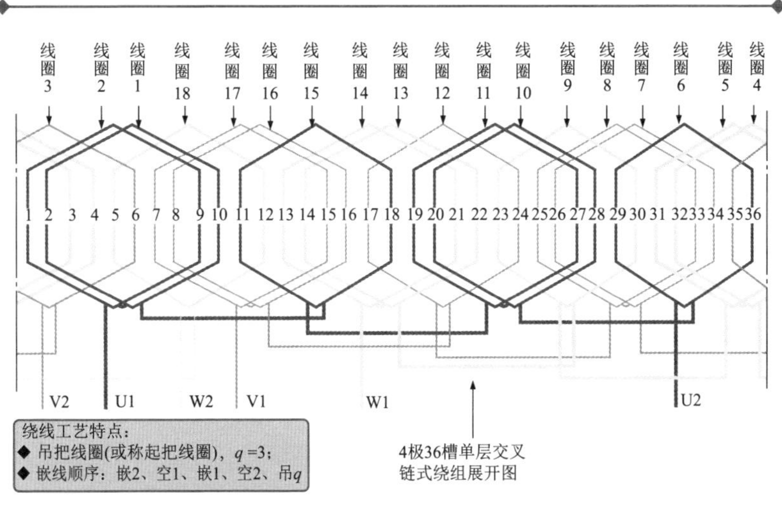
线圈3
线圈2
线圈1
线圈18
线圈17
线圈16
线圈15
线圈14
线圈13
线圈12
线圈11
线圈10
线圈9
线圈8
线圈7
线圈6
线圈5
线圈4
1 2 3 4 5 6 7 8 9 10 11 12 13 14 15 16 17 18 19 20 21 22 23 24 25 26 27 28 29 30 31 32 33 34 35 36
V2
U1
W2
V1
W1
U2
绕线工艺特点：
◆ 吊把线圈(或称起把线圈)，q =3；
◆ 嵌线顺序：嵌2、空1、嵌1、空2、吊q
4极36槽单层交叉链式绕组展开图

图 10-5　单层交叉链式绕组的嵌线工艺（例 2）

嵌线工艺如下：

1）将第一相U线圈1的下层边嵌入2号槽内，封好槽口（整理槽内导线、折叠好槽绝缘，插入槽楔），线圈1的上层边暂不嵌入10号槽，将其吊起（吊1）。

将第一相U线圈2的下层边嵌入1号槽内，封好槽口（整理槽内导线、折叠好槽绝缘，插入槽楔），线圈2的上层边暂不嵌入9号槽，将其吊起（吊2）。

2）空一个槽（空36号槽）。

3）将第二相V线圈3的下层边嵌入35号槽，封好槽口，线圈3的上层边暂不嵌入6号槽内，将其吊起（吊3）。

4）空两个槽（空34、33号槽）。

5）将第三相W线圈4的下层边嵌入32号槽，封好槽口，上层边嵌入4号槽（因为前面吊起线圈数已经等于q，即3个，这里不必再吊起），封好槽口。

将第三相W线圈5的下层边嵌入31号槽，封好槽口，上层边嵌入3号槽，封好槽口，垫好相间绝缘。

6）空一个槽（空30号槽）。

7）将第一相U线圈6的下层边嵌入29号槽，封好槽口。将其上层边嵌入36号槽，封好槽口。

8）空两个槽（空28、27号槽）。

9）将第二相V线圈7的下层边嵌入26号槽，封好槽口。将其上层边嵌入34号槽，封好槽口。

将第二相V线圈8的下层边嵌入25号槽，封好槽口。将其上层边嵌入33号槽，封好槽口。

10）空一个槽（空24号槽）。

11）将第三相W线圈9的下层边嵌入23号槽，封好槽口。将其上层边嵌入30号槽，封好槽口，垫好相间绝缘。

12）空两个槽（空22、21号槽）。

13）将第一相U线圈10的下层边嵌入20号槽，封好槽口。将其上层边嵌入28号槽，封好槽口。

将第一相U线圈11的下层边嵌入19号槽，封好槽口。将其上层边嵌入27号槽，封好槽口。

14）空一个槽（空18号槽）。

15）将第二相V线圈12的下层边嵌入17号槽，封好槽口。将其上层边嵌入24号槽，封好槽口。

16）空两个槽（空16、15号槽）。

17）将第三相W线圈13的下层边嵌入14号槽，封好槽口。将其上层边嵌入22号槽，封好槽口。

将第三相W线圈14的下层边嵌入13号槽，封好槽口。将其上层边嵌入21号槽，封好槽口，垫好相间绝缘。

18）空一个槽（空12号槽）。

19）将第一相U线圈15的下层边嵌入11号槽，封好槽口。将其上层边嵌入18号槽，封好槽口。

20）空两个槽（空10、9号槽）。

21）将第二相V线圈16的下层边嵌入8号槽，封好槽口。将其上层边嵌入16号槽，封好槽口。

将第二相V线圈17的下层边嵌入7号槽，封好槽口。将其上层边嵌入15号槽，封好槽口。

22）空一个槽（空6号槽）。

23）将第三相W线圈18的下层边嵌入5号槽，封好槽口。将其上层边嵌入12号槽，封好槽口，垫好相间绝缘。

24）将吊起的第一相U线圈1的上层边嵌入10号槽，封好槽口；将吊起的第一相U线圈2的上层边嵌入9号槽，封好槽口；将吊起的第二相V线圈3的上层边嵌入6号槽，封好槽口，垫好相间绝缘。

10.1.4 双层绕组嵌线工艺

一般情况下，容量较大的中、小型三相异步电动机的定子绕组多采用双层绕组。

如图10-6所示，以4极24槽双层叠绕式绕组为例。其定子槽数为 $Z_1=24$，极数 $2p=4$，每极每相槽数 $q=2$，节距 $y=5(1—6)$，并联支路数 $a=1$。

嵌线工艺如下：

1）将第一相U第一个线圈组的下层边嵌入1号槽内，整理导线，盖好层间绝缘，其上层边暂不嵌入6号槽，将其吊起（吊1）。

将第二相V第一个线圈组的下层边嵌入24号槽内，整理导线，盖好层间绝缘，其上层边暂不嵌入 5 号槽，将其吊起（吊 2）。

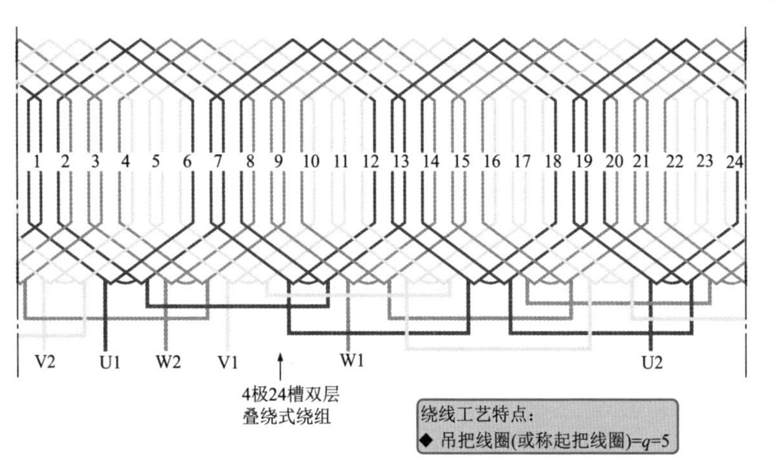
1 2 3 4 5 6 7 8 9 10 11 12 13 14 15 16 17 18 19 20 21 22 23 24
V2 U1 W2 V1 W1 U2
4极24槽双层
叠绕式绕组
绕线工艺特点:
◆ 吊把线圈(或称起把线圈)=q=5

图 10-6 双层绕组嵌线工艺

将第二相 V 第二个线圈组的下层边嵌入 23 号槽内，整理导线，盖好层间绝缘，其上层边暂不嵌入 4 号槽，将其吊起（吊 3）。

将第三相 W 第一个线圈组的下层边嵌入 22 号槽内，整理导线，盖好层间绝缘，其上层边暂不嵌入 3 号槽，将其吊起（吊 4）。

将第三相 W 第二个线圈组的下层边嵌入 21 号槽内，整理导线，盖好层间绝缘，其上层边暂不嵌入 2 号槽，将其吊起（吊 5）。

2）将第一相 U 第二个线圈组的下层边嵌入 20 号槽内，整理导线、盖好层间绝缘，其上层边嵌入 1 号槽，折叠好槽绝缘，封槽。

3）将第一相 U 第三个线圈组的下层边嵌入 19 号槽内，整理导线、盖好层间绝缘，其上层边嵌入 24 号槽，折叠好槽绝缘，封槽。

4）将第二相 V 第三个线圈组的下层边嵌入 18 号槽内，整理导线、盖好层间绝缘，其上层边嵌入 23 号槽，折叠好槽绝缘，封槽。

5）将第二相 V 第四个线圈组的下层边嵌入 17 号槽内，整理导线、盖好层间绝缘，其上层边嵌入 22 号槽，折叠好槽绝缘，封槽。

6）~18）依上规律（省略）……

19）将第三相 W 第八个线圈组的下层边嵌入 3 号槽内，整理导线、盖好层间绝缘，其上层边嵌入 8 号槽，折叠好槽绝缘，封槽。

20）将第一相 U 第八个线圈组的下层边嵌入 2 号槽内，整理导线、盖好层间绝缘，其上层边嵌入 7 号槽，折叠好槽绝缘，封槽。

21）将吊起的 5 个线圈的上层边依次嵌入 6、5、4、3、2 号槽内，折叠好槽绝缘，封槽。

要点说明

每个线圈的下层边嵌入后要盖好层间绝缘并压紧；每个线圈的上层边嵌入后，都要处理槽绝缘，并封槽；每个线圈组嵌完后，都要垫好相间绝缘。

另外，同一相的各线圈组之间的连接，应按反向串联的规律，即上层边与上层边相连，下层边与下层边相连。

10.1.5 单双层绕组混合嵌线工艺

单双层绕组混合是由双层短距绕组变换而来，具有改善电动机性能的优点，且因其平均节距较短，嵌线时比较节省材料，且易于嵌线。

如图 10-7 所示，以 4 极 36 槽单双层绕组混合为例。其定子槽数为 $Z_1=36$，极数 $2p=4$，大圈节距 $y=8$（2—10），小圈节距 $y=6$（3—9）。

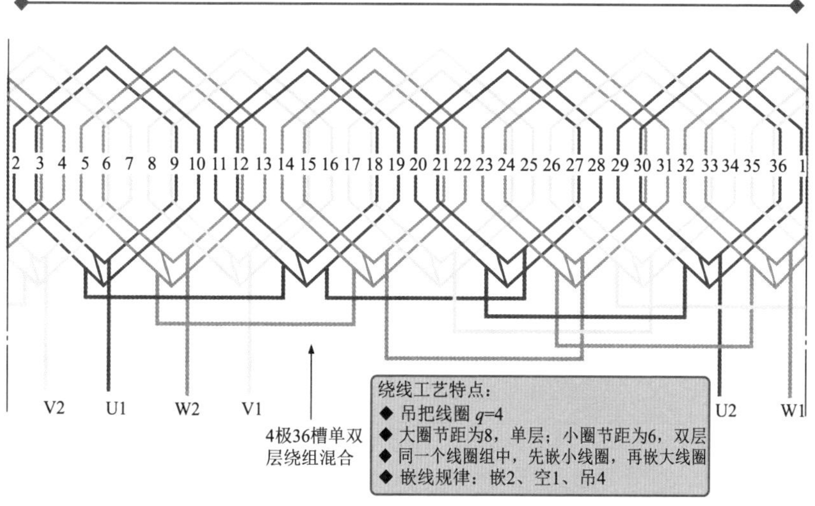
2 3 4 5 6 7 8 9 10 11 12 13 14 15 16 17 18 19 20 21 22 23 24 25 26 27 28 29 30 31 32 33 34 35 36 1
V2
U1
W2
V1
U2
W1
4极36槽单双层绕组混合
绕线工艺特点：
◆ 吊把线圈 q=4
◆ 大圈节距为8，单层；小圈节距为6，双层
◆ 同一个线圈组中，先嵌小线圈，再嵌大线圈
◆ 嵌线规律：嵌2、空1、吊4

图 10-7 单双层绕组混合嵌线工艺

10.2 常用电动机绕组接线方式

10.2.1 单相交流电动机2极12槽正弦绕组接线图（见图10-8）

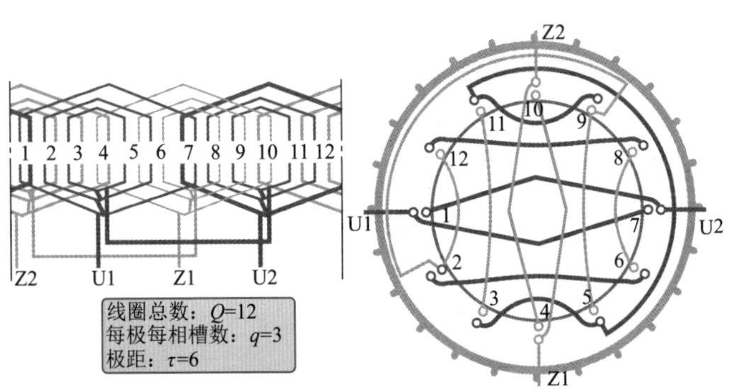
1 2 3 4 5 6 7 8 9 10 11 12
Z2
U1
Z1
U2
线圈总数：Q=12
每极每相槽数：q=3
极距：τ=6
Z2
U1
U2
Z1

图10-8 单相交流电动机2极12槽正弦绕组接线图

10.2.2 单相交流电动机2极18槽正弦绕组接线图（见图10-9）

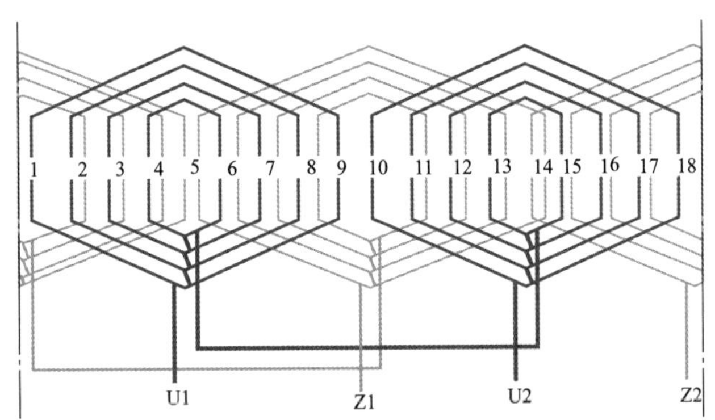
1 2 3 4 5 6 7 8 9 10 11 12 13 14 15 16 17 18
U1
Z1
U2
Z2

图10-9 单相交流电动机2极18槽正弦绕组接线图

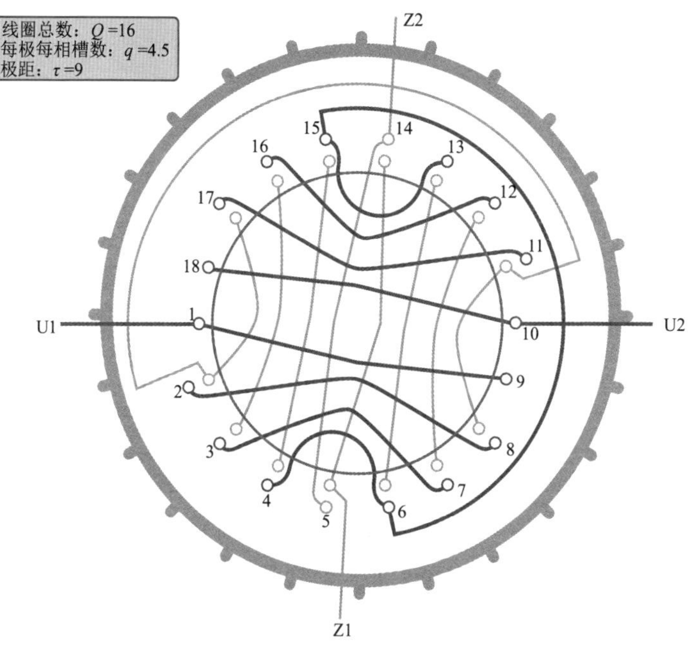
线圈总数：Q =16
每极每相槽数：q =4.5
极距：τ =9
Z2
15
14
16
13
17
12
11
18
U1
1
10
U2
2
9
3
8
4
7
5
6
Z1

图 10-9 单相交流电动机 2 极 18 槽正弦绕组接线图（续）

10.2.3 单相交流电动机 2 极 24 槽正弦绕组接线图（见图 10-10）

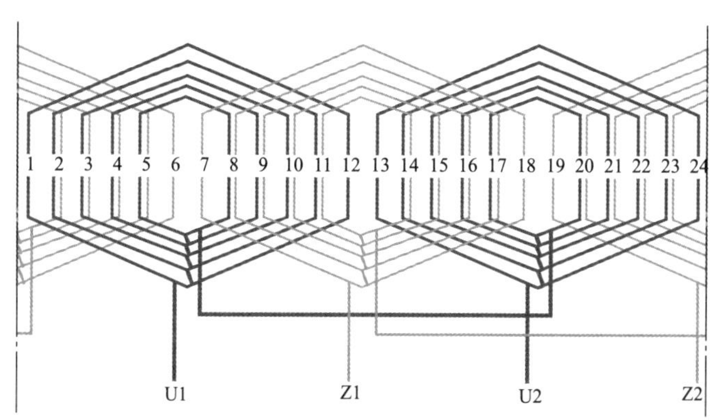
1 2 3 4 5 6 7 8 9 10 11 12 13 14 15 16 17 18 19 20 21 22 23 24
U1
Z1
U2
Z2

图 10-10 单相交流电动机 2 极 24 槽正弦绕组接线图

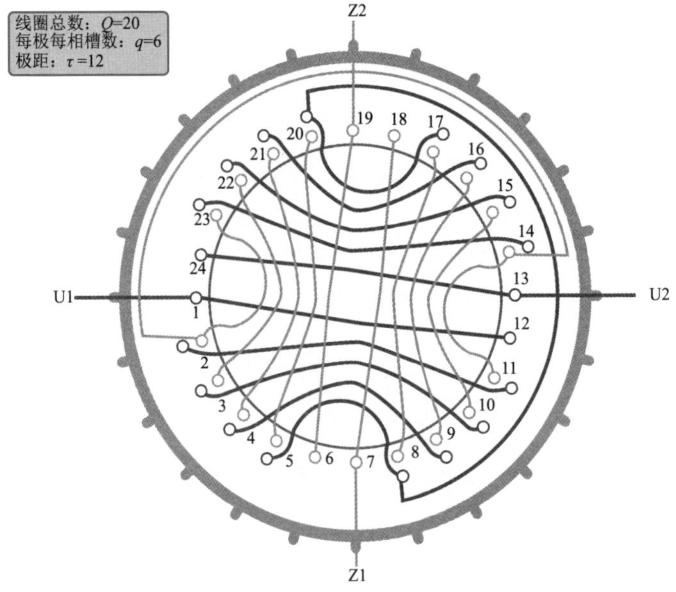
线圈总数：Q=20
每极每相槽数：q=6
极距：τ=12
Z2
U1
U2
Z1
1
2
3
4
5
6
7
8
9
10
11
12
13
14
15
16
17
18
19
20
21
22
23
24

图 10-10 单相交流电动机 2 极 24 槽正弦绕组接线图（续）

10.2.4 单相交流电动机 4 极 12 槽正弦绕组接线图（见图 10-11）

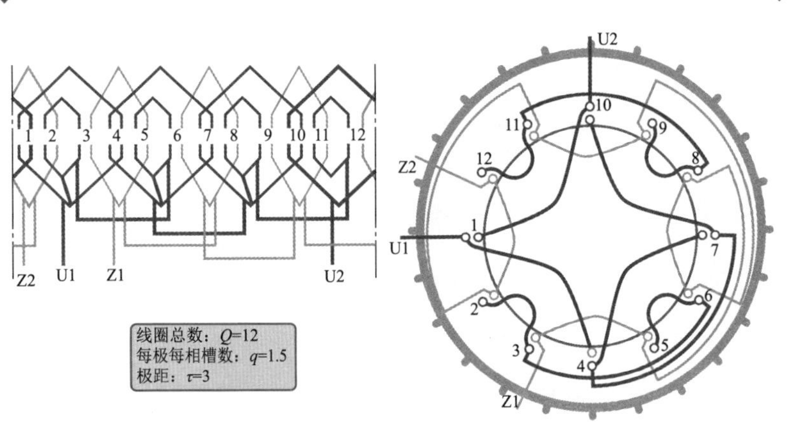
线圈总数：Q=12
每极每相槽数：q=1.5
极距：τ=3
Z2
U1
Z1
U2
1
2
3
4
5
6
7
8
9
10
11
12

图 10-11 单相交流电动机 4 极 12 槽正弦绕组接线图

10.2.5　单相交流电动机 4 极 24 槽正弦绕组接线图（见图 10-12）

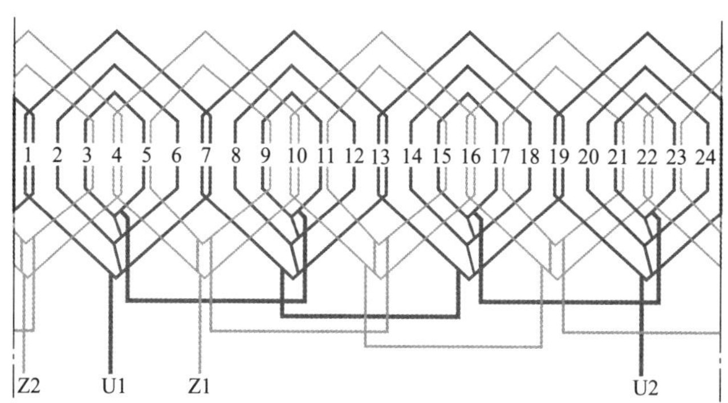
1 2 3 4 5 6 7 8 9 10 11 12 13 14 15 16 17 18 19 20 21 22 23 24
Z2
U1
Z1
U2

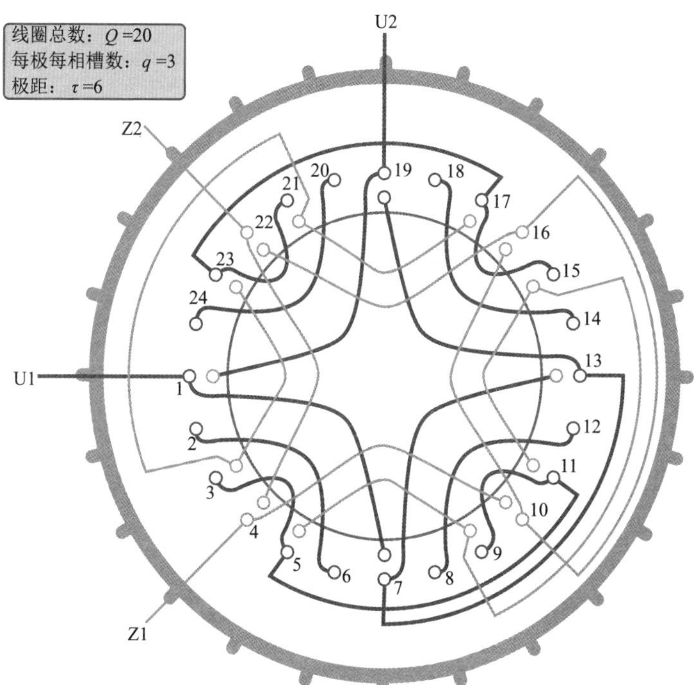
线圈总数：Q=20
每极每相槽数：q=3
极距：τ=6
U2
Z2
U1
Z1
1 2 3 4 5 6 7 8 9 10 11 12 13 14 15 16 17 18 19 20 21 22 23 24

图 10-12　单相交流电动机 4 极 24 槽正弦绕组接线图

10.2.6 单相交流电动机4极32槽正弦绕组接线图（见图10-13）

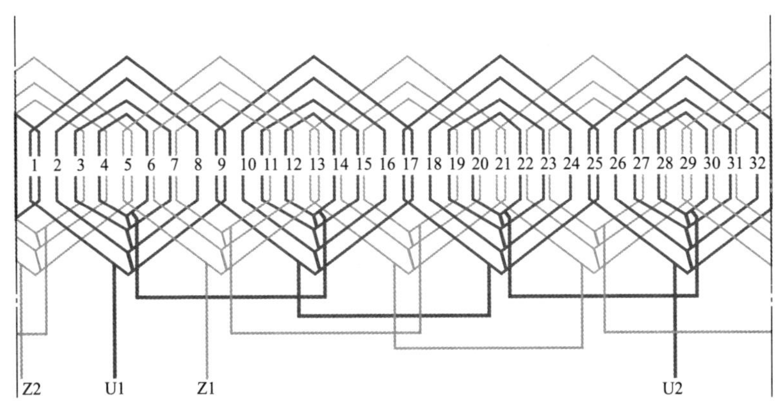
1 2 3 4 5 6 7 8 9 10 11 12 13 14 15 16 17 18 19 20 21 22 23 24 25 26 27 28 29 30 31 32
Z2
U1
Z1
U2

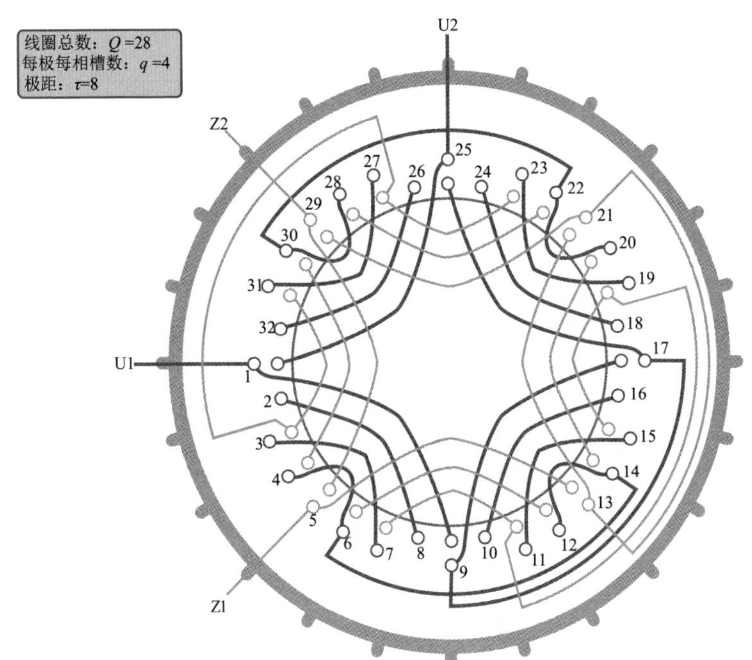
线圈总数：Q =28
每极每相槽数：q =4
极距：τ=8
U2
Z2
U1
Z1
1 2 3 4 5 6 7 8 9 10 11 12 13 14 15 16 17 18 19 20 21 22 23 24 25 26 27 28 29 30 31 32

图10-13 单相交流电动机4极32槽正弦绕组接线图

10.2.7 单相交流电动机 4 极 36 槽正弦绕组接线图（见图 10-14）

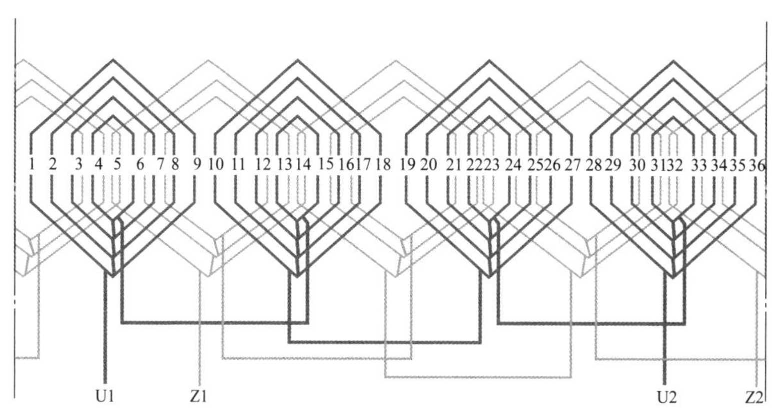
1 2 3 4 5 6 7 8 9 10 11 12 13 14 15 16 17 18 19 20 21 22 23 24 25 26 27 28 29 30 31 32 33 34 35 36
U1
Z1
U2
Z2

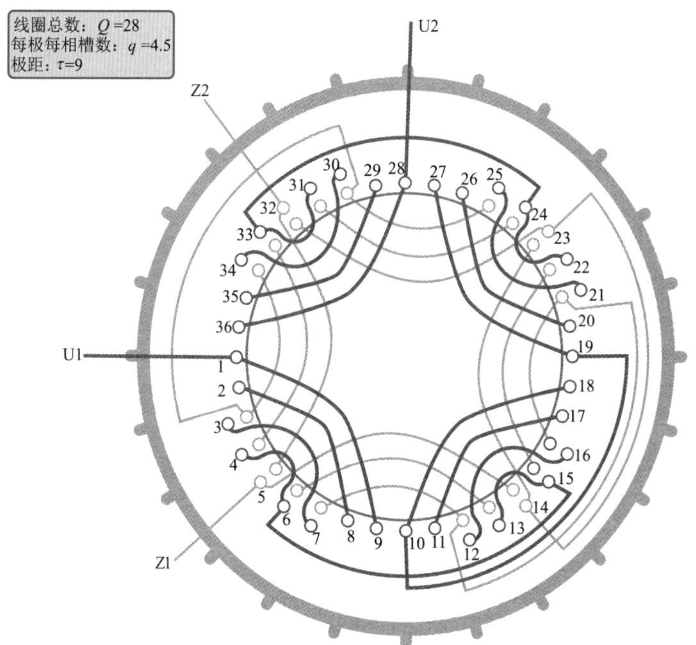
线圈总数：Q=28
每极每相槽数：q=4.5
极距：τ=9
U2
Z2
U1
Z1

图 10-14 单相交流电动机 4 极 36 槽正弦绕组接线图

10.2.8 三相交流电动机 2 极 12 槽双层叠绕式绕组接线图(见图 10-15)

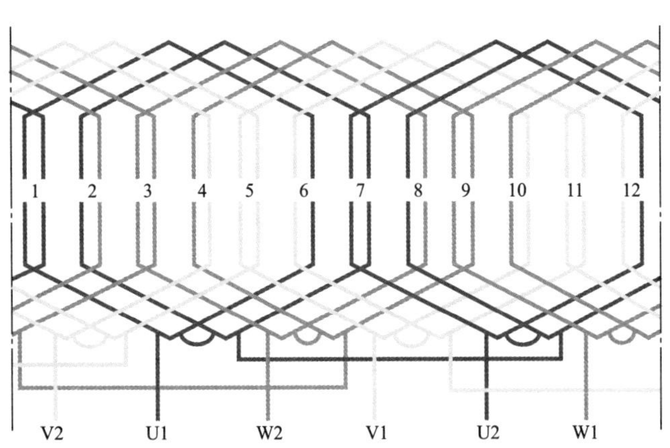
1 2 3 4 5 6 7 8 9 10 11 12
V2 U1 W2 V1 U2 W1

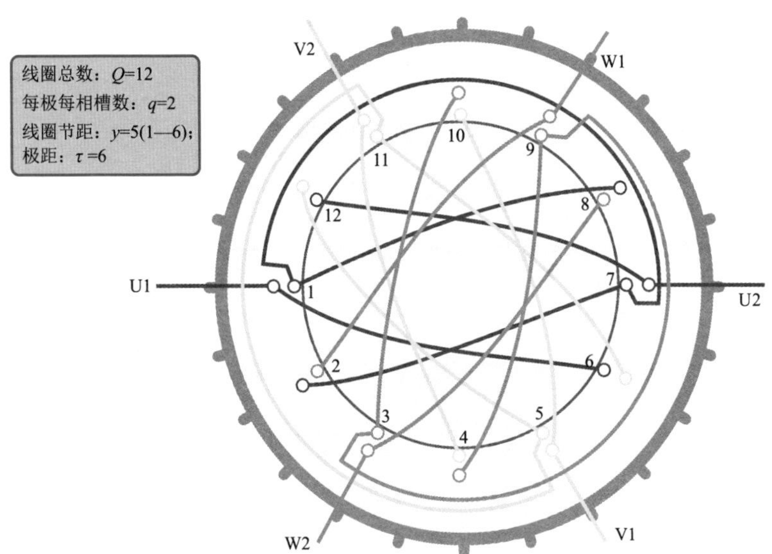
线圈总数：Q=12
每极每相槽数：q=2
线圈节距：y=5(1—6)；
极距：τ=6
V2
W1
U1
U2
W2
V1
1 2 3 4 5 6 7 8 9 10 11 12

图 10-15 三相交流电动机 2 极 12 槽双层叠绕式绕组接线图

10.2.9　三相交流电动机 2 极 24 槽单层同心式绕组接线图(见图 10-16)

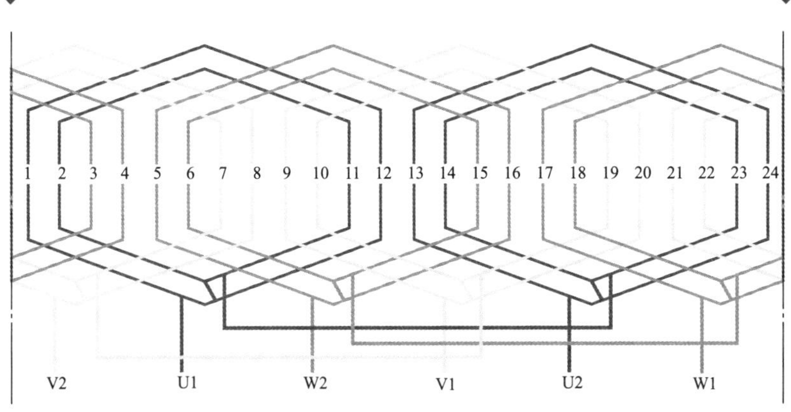
1 2 3 4 5 6 7 8 9 10 11 12 13 14 15 16 17 18 19 20 21 22 23 24
V2
U1
W2
V1
U2
W1

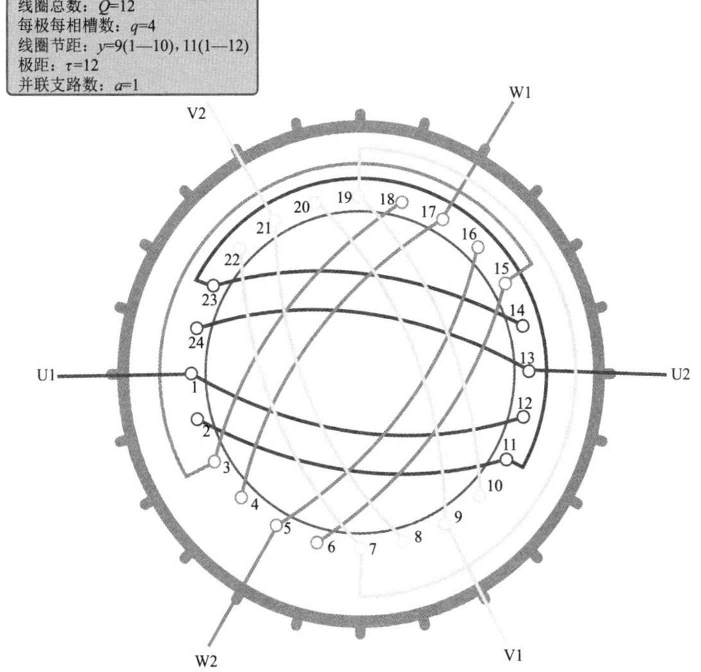
线圈总数：Q=12
每极每相槽数：q=4
线圈节距：y=9(1—10)，11(1—12)
极距：τ=12
并联支路数：a=1
W1
V2
U1
U2
W2
V1
1 2 3 4 5 6 7 8 9 10 11 12 13 14 15 16 17 18 19 20 21 22 23 24

图 10-16　三相交流电动机 2 极 24 槽单层同心式绕组接线图

10.2.10　三相交流电动机2极30槽双层叠绕式绕组接线图(见图10-17)

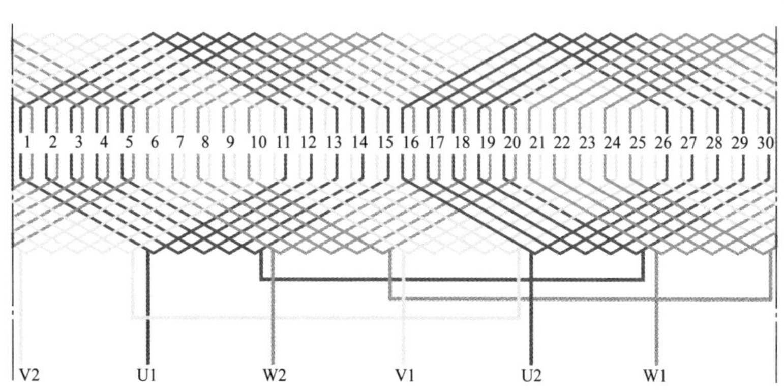
1 2 3 4 5 6 7 8 9 10 11 12 13 14 15 16 17 18 19 20 21 22 23 24 25 26 27 28 29 30
V2
U1
W2
V1
U2
W1

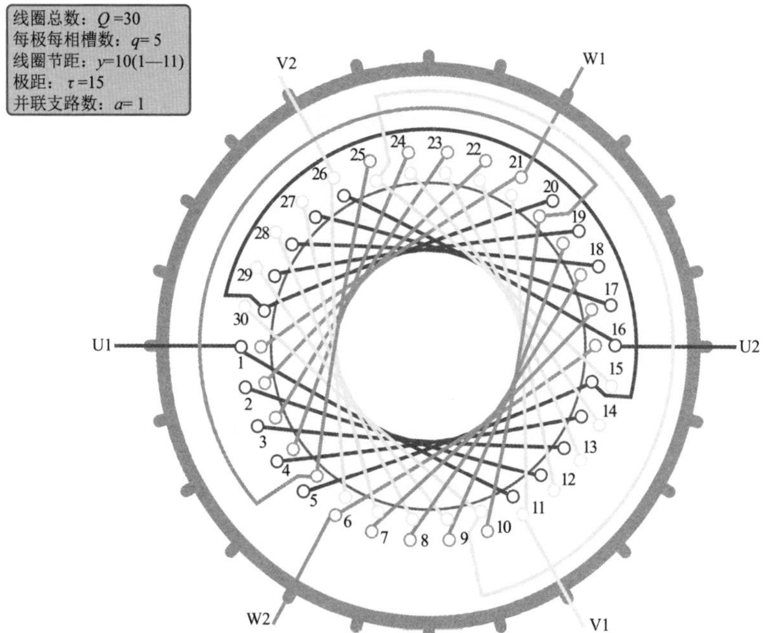
线圈总数：Q=30
每极每相槽数：q=5
线圈节距：y=10(1—11)
极距：τ=15
并联支路数：a=1
V2
W1
U1
U2
W2
V1

图10-17　三相交流电动机2极30槽双层叠绕式绕组接线图

10.2.11 三相交流电动机 2 极 36 槽双层叠绕式绕组接线图(见图 10-18)

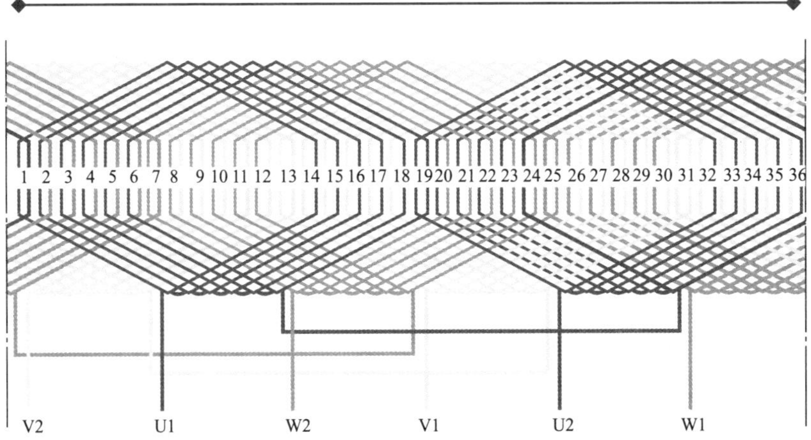
1 2 3 4 5 6 7 8 9 10 11 12 13 14 15 16 17 18 19 20 21 22 23 24 25 26 27 28 29 30 31 32 33 34 35 36
V2
U1
W2
V1
U2
W1

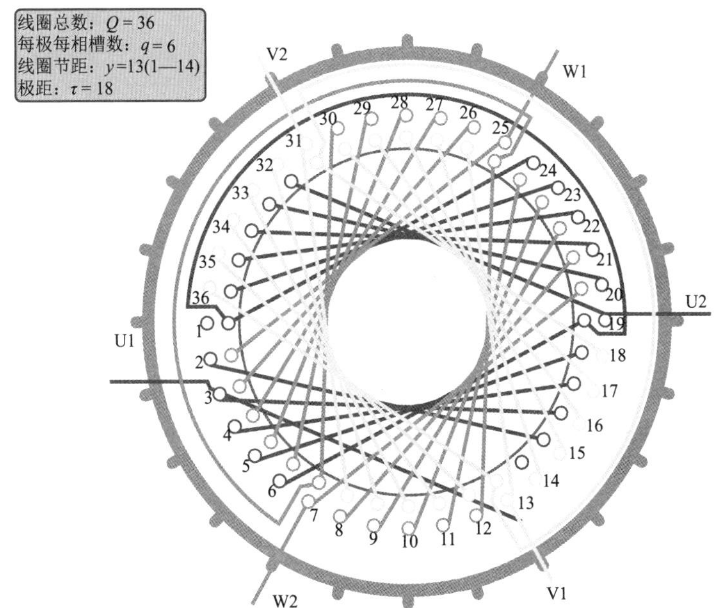
线圈总数：$Q=36$
每极每相槽数：$q=6$
线圈节距：$y=13(1—14)$
极距：$\tau=18$
V2
W1
U1
U2
W2
V1

图 10-18 三相交流电动机 2 极 36 槽双层叠绕式绕组接线图

10.2.12 三相交流电动机 2 极 42 槽双层叠绕式绕组接线图(见图 10-19)

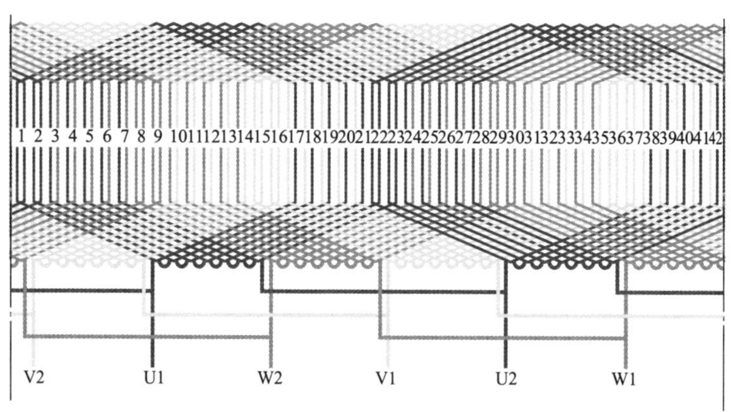
1 2 3 4 5 6 7 8 9 10 11 12 13 14 15 16 17 18 19 20 21 22 23 24 25 26 27 28 29 30 31 32 33 34 35 36 37 38 39 40 41 42
V2
U1
W2
V1
U2
W1

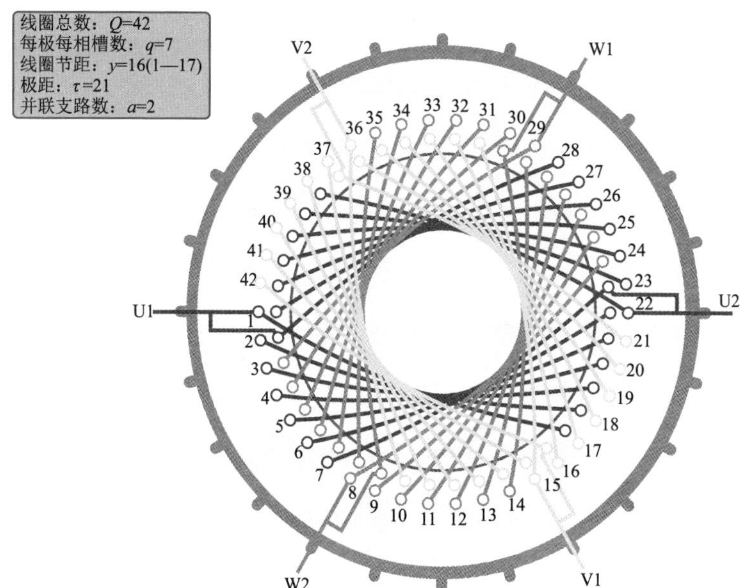
线圈总数：Q=42
每极每相槽数：q=7
线圈节距：y=16(1—17)
极距：τ=21
并联支路数：a=2
V2
W1
U1
U2
W2
V1

图 10-19 三相交流电动机 2 极 42 槽双层叠绕式绕组接线图

10.2.13 三相交流电动机 2 极 48 槽双层叠绕式绕组接线图（见图 10-20）

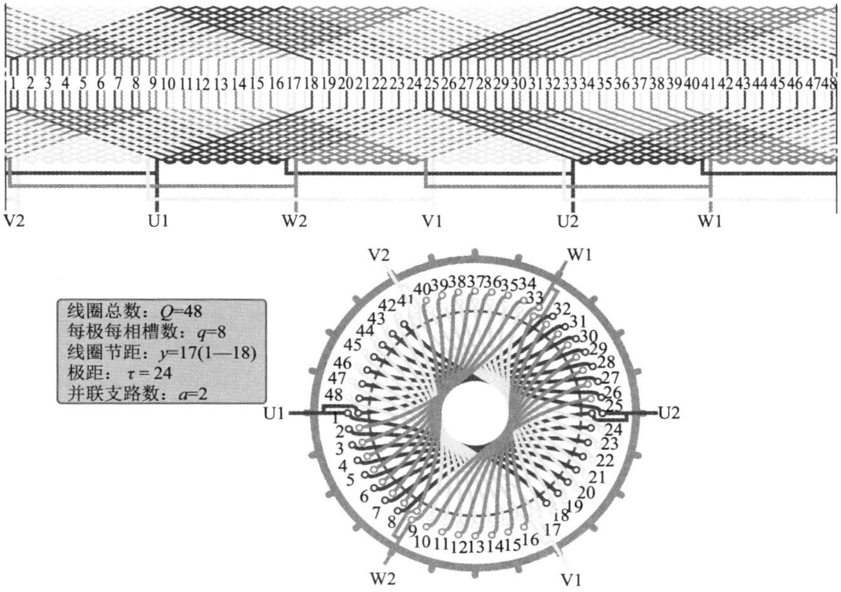

线圈总数：Q=48
每极每相槽数：q=8
线圈节距：y=17(1—18)
极距：τ = 24
并联支路数：a=2

图 10-20 三相交流电动机 2 极 48 槽双层叠绕式绕组接线图

10.2.14 三相交流电动机4极18槽双层叠绕式绕组接线图(见图10-21)

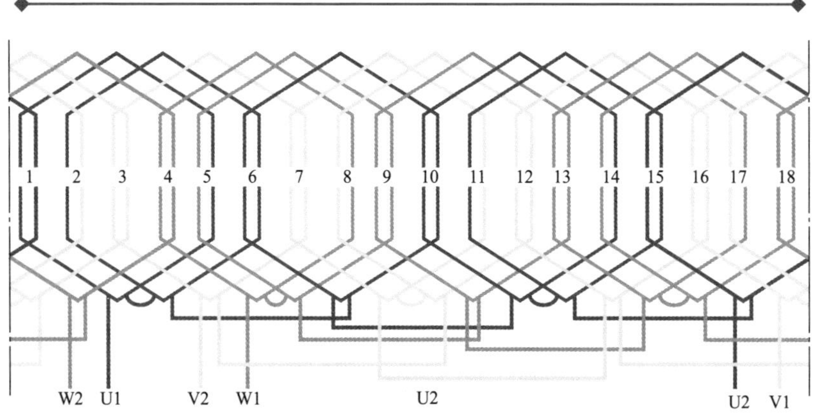
1
2
3
4
5
6
7
8
9
10
11
12
13
14
15
16
17
18
W2
U1
V2
W1
U2
U2
V1

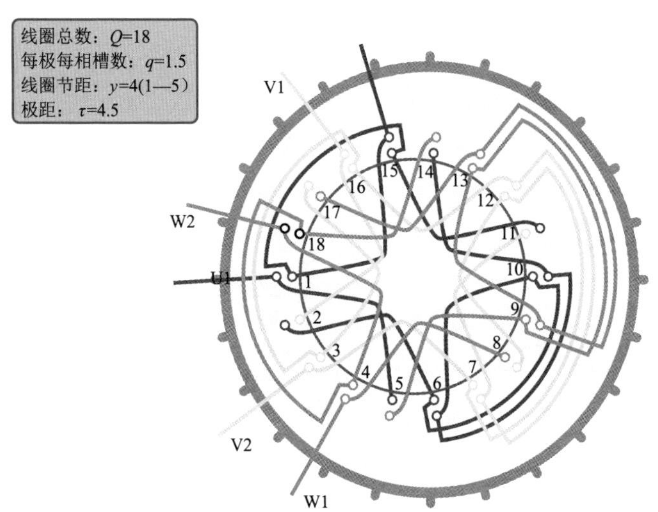
线圈总数：Q=18
每极每相槽数：q=1.5
线圈节距：y=4(1—5)
极距：τ=4.5
V1
W2
U1
V2
W1

图10-21 三相交流电动机4极18槽双层叠绕式绕组接线图

10.2.15　三相交流电动机4极24槽双层叠绕式绕组接线图（见图10-22）

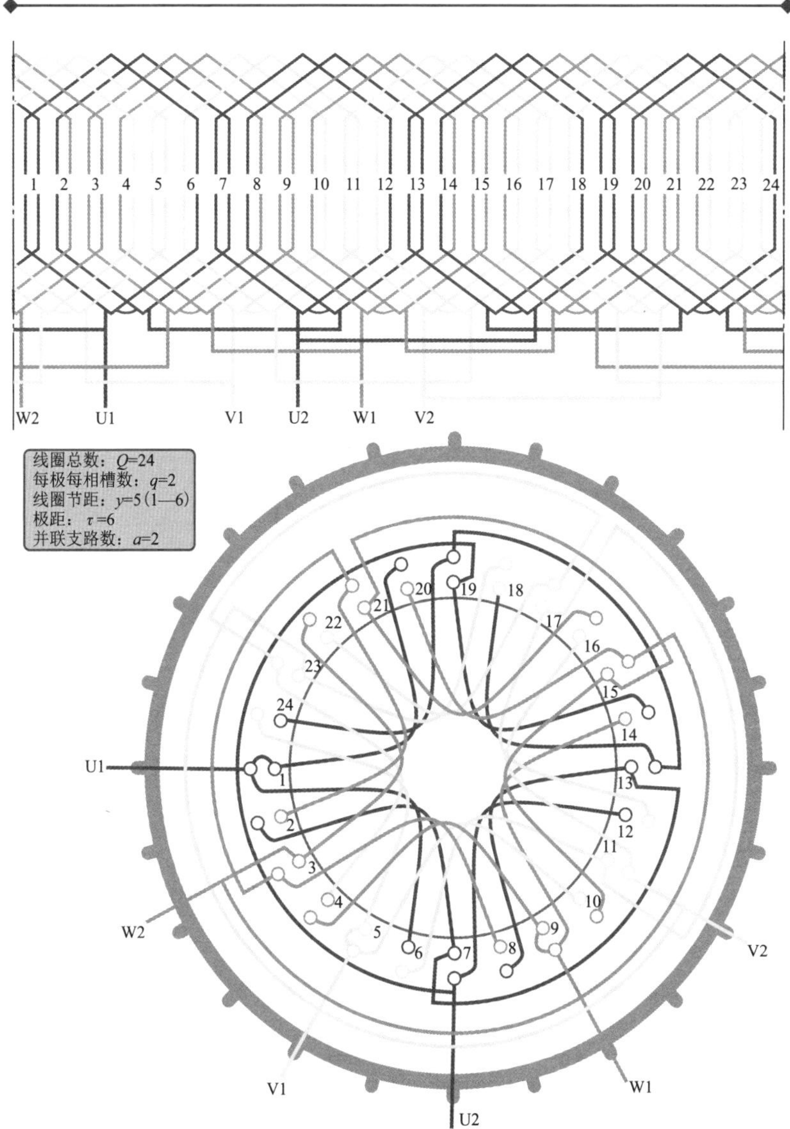

1 2 3 4 5 6 7 8 9 10 11 12 13 14 15 16 17 18 19 20 21 22 23 24
W2
U1
V1
U2
W1
V2
线圈总数：Q=24
每极每相槽数：q=2
线圈节距：y=5（1—6）
极距：τ=6
并联支路数：a=2

图10-22　三相交流电动机4极24槽双层叠绕式绕组接线图

10.2.16 三相交流电动机4极30槽双层叠绕式绕组接线图（见图10-23）

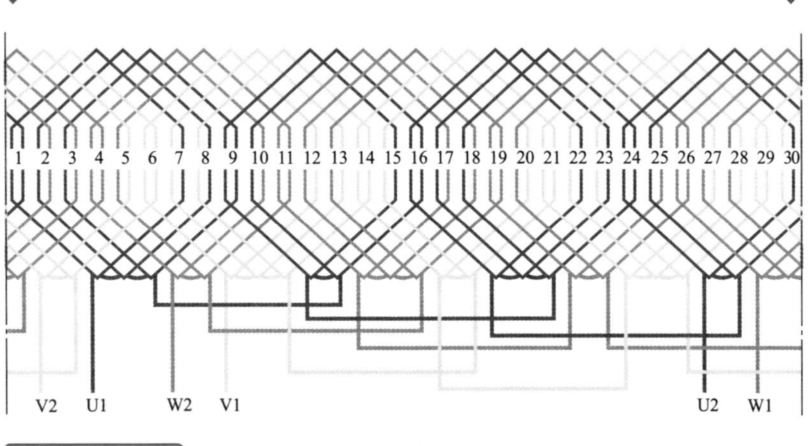
1 2 3 4 5 6 7 8 9 10 11 12 13 14 15 16 17 18 19 20 21 22 23 24 25 26 27 28 29 30
V2 U1 W2 V1 U2 W1

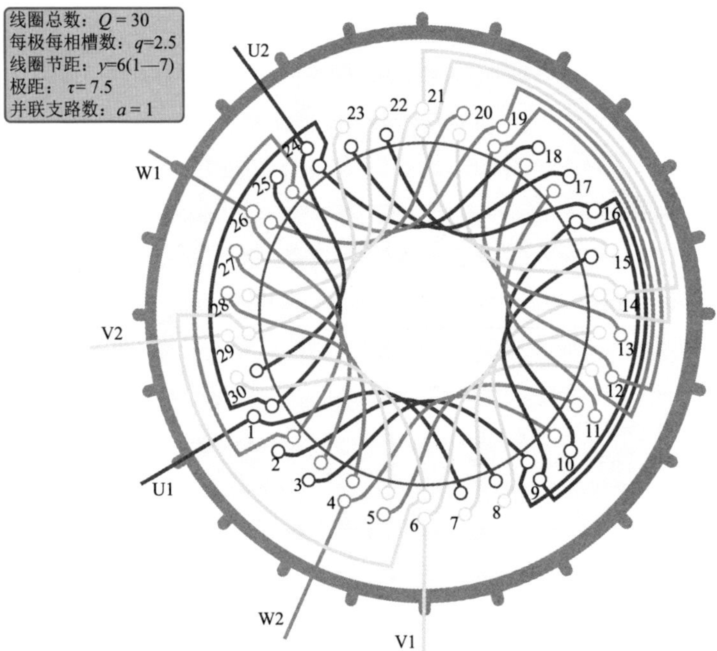
线圈总数：$Q=30$
每极每相槽数：$q=2.5$
线圈节距：$y=6(1—7)$
极距：$\tau=7.5$
并联支路数：$a=1$
U2 W1 V2 U1 W2 V1
1 2 3 4 5 6 7 8 9 10 11 12 13 14 15 16 17 18 19 20 21 22 23 24 25 26 27 28 29 30

图10-23 三相交流电动机4极30槽双层叠绕式绕组接线图

10.2.17 三相交流电动机4极36槽双层叠绕式绕组接线图（见图10-24）

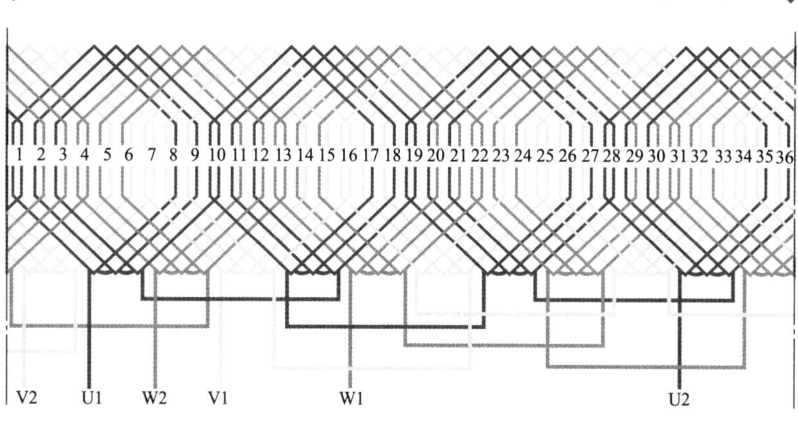
1 2 3 4 5 6 7 8 9 10 11 12 13 14 15 16 17 18 19 20 21 22 23 24 25 26 27 28 29 30 31 32 33 34 35 36
V2
U1
W2
V1
W1
U2

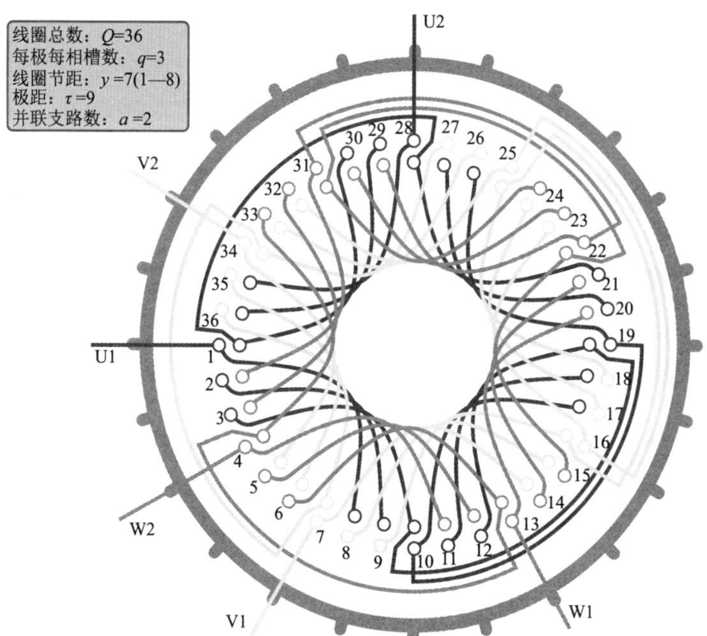
线圈总数：Q=36
每极每相槽数：q=3
线圈节距：y=7(1—8)
极距：τ=9
并联支路数：a=2
U2
V2
U1
W2
V1
W1

图10-24 三相交流电动机4极36槽双层叠绕式绕组接线图

10.2.18 三相交流电动机 4 极 48 槽双层叠绕式绕组接线图（一）（见图 10-25）

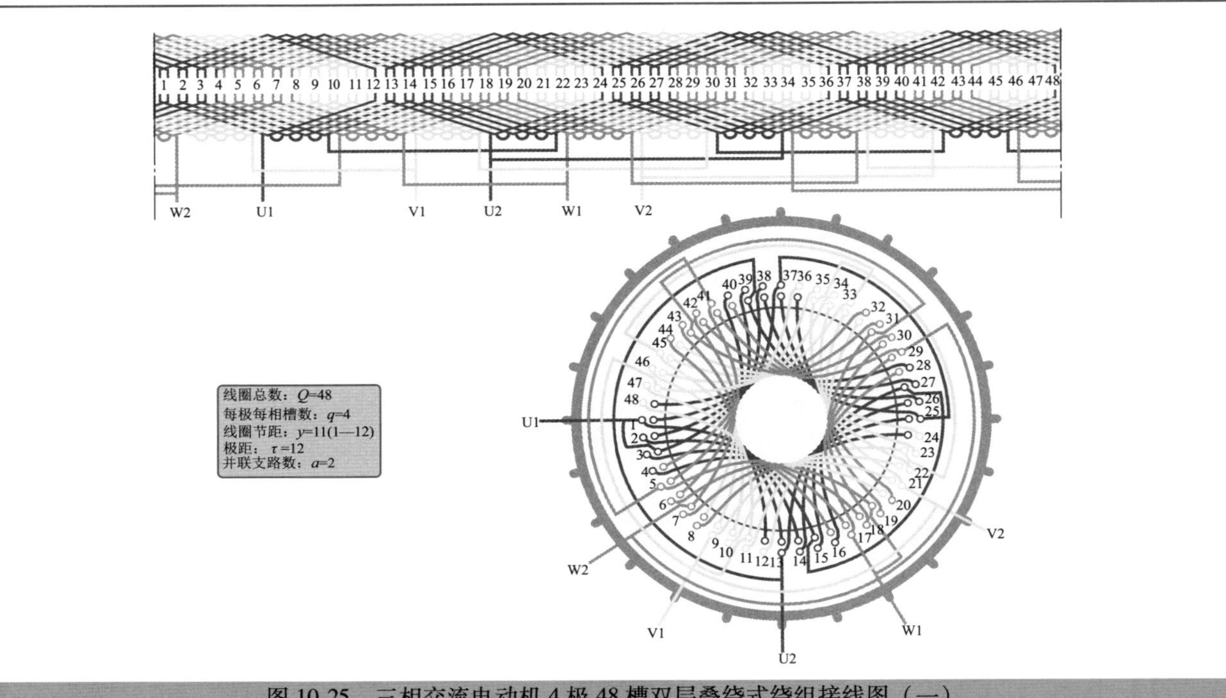

W2
U1
V1
U2
W1
V2
线圈总数：Q=48
每极每相槽数：q=4
线圈节距：y=11(1—12)
极距：τ=12
并联支路数：a=2

图 10-25 三相交流电动机 4 极 48 槽双层叠绕式绕组接线图（一）

10.2.19　三相交流电动机 4 极 48 槽双层叠绕式绕组接线图（二）（见图 10-26）

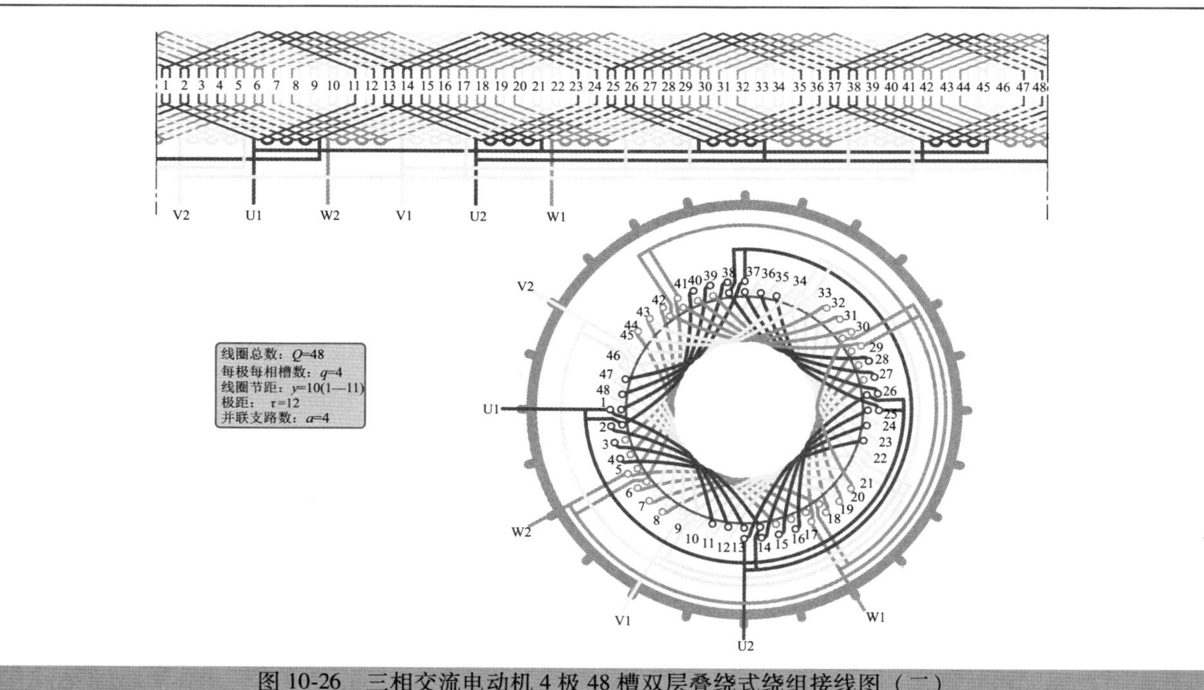
1 2 3 4 5 6 7 8 9 10 11 12 13 14 15 16 17 18 19 20 21 22 23 24 25 26 27 28 29 30 31 32 33 34 35 36 37 38 39 40 41 42 43 44 45 46 47 48
V2
U1
W2
V1
U2
W1
线圈总数：Q=48
每极每相槽数：q=4
线圈节距：y=10(1—11)
极距：　τ=12
并联支路数：a=4

图 10-26　三相交流电动机 4 极 48 槽双层叠绕式绕组接线图（二）

10.2.20 三相交流电动机 4 极 60 槽单双层同心式绕组接线图（见图 10-27）

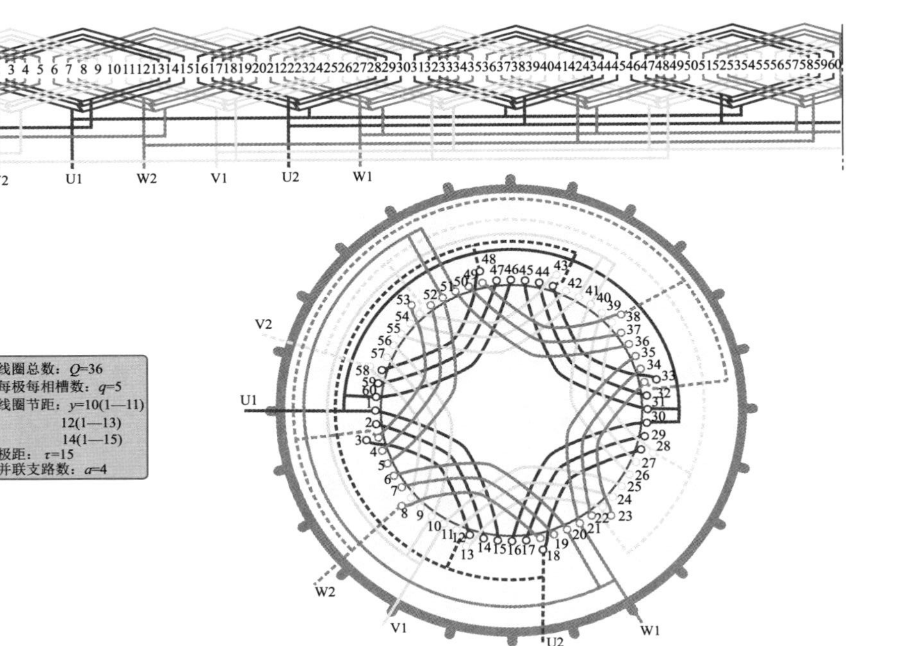
V2
U1
W2
V1
U2
W1
线圈总数：Q=36
每极每相槽数：q=5
线圈节距：y=10(1—11)
12(1—13)
14(1—15)
极距：τ=15
并联支路数：a=4

图 10-27 三相交流电动机 4 极 60 槽单双层同心式绕组接线图

10.2.21　三相交流电动机 4 极 60 槽双层叠绕式绕组接线图（见图 10-28）

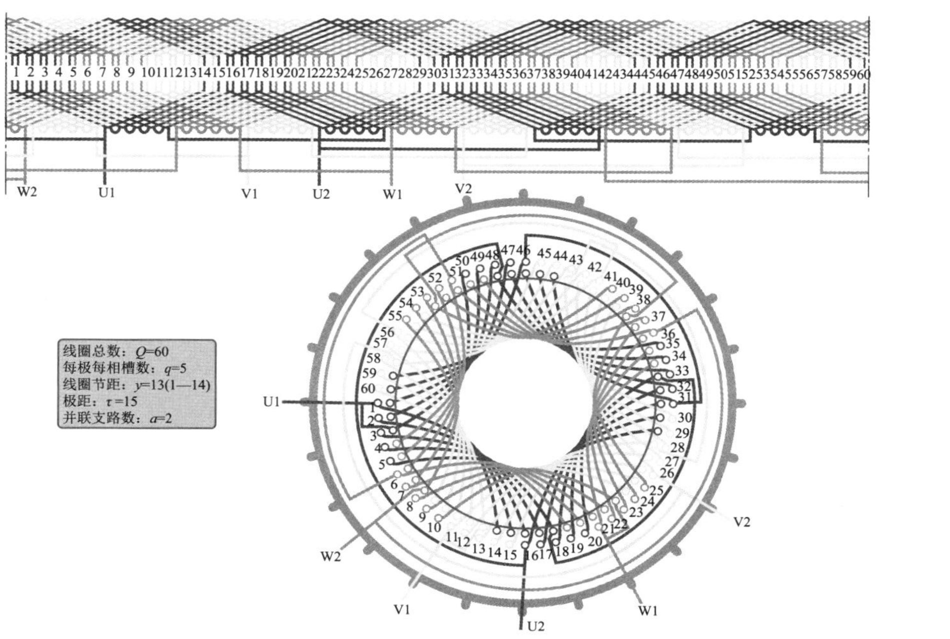

W2
U1
V1
U2
W1
V2
线圈总数：Q=60
每极每相槽数：q=5
线圈节距：y=13(1—14)
极距：τ=15
并联支路数：a=2

图 10-28　三相交流电动机 4 极 60 槽双层叠绕式绕组接线图

10.2.22 三相交流电动机6极18槽双层叠绕式绕组接线图（见图10-29）

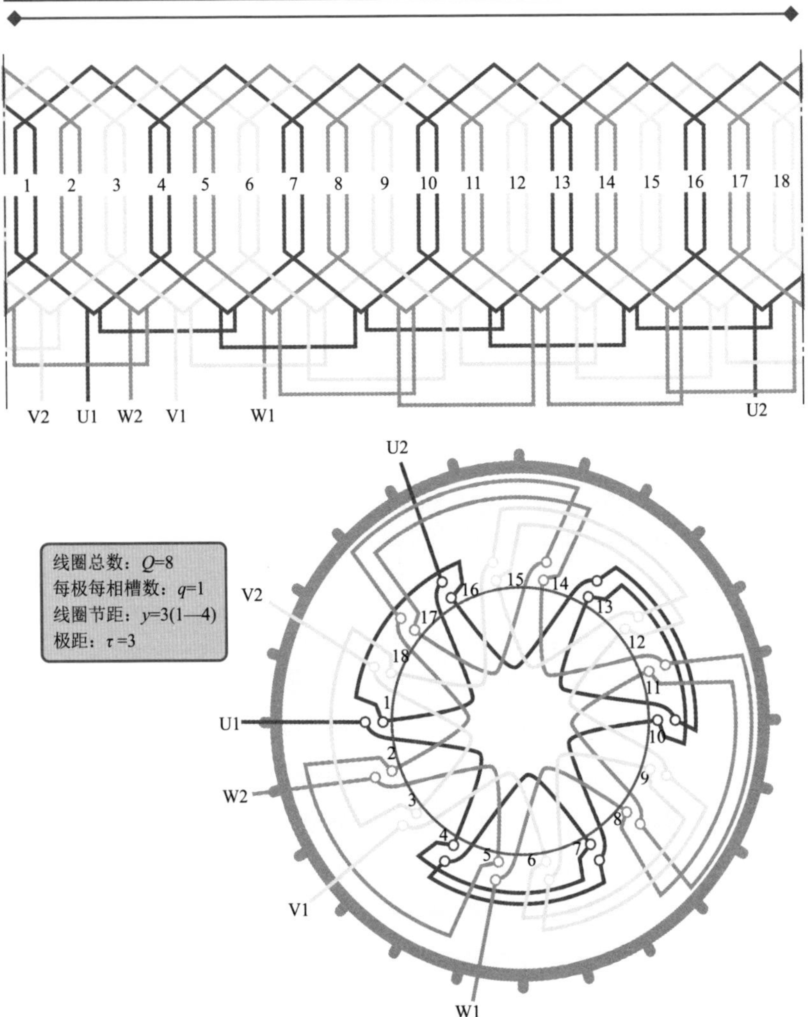
1 2 3 4 5 6 7 8 9 10 11 12 13 14 15 16 17 18
V2 U1 W2 V1 W1 U2
线圈总数：Q=8
每极每相槽数：q=1
线圈节距：y=3(1—4)
极距：τ=3

图10-29 三相交流电动机6极18槽双层叠绕式绕组接线图

10.2.23　三相交流电动机6极36槽双层叠绕式绕组接线图（见图10-30）

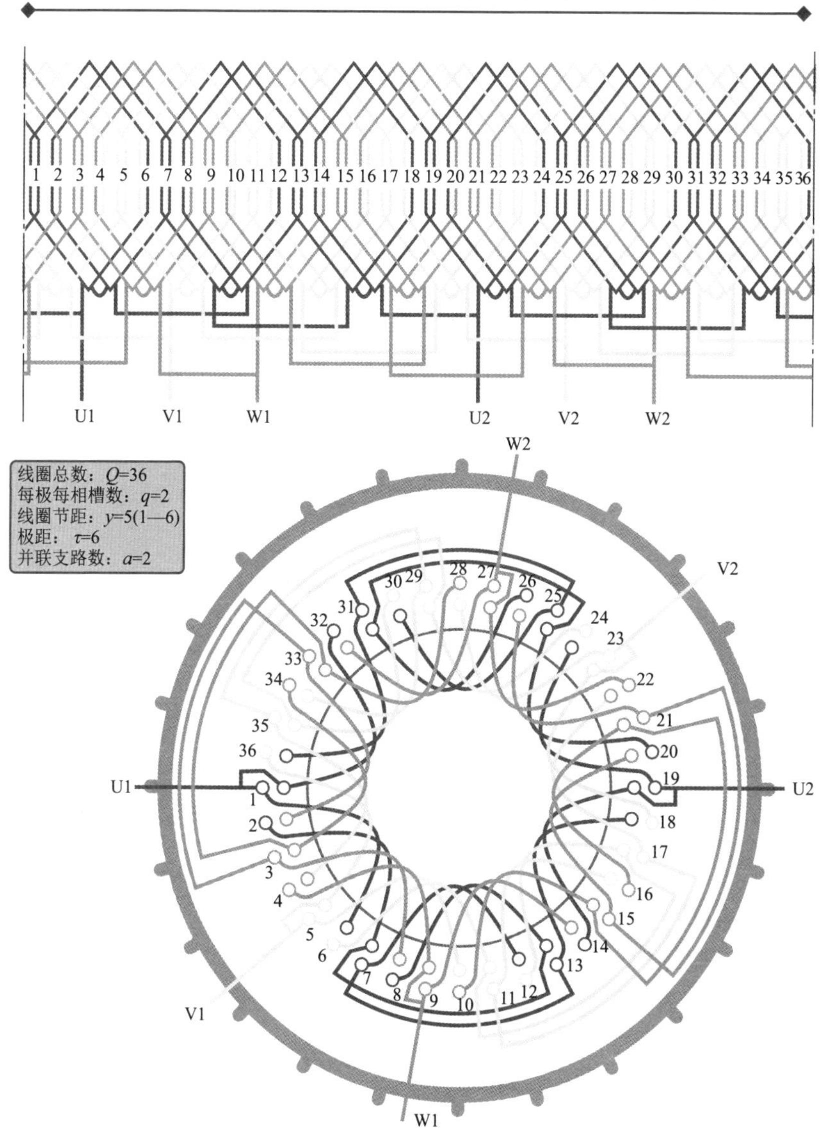
1 2 3 4 5 6 7 8 9 10 11 12 13 14 15 16 17 18 19 20 21 22 23 24 25 26 27 28 29 30 31 32 33 34 35 36
U1
V1
W1
U2
V2
W2
线圈总数：Q=36
每极每相槽数：q=2
线圈节距：y=5(1—6)
极距：τ=6
并联支路数：a=2

图10-30　三相交流电动机6极36槽双层叠绕式绕组接线图

10.2.24　三相交流电动机6极54槽双层叠绕式绕组接线图（见图10-31）

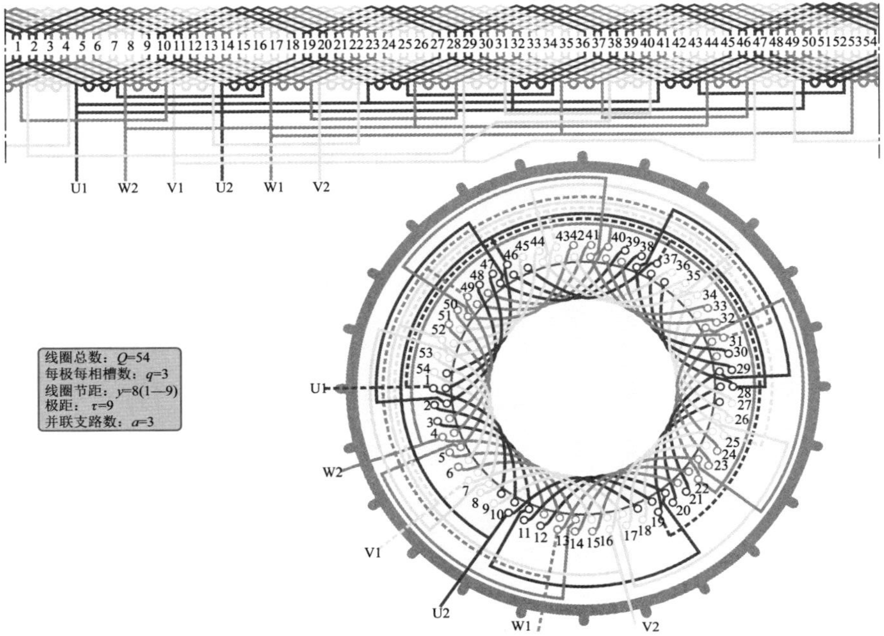

线圈总数：Q=54
每极每相槽数：q=3
线圈节距：y=8(1—9)
极距：τ=9
并联支路数：a=3

图10-31　三相交流电动机6极54槽双层叠绕式绕组接线图

10.2.25 三相交流电动机8极36槽双层叠绕式绕组接线图（见图10-32）

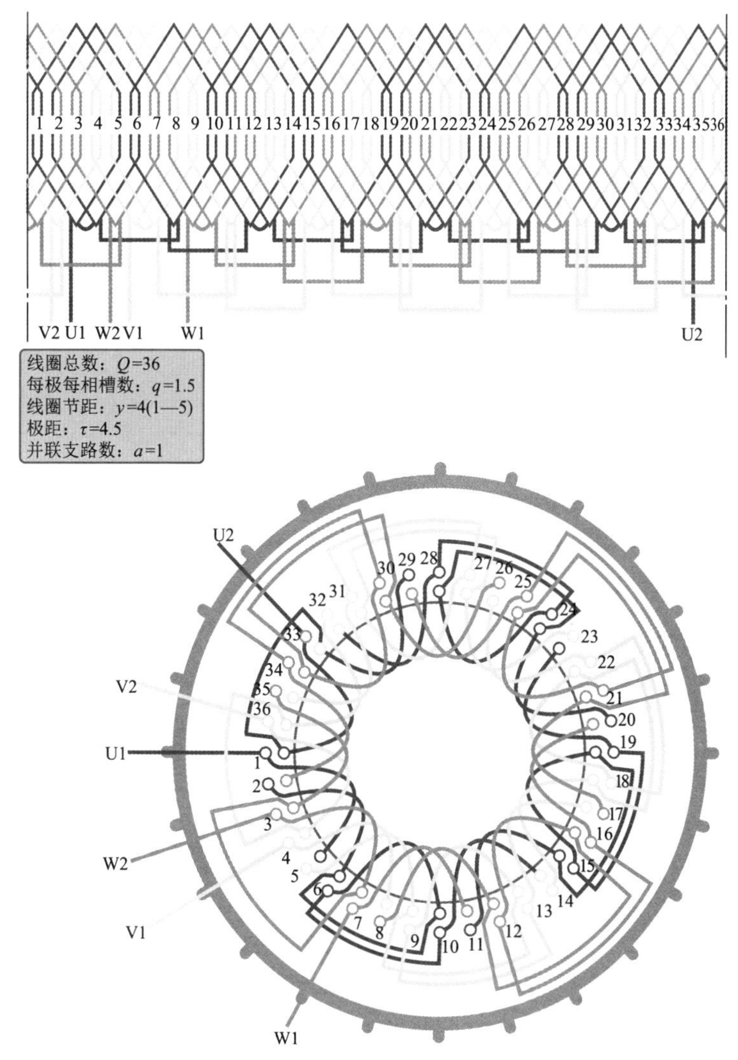
1 2 3 4 5 6 7 8 9 10 11 12 13 14 15 16 17 18 19 20 21 22 23 24 25 26 27 28 29 30 31 32 33 34 35 36
V2 U1 W2 V1 W1 U2
线圈总数：Q=36
每极每相槽数：q=1.5
线圈节距：y=4(1—5)
极距：τ=4.5
并联支路数：a=1
U2
V2
U1
W2
V1
W1

图10-32 三相交流电动机8极36槽双层叠绕式绕组接线图

10. 2. 26 三相交流电动机 8 极 48 槽双层叠绕式绕组接线图（见图 10-33）

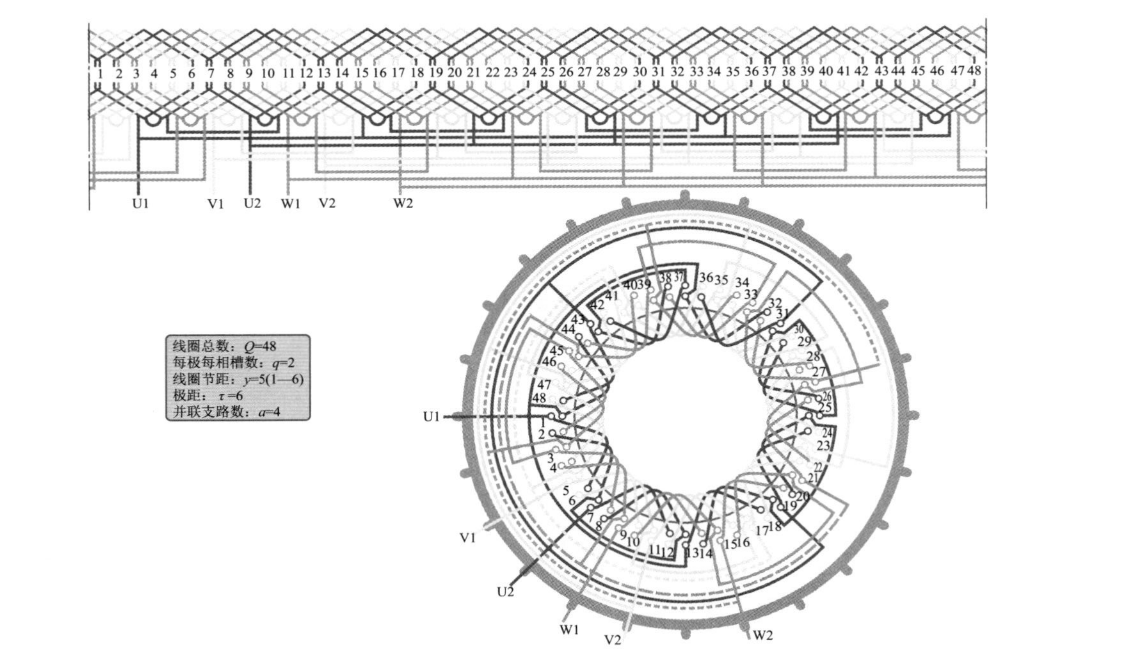

1 2 3 4 5 6 7 8 9 10 11 12 13 14 15 16 17 18 19 20 21 22 23 24 25 26 27 28 29 30 31 32 33 34 35 36 37 38 39 40 41 42 43 44 45 46 47 48
U1 V1 U2 W1 V2 W2
线圈总数：Q=48
每极每相槽数：q=2
线圈节距：y=5(1—6)
极距：τ=6
并联支路数：a=4

图 10-33 三相交流电动机 8 极 48 槽双层叠绕式绕组接线图

10.2.27 三相交流电动机 8 极 54 槽双层叠绕式绕组接线图（见图 10-34）

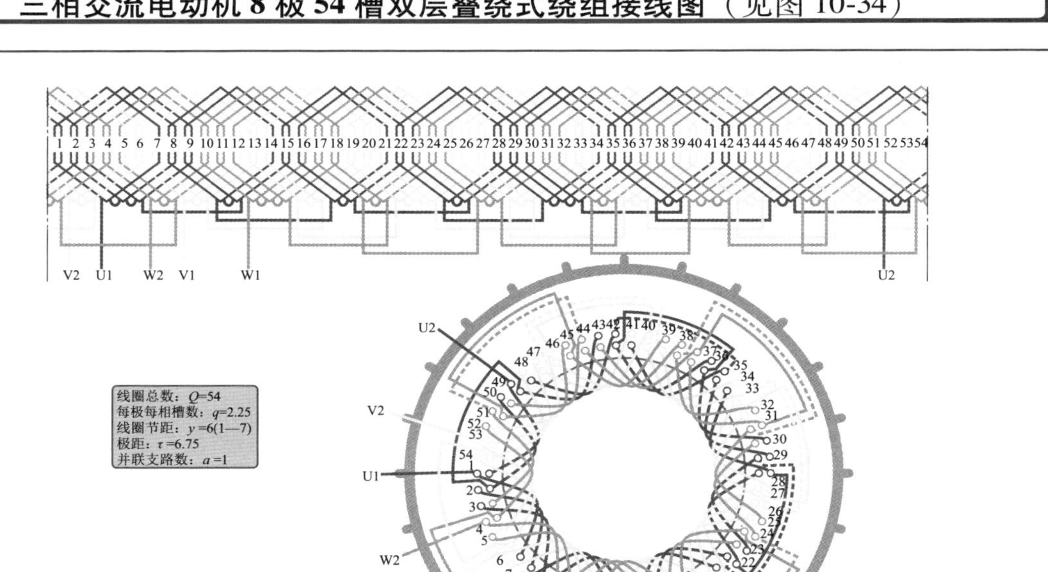
V2 U1 W2 V1 W1 U2
线圈总数：Q=54
每极每相槽数：q=2.25
线圈节距：y=6(1—7)
极距：τ=6.75
并联支路数：a=1

图 10-34 三相交流电动机 8 极 54 槽双层叠绕式绕组接线图

10.2.28 三相交流电动机 8 极 60 槽双层叠绕式绕组接线图（见图 10-35）

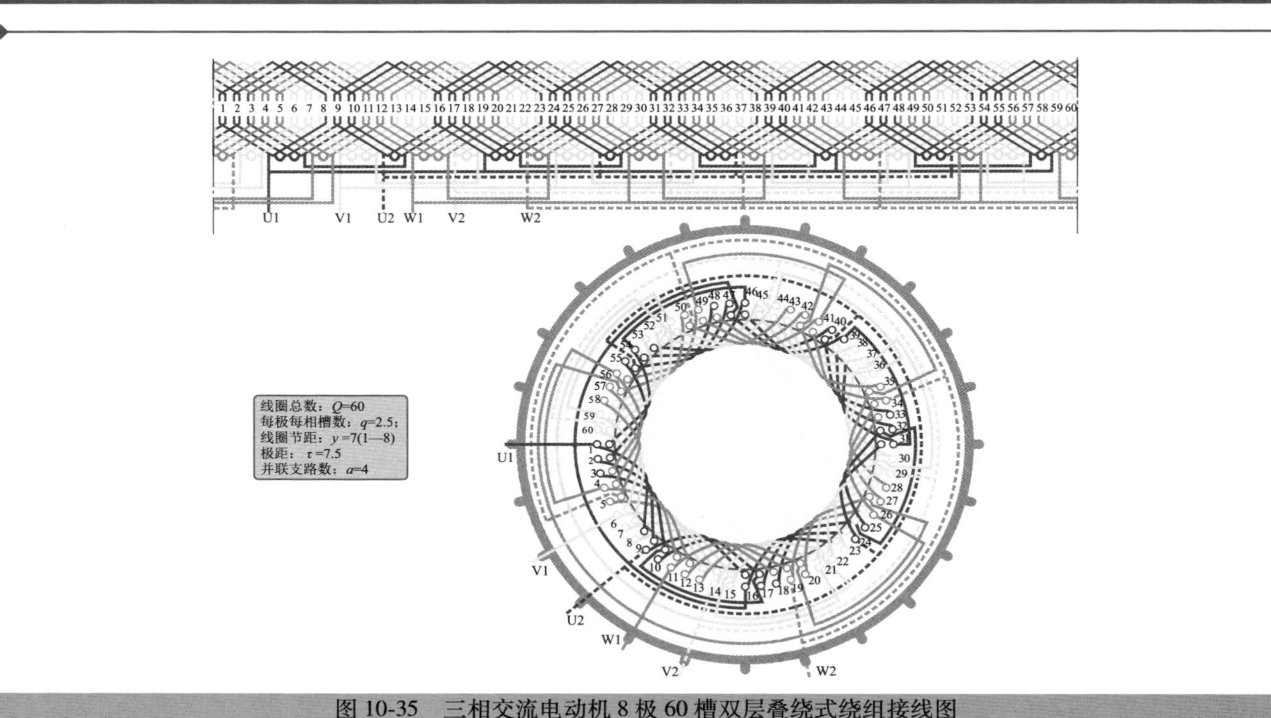
U1
V1
U2
W1
V2
W2
线圈总数：Q=60
每极每相槽数：q=2.5；
线圈节距：y=7(1—8)
极距：τ=7.5
并联支路数：a=4

图 10-35 三相交流电动机 8 极 60 槽双层叠绕式绕组接线图

10.2.29　三相交流电动机 10 极 60 槽双层叠绕式绕组接线图（见图 10-36）

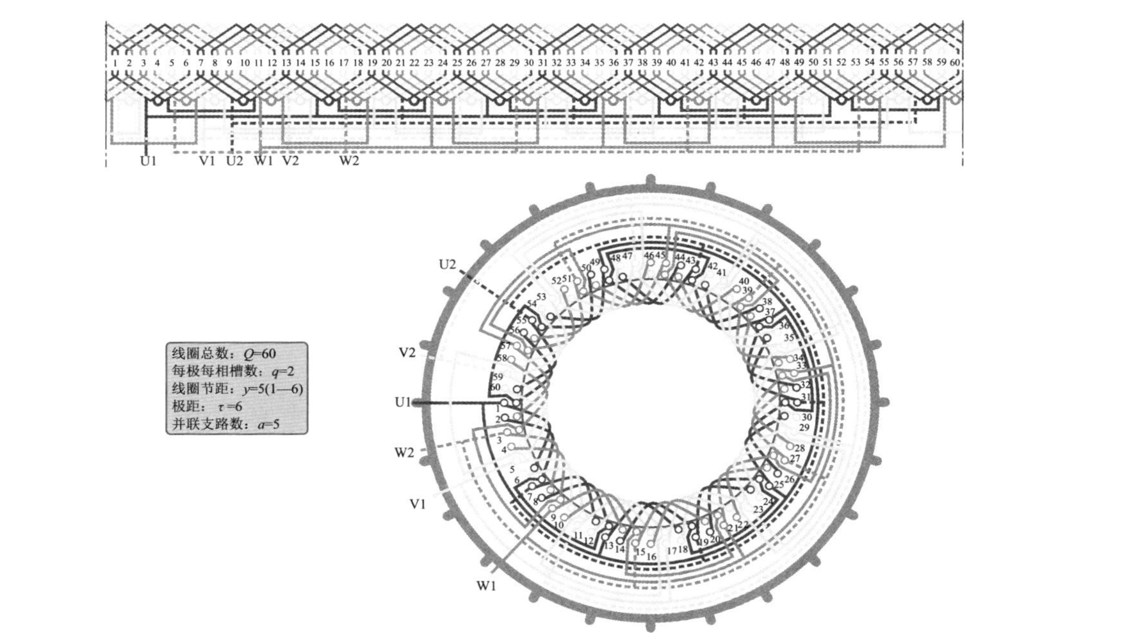
1 2 3 4 5 6 7 8 9 10 11 12 13 14 15 16 17 18 19 20 21 22 23 24 25 26 27 28 29 30 31 32 33 34 35 36 37 38 39 40 41 42 43 44 45 46 47 48 49 50 51 52 53 54 55 56 57 58 59 60
U1 V1 U2 W1 V2 W2
U2
V2
U1
W2
V1
W1
线圈总数：Q=60
每极每相槽数：q=2
线圈节距：y=5(1—6)
极距：τ=6
并联支路数：a=5

图 10-36　三相交流电动机 10 极 60 槽双层叠绕式绕组接线图